工长上岗指南系列丛书

通风空调工长上岗指南

——不可不知的 500 个关键细节

本书编写组　编

中国建材工业出版社

图书在版编目(CIP)数据

通风空调工长上岗指南:不可不知的 500 个关键细节/《通风空调工长上岗指南:不可不知的 500 个关键细节》编写组编. —北京:中国建材工业出版社,2012.9

(工长上岗指南系列丛书)

ISBN 978 - 7 - 5160 - 0286 - 5

Ⅰ.①通… Ⅱ.①通… Ⅲ.①通风设备-建筑安装工程-工程施工-指南②空气调节设备-建筑安装工程-工程施工-指南 Ⅳ.①TU83 - 62

中国版本图书馆 CIP 数据核字(2012)第 217482 号

通风空调工长上岗指南——不可不知的 500 个关键细节

本书编写组 编

出版发行:中国建材工业出版社
地 址:北京市西城区车公庄大街 6 号
邮 编:100044
经 销:全国各地新华书店
印 刷:北京紫瑞利印刷有限公司
开 本:710mm×1000mm 1/16
印 张:17.5
字 数:404 千字
版 次:2012 年 9 月第 1 版
印 次:2012 年 9 月第 1 次
定 价:40.00 元

本社网址:www.jccbs.com.cn
本书如出现印装质量问题,由我社发行部负责调换。电话:(010)88386906
对本书内容有任何疑问及建议,请与本书责编联系。邮箱:dayi51@sina.com

内 容 提 要

本书以通风空调工程最新国家标准规范为依据，结合通风空调工长的工作需要进行编写。书中对通风空调工程施工安装操作的关键细节进行了细致的归纳总结，从而给通风空调工长上岗工作提供了必要的指导与帮助。全书主要内容包括通风空调工程概述、风管及部件加工制作、风管系统和部件安装、通风与空调设备安装、空调制冷系统安装、空调水系统设备与管道安装、通风空调设备及管道防腐与绝热、通风空调系统调试、通风空调工程施工管理等。

本书体例新颖、内容丰富，既可供通风空调工长使用，也可作为通风空调工程施工安装上岗培训的教材。

通风空调工长上岗指南
——不可不知的 500 个关键细节

编 写 组

主　编：李红芳

副主编：贾　宁　　袁文倩

编　委：张才华　梁金钊　李建钊　张婷婷
　　　　侯双燕　秦大为　孙世兵　范　迪
　　　　訾珊珊　朱　红　王　亮　张广钱
　　　　王　芳　郑　姗　葛彩霞　马　金
　　　　刘海珍　秦礼光

前 言
Foreword

　　大力开展岗位职业技能培训，提高广大从业人员的技术水平和职业素养，是实现经济增长方式转变的一项重要工作和实现现代化的迫切要求，是科学技术转化为现实生产力的桥梁和振兴经济的必由之路，也是深化企业改革的重要条件和保持社会稳定的重要因素。当前，鉴于我国建设职工队伍急剧发展，农村剩余劳动力大量向建设系统转移，企业职工素质下降，建设劳动力市场组织与管理不够完善的现状，加之为提高建设系统各行业的劳动者素质与生产服务水平，提高产品质量，增强企业的市场竞争能力，加强建设劳动力市场管理的需要，因而做好建设职业技能岗位培训与鉴定工作具有重要意义。

　　工长是工程施工企业完成各项施工任务的最基层的技术和组织管理人员。其既是一个现场劳动者，也是一个基层管理者，不仅要做好各项技术和管理工作，在整个施工过程中，还要做好从合同的签订、施工计划的编制、施工预算、材料机具计划、施工准备、技术措施和安全措施的制定、组织施工作业到人力安排、经济核算等一系列工作，保证工程质量和各项经济技术措施的完成。因此，在施工现场，工长起着至关重要的作用。

　　《工长上岗指南系列丛书》是以建设系统职业岗位技能培训为编写理念，以各专业工长应知应会的基本岗位技能为编写方向，以现行国家和行业标准规范为编写依据，以满足工长实际工作需求为编写目的而进行编写的一套实用性、针对性很强的培训类丛书。本套丛书包括以下分册：

　　(1) 钢筋工长上岗指南——不可不知的 500 个关键细节

　　(2) 管道工长上岗指南——不可不知的 500 个关键细节

　　(3) 焊工工长上岗指南——不可不知的 500 个关键细节

　　(4) 架子工长上岗指南——不可不知的 500 个关键细节

　　(5) 模板工长上岗指南——不可不知的 500 个关键细节

　　(6) 砌筑工长上岗指南——不可不知的 500 个关键细节

（7）水暖工长上岗指南——不可不知的 500 个关键细节

（8）混凝土工长上岗指南——不可不知的 500 个关键细节

（9）建筑电气工长上岗指南——不可不知的 500 个关键细节

（10）通风空调工长上岗指南——不可不知的 500 个关键细节

（11）装饰装修工长上岗指南——不可不知的 500 个关键细节

与市面上同类书籍相比，本套丛书具有以下特点：

（1）本套丛书在编写时着重市场调研，注重施工现场工作经验、资料的汇集与整理，具有与工长实际工作相贴合、学以致用的编写特点，具有较强的实用性。

（2）本套丛书在编写时注重国家和行业标准的变化，以国家和行业相关部门颁布的最新标准规范为编写依据，结合新材料、新技术、新设备的发展，以"最新"的视角为丛书加入了新鲜的血液，具有适合当今工业发展的先进性。

（3）本套丛书在编写时注重以建设行业工长上岗职业资格培训与鉴定应知应会的职业技能为目的，参考各专业技术工人职业资格考试大纲，以职业活动为导向，以职业技能为核心，使丛书的编写适合各专业工长培训、鉴定和就业工作的需要。

（4）本套丛书在编写手法上采用基础知识和关键细节的编写体例，注重关键细节知识的强化，有助于读者理解、把握学习的重点。

在编写过程中，本套丛书参考或引用了部分单位、专家学者的资料，在此表示衷心的感谢。限于编者水平，丛书中错误与不当之处在所难免，敬请广大读者批评、指正。

编 者

目 录 · Contents

第一章　通风空调工程概述

第一节　通风空调工程常用术语

(1)风管:采用金属、非金属薄板或其他材料制作而成,用于空气流通的管道。

(2)风道:采用混凝土、砖等建筑材料砌筑而成,用于空气流通的管道。

(3)通风工程:送风、排风、除尘、气力输送以及防、排烟系统工程的统称。

(4)通风:为改善生产和生活条件,采用自然的或机械的方法,对某一空间进行换气,以造成卫生、安全等适宜的空气环境的技术。

(5)通风管道:输送空气和空气混合物的各种风管及风道的统称。

(6)通风部件:特指通风空调系统中各类风口、阀门、排风罩、风帽、检查孔和风管支、吊架等。

(7)通风配件:特指通风空调系统中的弯头、三通、变径管、来回弯、导流板和法兰等。

(8)导流板:装于通风管道内的1个或多个叶片,使气流分成多股平行气流,从而减少阻力的配件。

(9)风口:装在通风管道侧面或支管末端,用于送风、排风和回风的孔口或装置的统称。

(10)散流器:由一些固定或可调叶片构成的,能够形成下吹、扩散气流的圆形、方形或矩形风口。

(11)非金属材料风管:采用硬聚氯乙烯、有机玻璃钢、无机玻璃钢等非金属无机材料制成的风管。

(12)复合材料风管:采用不燃材料面层复合绝热材料板制成的风管。

(13)防火风管:采用不燃、耐火材料制成,能满足一定耐火极限的风管。

(14)风管配件:风管系统中的弯管、三通、四通、各类变径及异形管、导流叶片和法兰等。

(15)风管部件:通风、空调风管系统中的各类风口、阀门、排气罩、风帽、检查门和测定孔等。

(16)咬口:金属薄板边缘弯曲成一定形状,用于相互固定连接的构造。

(17)漏风量:风管系统中,在某一静压下通过风管本体结构及其接口,单位时间内泄出或渗入的空气体积量。

(18)系统风管允许漏风量:按风管系统类别所规定平均单位面积、单位时间内的最大允许漏风量。

(19)漏风率:空调设备、除尘器等,在工作压力下空气渗入或泄漏量与其额定风量的比例。

(20)净化空调系统:用于洁净空间的空气调节、空气净化系统。

(21)漏光检测:用强光源对风管的咬口、连接、法兰及其他连接处进行透光检查,确定孔洞、缝隙等渗漏部位及数量的方法。

(22)角件:用于金属薄板法兰风管四角连接的直角形专用构件。

(23)通风机过滤器单元:机箱和高效过滤器等组成的用于洁净空间的单元式送通风机组。

(24)空态:洁净室的设施已经建成,所有动力接通并运行,但无生产设备、材料及人员在场。

(25)静态:洁净室的设施已经建成,生产设备已经安装,并按业主及供应商同意的方式运行,但无生产人员。

(26)动态:洁净室的设施以规定的方式运行及规定的人员数量在场,生产设备按业主及供应商双方商定的状态下进行工作。

(27)空气调节:使房间或封闭空间的空气温度、湿度、洁净度和气流速度等参数达到给定要求的技术。

(28)空气调节系统:以空气调节为目的而对空气进行处理、输送、分配,并控制其参数的所有设备、管道及附件、仪器仪表的总和。

(29)空调工程:空气调节、空气净化与洁净室空调系统的总称。

(30)水系统:特指以水作为热媒或冷媒,供给或排除空调房间热量的热水或冷水系统。

(31)整体式空调器:将制冷压缩机、换热器、通风机、过滤器以及自动控制仪表等组装成一体的空气调节设备。

(32)分体式空调器:由分离的两个部分组成的空气调节成套设备。

(33)热泵式空调器:装有四通换向阀以实现蒸发器与冷凝器功能转换的空气调节器。

(34)新通风机组:一种专门用于处理室外空气的大焓差通风机盘管机组。

(35)组合式空调机组:根据需要,选择若干具有不同空气处理功能的预制单元组装而成的空调设备,也称装配式空调机组。

(36)通风机盘管机组:将通风机、换热器及过滤器等组装成一体的空调设备。

(37)风管系统的工作压力:指系统风管总风管处设计的最大的工作压力。

(38)空气洁净度等级:洁净空间单位体积空气中,以大于或等于被考虑粒径的粒子最大浓度限值进行划分的等级标准。

(39)风压:通风与空调系统的压力是用标准大气压来表示。在工作中可用压力表测得,即表压力(相对压力),高出的数值为“正压”,低于的数值为负压。

(40)风量:风量是指 1h 内风管或风口中流过的空气体积(或质量)。其计算方法如下:

$$L = 3600F \cdot v \quad (\text{m}^3 \cdot \text{h})$$
$$Q = 3600F \cdot v \cdot \rho \quad (\text{kg/h})$$

式中　F——风管或风口横断面积(m^3);

v——空气流速(m/s);

ρ——空气密度(kg/m^3)。当空气温度为 20℃ 左右时,$\rho = 1.2\text{kg/m}^3$。

(41)阻力。空气在管道中输送时,与管壁发生摩擦而产生的阻力为"摩擦阻力",管壁粗糙程度决定了摩擦阻力的大小。除了摩擦阻力外,还有由于空气输送过程中的分叉、转弯、口径改变等出现涡流而产生的阻力,称为"局部阻力"。一般把摩擦阻力和局部阻力两者之和称做压力损失。

第二节　通风空调工程分类

通风空调工程可分为通风与空气调节两大部分。通风的主要功能是排除生活房间或生产车间的余热、余湿、有害气体、蒸汽和灰尘等。空气调节是通过空气处理、空气输送和分配设备构成一个空调系统,对空气进行处理。

通风空调工程按不同的使用场合和生产工艺要求,大致可分为通风系统、防排烟系统和空调系统(包括空气洁净系统)。

一、通风系统

通风系统按其作用范围可分为全面通风、局部通风、混合通风等形式;也可按其动力分为自然通风和机械通风;还可按其工艺要求分为送风系统、排风系统、除尘系统。

1. 按作用范围分类

(1)全面通风。在整个房间内,全面地进行空气交换。有害物在很大范围内产生并扩散的房间,就需要全面通风,以排出有害气体或送入大量的新鲜空气,将有害气体浓度冲淡到允许浓度以内。

(2)局部通风。将污浊空气或有害物气体直接从产生的部位抽出,防止扩散到全室;或将新鲜空气送到某个局部地区,改善局部地区的环境条件。

当车间内某些设备产生大量危害人体健康的有害气体时,采用全面通风不能冲淡到允许浓度或采用全面通风很不经济时,可采用局部通风。

(3)混合通风。混合通风是指用全面的送风和局部排风,或全面的排风和局部的送风混合起来的通风形式。

2. 按动力分类

(1)自然通风。自然通风是依靠室外风力造成的风压和室内外空气温度差造成的热压,促使空气流动,使建筑室内外空气交换。自然通风可以保证建筑室内获得新鲜空气,带走多余的热量,又不需要消耗动力,节省能源,节省设备投资和运行费用,因而是一种经济有效的通风方法。

(2)机械通风。利用通风机的运转给空气一定的能量,造成通风压力以克服矿井通风阻力,使地面空气不断地进入井下,沿着预定路线流动,然后将污风再排出井外的通风方法叫机械通风。机械通风分为全面通风和局部通风两种形式。

3. 按工艺要求分类

(1)送风系统。送风系统是用来向室内输送新鲜的或经过处理的空气。其工作流程为室外空气由可挡住室外杂物的百叶窗进入进气室,经保温阀至过滤器,由过滤器除掉空气中的灰尘,再经空气加热器将空气加热到所需的温度后被吸入通风机,经风量调节阀、风管,由送风口送入室内。

(2)排风系统。排风系统是将室内产生的污浊、高温干燥空气排到室外大气中,保证工作人员免受其害。其主要工作流程为污浊空气由室内的排气罩被吸入风管后,再经通风机排到室外的风帽而进入大气。

(3)除尘系统。除尘系统通常用于生产车间,其主要作用是将车间内含大量工业粉尘和微粒的空气进行收集处理,有效降低工业粉尘和微粒的含量,以达到排放标准。其工作流程主要是通过车间内的吸尘罩将含尘空气吸入,经风管进入除尘器除尘,随后经通风机送至室外风帽而排入大气。

二、防排烟系统

防排烟系统都是由送排风管道,管井,防火阀,门开关设备,送、排风机等设备组成。机械排烟系统的排烟量与防烟分区有着直接的关系。高层建筑的防烟设施应分为机械加压送风的防烟设施和可开启外窗的自然排烟设施。

(1)自然排烟。自然排烟是利用建筑物的外窗、阳台、凹廊或专用排烟口、竖井等将烟气排出或稀释烟气的浓度。在高层建筑中除建筑物高度超过 50m 的一类公共建筑和建筑高度超过 100m 的居住建筑外,靠外墙的防烟楼梯间、消防电梯前室和合用前室,宜采用自然排烟方式。

(2)机械防烟。机械防烟是采用通过风机机械加压送风,控制烟气的活动,增加要求烟气不侵入的地区的空气压力。对防烟楼梯间及其前室、消防电梯前室和两者合用前室应设置机械加压送风的防烟设施,达到疏散通道无烟的目的,从而保证人员疏散和扑救的需要。

▮⚒ 关键细节 1　高层建筑设置防烟、排烟设施的范围

(1)一类高层建筑和建筑高度超过 32m 的二类高层建筑的下列部位应设排烟设施。

1)长度超过 20m 的内走道;

2)面积超过 100m² ,且经常有人停留或可燃物较多的房间;

3)高层建筑的中庭和经常有人停留或可燃物较多的地下室。

(2)高层建筑的下列部位应设置独立的机械加压送风设施:

1)不具备自然排烟条件的防烟楼梯间、消防电梯间前室或合用前室;

2)采用自然排烟措施的防烟楼梯间,其不具备自然排烟条件的前室;

3)封闭避难层(间);

4)建筑高度超过 50m 的一类公共建筑和建筑高度超过 100m 的居住建筑的防烟楼梯间及其前室、消防电梯前室或合用前室。

▮⚒ 关键细节 2　地下人防工程设置防烟、排烟设施的范围

(1)人防工程下列部位应设置机械加压送风防烟设施:

1)防烟楼梯间及其前室或合用前室;

2)避难走道的前室。

(2)人防工程下列部位应设置机械排烟设施:

1)建筑面积大于 50m² ,且经常有人停留或可燃物较多的房间、大厅和丙、丁类生产

车间；

2)总长度大于20m的疏散走道；

3)电影放映间、舞台等。

(3)丙、丁、戊类物品库宜采用密闭防烟措施。

(4)自然排烟口的总面积大于该防烟分区面积的2%时,宜采用自然排烟;自然排烟口底部距室内地坪不应小于2m,并应常开或发生火灾时能自动开启。

三、空调系统

1. 按设备设置集中度分类

空调系统根据空气处理设备设置的集中程度可分为集中式空调系统、局部式空调系统、混合式空调系统三类。

(1)集中式空调系统。集中式空调系统是将处理空气的空调器集中安装在专用的机房内,空气加热、冷却、加湿和除湿用的冷源和热源,由专用的冷冻站和锅炉房供给,多适用于大型空调系统。

(2)局部式空调系统。局部式空调系统是将处理空气的冷源、空气加热加湿设备、通风机和自动控制设备均组装在一个箱体内,可就近安装在空调房间,就地对空气进行处理,多用于空调房间布局分散和小面积的空调工程。

(3)混合式空调系统。混合式空调系统有诱导式空调系统和通风机盘管空调系统两类,均由集中式和局部式空调系统组成。诱导式空调系统多用于建筑空间不大且装饰要求较高的旧建筑、地下建筑、舰船、客机等场所。通风机盘管空调系统多用于新建的高层建筑和需要增设空调的小面积、多房间的旧建筑等。

2. 按使用要求分类

空气调节系统是为保证室内空气的温度、湿度、风速及洁净度保持在一定范围内,并且不因室外气候条件和室内各种条件的变化而受影响。空气调节系统根据不同的使用要求,可分为恒温恒湿空调系统、舒适性空调系统、空气洁净系统和控制噪声空调系统。

(1)恒温恒湿空调系统。恒温恒湿空调系统主要用于电子、精密机械和仪表的生产车间,这些场所要求温度和湿度控制在一定范围内,误差很小,这样才能确保产品质量。

(2)舒适性空调系统。舒适性空调系统主要用于夏季降温除湿,使房间内温度保持在18～28℃之间,相对湿度在40%～70%之间。

(3)空气洁净系统。空气洁净系统应用于生产电气元器件、药品、外科手术、烧伤护理、食品工业等行业中。空气洁净系统根据洁净房间含尘浓度和生产工艺要求,按洁净室的气流流型可分为非单向流洁净室和单向流洁净室两类。

1)非单向流洁净室的气流流型不规则,工作区气流不均匀,并有涡流,适用于1000级(每升空气中≥0.5μm粒径的尘粒数平均值不超过35粒)以下的空气洁净系统。

2)单向流洁净室根据气流流动方向又可分为垂直向下和水平平行两种,适用于100级(每升空气中≥0.5μm粒径数平均值不超过3.5粒)以下的空气洁净系统。

(4)控制噪声空调系统。控制噪声空调系统主要用在电视厅、录音、录像场所及播音室等,以保证演播和录制的音像质量。

第三节　通风空调工程施工图识读

通风空调工程施工图的识读是进行通风空调安装工程施工的基础,其地位和作用是相当重要的。在学习识读通风空调安装工程施工图之前就应掌握好以下几点:

(1)通风空调系统的基本原理。通风空调安装工程施工图是专业性很强的图纸,通风空调系统的基本原理作为专业识图的理论基础是必须认真掌握的。

(2)投影和视图的基本理论。通风空调安装工程施工图是在投影和视图的基本理论基础之上进行绘制的,如果不掌握这方面的知识,自然也就不可能读懂图纸。

(3)通风空调安装工程施工图绘制的基本规定。通风空调安装工程施工图作为专业图纸,与其他的图纸是有差别的。掌握好绘制通风空调安装工程施工图的基本规定,如线型、图例符号的含义等,有助于顺利进行图纸的识读。

一、施工图的形式

1. 图纸幅面

(1)为使图纸能够规范管理,所有设计图纸的幅面均应符合国际标准,《房屋建筑制图统一标准》(GB/T 50001—2010)中要求图纸幅面及图框尺寸应符合表 1-1 的规定及图 1-1~图 1-4 的格式。

表 1-1　　　　　　　　　　　　　　幅面及图框尺寸　　　　　　　　　　　　　　mm

幅面代号 尺寸代号	A0	A1	A2	A3	A4
$b \times l$	841×1189	594×841	420×594	297×420	210×297
c	10			5	
a	25				

注:表中 b 为幅面短边尺寸,l 为幅面长边尺寸,c 为图框线与幅面线间宽度,a 为图框线与装订边间宽度。

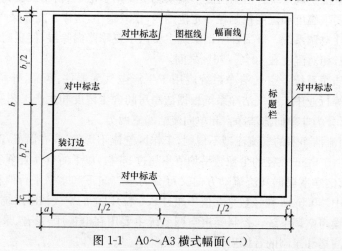

图 1-1　A0～A3 横式幅面(一)

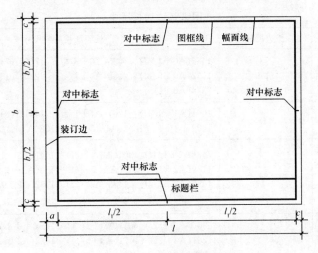

图 1-2　A0～A3 横式幅面(二)

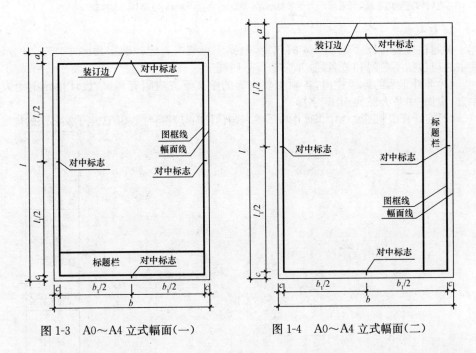

图 1-3　A0～A4 立式幅面(一)　　　　图 1-4　A0～A4 立式幅面(二)

(2)需要微缩复制的图纸,其一个边上应附有一段准确米制尺度,四个边上均附有对中标志,米制尺度的总长应为 100mm,分格应为 10mm。对中标志应画在图纸内框各边长的中点处,线宽 0.35mm,并应伸入内框边,在框外为 5mm。对中标志的线段,于 l_1 和 d_1 范围取中。

(3)图纸的短边尺寸不应加长,A0～A3 幅面长边尺寸可加长,但应符合表 1-2 的规定。

表 1-2　　　　　　　　　　　**图纸长边加长尺寸**　　　　　　　　　　mm

幅面代号	长边尺寸	长边加长后的尺寸
A0	1189	1486(A0+1/4*l*)　1635(A0+3/8*l*)　1783(A0+1/2*l*) 1932(A0+5/8*l*)　2080(A0+3/4*l*)　2230(A0+7/8*l*) 2378(A0+*l*)
A1	841	1051(A1+1/4*l*)　1261(A1+1/2*l*)　1471(A1+3/4*l*) 1682(A1+*l*)　1892(A1+5/4*l*)　2102(A1+3/2*l*)
A2	594	743(A2+1/4*l*)　891(A2+1/2*l*)　1041(A2+3/4*l*) 1189(A2+*l*)　1338(A2+5/4*l*)　1486(A2+3/2*l*) 1635(A2+7/4*l*)　1783(A2+2*l*)　1932(A2+9/4*l*) 2080(A2+5/2*l*)
A3	420	630(A3+1/2*l*)　841(A3+*l*)　1051(A3+3/2*l*) 1261(A3+2*l*)　1471(A3+5/2*l*)　1682(A3+3*l*) 1892(A3+7/2*l*)

注:有特殊需要的图纸,可采用 $b×l$ 为 841mm×891mm 与 1189mm×1261mm 的幅面。

2. 标题栏

标题栏应符合图 1-5、图 1-6 的规定,根据工程的需要选择确定其尺寸、格式及分区。签字栏应包括实名列和签名列,并应符合下列规定:

(1)涉外工程的标题栏内,各项主要内容的中文下方应附有译文,设计单位的上方或左方,应加"中华人民共和国"字样。

(2)在计算机制图文件中当使用电子签名与认证时,应符合国家有关电子签名法的规定。

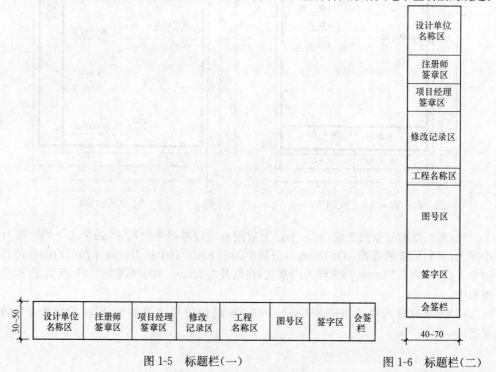

图 1-5　标题栏(一)　　　　　　　　　　图 1-6　标题栏(二)

3. 图线

(1)图线的基本宽度 b 和线宽组,应根据图样的比例、类别及使用方式确定。基本宽度 b 宜选用 0.18、0.35、0.5、0.7、1.0(mm)。图样中仅使用两种线宽时,线宽组宜为 b 和 $0.25b$。三种线宽的线宽组宜为 b、$0.5b$ 和 $0.25b$,并应符合表 1-3 的规定。

表 1-3　　　　　　　　　　　　　　　　线　宽　　　　　　　　　　　　　　　　mm

线宽比	线　宽　组			
b	1.4	1.0	0.7	0.5
$0.7b$	1.0	0.7	0.5	0.35
$0.5b$	0.7	0.5	0.35	0.25
$0.25b$	0.35	0.25	0.18	(0.13)

注:1. 需要缩微的图纸,不宜采用 0.18mm 及更细的线宽。

2. 表中括号内数字表示慎用线宽。但如果能确保图纸在使用时,细线绘制的图样不会出现缺损,也可使用更细的线(笔)宽。

(2)在同一张图纸内,各不同线宽组的细线,可统一采用最小线宽组的细线。

(3)暖通空调专业制图采用的线型及其含义,宜符合表 1-4 的规定。

表 1-4　　　　　　　　　　　　　　　　线型及其含义

名　称		线　型	线　宽	一般用途
实线	粗	———————	b	单线表示的供水管线
	中粗	———————	$0.7b$	本专业设备轮廓、双线表示的管道轮廓
	中	———————	$0.5b$	尺寸、标高、角度等标注线及引出线;建筑物轮廓
	细	———————	$0.25b$	建筑布置的家具、绿化等;非本专业设备轮廓
虚线	粗	– – – – –	b	回水管线及单根表示的管道被遮挡的部分
	中粗	– – – – –	$0.7b$	本专业设备及双线表示的管道被遮挡的轮廓
虚线	中	– – – – –	$0.5b$	地下管沟、改造前风管的轮廓线;示意性连线
	细	– – – – –	$0.25b$	非本专业虚线表示的设备轮廓等
波浪线	中	∿∿∿∿	$0.5b$	单线表示的软管
	细	∿∿∿∿	$0.25b$	断开界线
单点长画线		—·—·—·—	$0.25b$	轴线、中心线
双点长画线		—··—··—	$0.25b$	假想或工艺设备轮廓线
折断线		—–√—–	$0.25b$	断开界线

（4）图样中也可使用自定义图线及含义，但应明确说明，且其含义不应与《暖通空调制图标准》(GB/T 50114-2010)发生矛盾。

4. 比例

总平面图、平面图的比例，宜与工程项目设计的主导专业的一致，其余可按表1-5选用。

表 1-5   比例

图 名	常用比例	可用比例
剖面图	1:50、1:100	1:150、1:200
局部放大图、管沟断面图	1:20、1:50、1:100	1:25、1:30、1:50、1:200
索引图、详图	1:1、1:2、1:5、1:10、1:20	1:3、1:4、1:15

二、图样画法基本要求

（1）各工程、各阶段的设计图纸应满足相应的设计深度要求。

（2）暖通空调专业设计图纸编号应独立。

一个工程设计中同时有供暖、通风、空调等两个及以上的不同系统时，应进行系统编号。暖通空调系统编号、入口编号，应由系统代号和顺序号组成。系统编号宜标注在系统总管处。竖向布置的垂直管道系统，应标注立管号(图1-7)。在不致引起误解时，可只标注序号，但应与建筑轴线编号有明显区别。

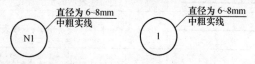

图 1-7   立管号的画法

系统代号用大写拉丁字母表示(表1-6)，系统代号、编号的画法如图1-8所示。当一个系统出现分支时，可采用图1-8(b)的画法。

表 1-6   系统代号

序号	字母代号	系统名称	序号	字母代号	系统名称
1	N	（室内）供暖系统	9	H	回风系统
2	L	制冷系统	10	P	排风系统
3	R	热力系统	11	XP	新风换气系统
4	K	空调系统	12	JY	加压送风系统
5	J	净化系统	13	PY	排烟系统
6	C	除尘系统	14	P(PY)	排风兼排烟系统
7	S	送风系统	15	RS	人防送风系统
8	X	新风系统	16	RP	人防排风系统

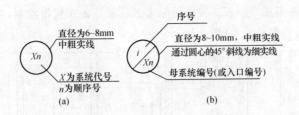

图 1-8　系统代号、编号的画法

(3)在同一套工程设计图纸中,图样线宽组、图例、符号等应一致。

(4)在工程设计中,宜依次表示图纸目录、选用图集(纸)目录、设计施工说明、图例、设备及主要材料表、总图、工艺图、系统图、平面图、剖面图、详图等,如单独成图,其图纸编号应按所述顺序排列。

(5)图样需用的文字说明,宜以"注"、"附注"或"说明"的形式在图纸右下方、标题栏的上方书写,并应用"1、2、3……"进行编号。

(6)一张图幅内绘制平、剖面等多种图样时,宜按平面图、剖面图、安装详图,从上至下、从左至右的顺序排列;当一张图幅绘有多层平面图时,宜按建筑层次由低至高、由下而上顺序排列。

(7)图纸中的设备或部件不便用文字标注时,可进行编号。图样中仅标注编号时,其名称宜以"注"、"附注"或"说明"表示。如需表明其型号(规格)、性能等内容,宜用明细表表示(图 1-9)。

图 1-9　明细栏示例

(8)初步设计和施工图设计的设备表应至少包括序号(或编号)、设备名称、技术要求、数量、备注栏;材料表应至少包括序号(或编号)、材料名称、规格或物理性能、数量、单位、备注栏。

关键细节3　管道和设备布置平面图、剖面图及详图绘制

(1)管道和设备布置平面图、剖面图应以直接正投影法绘制。用于暖通空调系统设计的建筑平面图、剖面图,应用细实线绘出建筑轮廓线和与暖通空调系统有关的门、窗、梁、柱、平台等建筑构配件,并应标明相应定位轴线编号、房间名称、平面标高。

(2)管道和设备布置平面图应按假想除去上层板后俯视规则绘制,其相应的垂直剖面图应在平面图中标明剖切符号(图 1-10)。

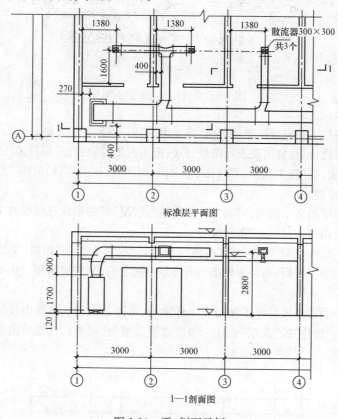

图 1-10　平、剖面示例

(3)剖视图的剖切符号应由剖切位置线、投射方向线及编号组成,剖切位置线和投射方向线均应以粗实线绘制。剖切位置线的长度宜为 6～10mm;投射方向线长度应短于剖切位置线,宜为 4～6mm;剖切位置线和投射方向线不应与其他图线相接触;编号宜用阿拉伯数字,并宜标在投射方向线的端部;转折的剖切位置线,宜在转角的外顶角处加注相应编号。

(4)平面图上应标注设备、管道定位(中心、外轮廓)线与建筑定位(轴线、墙边、柱边、柱中)线间的关系;剖面图上应注出设备、管道(中、底或顶)标高。必要时,还应注出距该层楼(地)板面的距离。

(5)剖面图应在平面图上选择反映系统全貌的部位垂直剖切后绘制。当剖切的投射方向为向下和向右,且不致引起误解时,可省略剖切方向线。

(6)建筑平面图采用分区绘制时,暖通空调专业平面图也可分区绘制。但分区部位应与建筑平面图一致,并应绘制分区组合示意图。

(7)除方案设计、初步设计及精装修设计外,平面图、剖面图中的水、气管道可用单线绘制,风管不宜用单线绘制。平面图、剖面图中的局部需另绘详图时,应在平、剖面图上标注索引符号。索引符号的画法如图 1-11 所示。当表示局部位置的相互关系时,在平面图上应标注内视符号(图 1-12)。

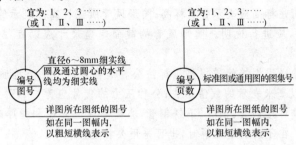

图 1-11　索引符号的画法

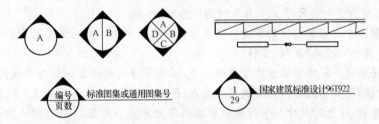

图 1-12　内视符号画法

关键细节 4　管道系统图、原理图绘制

(1)管道系统图应能确认管径、标高及末端设备,可按系统编号分别绘制。

管道系统图采用轴测投影法绘制时,宜采用与相应的平面图一致的比例,按正等轴测或正面斜二轴测的投影规则绘制,可按现行国家标准《房屋建筑制图统一标准》(GB/T 50001—2010)绘制。在不致引起误解时,管道系统图可不按轴测投影法绘制。

(2)管道系统图的基本要素应与平、剖面图相对应。

(3)水、气管道及通风、空调管道系统图均可用单线绘制。

(4)系统图中的管线重叠、密集处,可采用断开画法。断开处宜以相同的小写拉丁字母表示,也可用细虚线连接。

(5)室外管网工程设计宜绘制管网总平面图和管网纵剖面图。

(6)原理图可不按比例和投影规则绘制。原理图基本要素应与平面图、剖视图及管道系统图相对应。

关键细节 5　管道标高、管径(压力)、尺寸标注

(1)在无法标注垂直尺寸的图样中,应标注标高。标高应以 m 为单位,并应精确到 cm 或 mm。

(2)标高符号应以直角等腰三角形表示。当标准层较多时,可只标注与本层楼(地)板面的相对标高(图 1-13)。

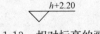

图 1-13　相对标高的画法

（3）水、气管道所注标高未予说明时，应表示为管中心标高。水、气管道标注管外底或顶标高时，应在数字前加"底"或"顶"字样。

（4）矩形风管所注标高应表示管底标高；圆形风管所注标高应表示管中心标高。当不采用此方法标注时，应进行说明。圆形风管的截面定型尺寸应以直径"ϕ"表示，单位应为 mm。

（5）低压流体输送用焊接管道规格应标注公称通径或压力。公称通径的标记应由字母"DN"后跟一个以毫米表示的数值组成；公称压力的代号应为"PN"。输送流体用无缝钢管、螺旋缝或直缝焊接钢管、铜管、不锈钢管，当需要注明外径和壁厚时，应用"D（或 ϕ）外径×壁厚"表示。在不致引起误解时，也可采用公称通径表示。

（6）塑料管外径应用"de"表示。

（7）矩形风管（风道）的截面定型尺寸应以"$A×B$"表示。"A"应为该视图投影面的边长尺寸，"B"应为另一边尺寸。A、B 单位均应为 mm。

（8）平面图中无坡度要求的管道标高可标注在管道截面尺寸后的括号内。必要时，应在标高数字前加"底"或"顶"的字样。

（9）水平管道的规格宜标注在管道的上方；竖向管道的规格宜标注在管道的左侧。双线表示的管道，其规格可标注在管道轮廓线内（图 1-14）。当斜管道不在图 1-15 所示 30°范围内时，其管径（压力）、尺寸应平行标在管道的斜上方。不用图 1-15 的方法标注时，可用引出线标注。

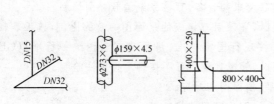
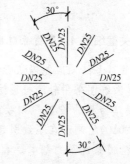

图 1-14　管道截面尺寸的画法　　　　　图 1-15　管径（压力）的标注位置示例

（10）多条管线规格的标注方法如图 1-16 所示。

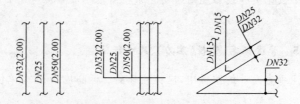

图 1-16　多条管线规格的标注方法

(11)风口、散流器的表示方法如图 1-17 所示。

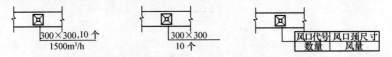

图 1-17　风口、散流器的表示方法

(12)平面图、剖面图上如需标注连续排列的设备或管道的定位尺寸和标高,应至少有一个误差自由段(图 1-18)。

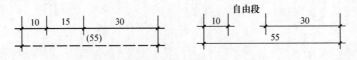

图 1-18　定位尺寸的表示方式

(13)挂墙安装的散热器应说明安装高度。

(14)设备加工(制造)图的尺寸标注应按现行国家标准《机械制图　尺寸注法》(GB 4458.4—2003)的有关规定执行。焊缝应按现行国家标准《技术制图　焊缝符号的尺寸、比例及简化表示法》(GB/T 12212—2012)的有关规定执行。

关键细节 6　管道转向、分支、重叠及密集处的画法

(1)单线管道转向的画法如图 1-19 所示。双线管道转向的画法如图 1-20 所示。

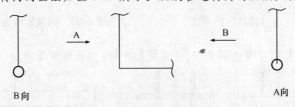

图 1-19　单线管道转向的画法

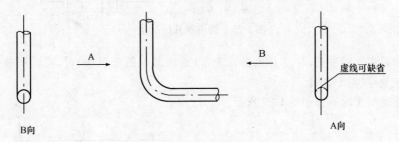

图 1-20　双线管道转向的画法

(2)单线管道分支的画法如图 1-21 所示。双线管道分支的画法如图 1-22 所示。

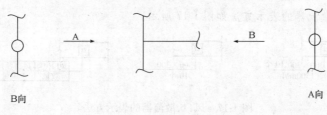

图 1-21　单线管道分支的画法

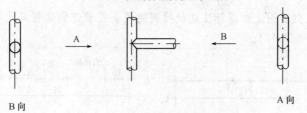

图 1-22　双线管道分支的画法

(3)送风管转向的画法如图 1-23 所示。回风管转向的画法如图 1-24 所示。

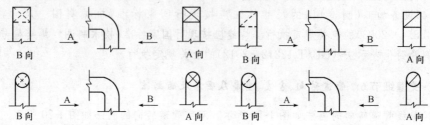

图 1-23　送风管转向的画法　　　　图 1-24　回风管转向的画法

(4)平面图、剖视图中管道因重叠、密集需断开时,应采用断开画法(图 1-25)。

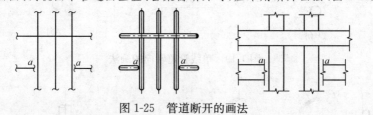

图 1-25　管道断开的画法

(5)管道在本图中断,转至其他图面表示(或由其他图面引来)时,应注明转至(或来自)的图纸编号(图 1-26)。

(6)管道交叉的画法如图 1-27 所示。

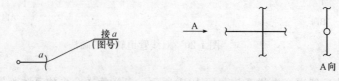

图 1-26　管道在本图中断的画法　　　　图 1-27　管道交叉的画法

(7)管道跨越的画法如图 1-28 所示。

三、通风空调工程施工图的分类及内容

通风空调工程施工图是设计意图的体现，是进行安装工程施工的依据，也是编制施工图预算的重要依据。

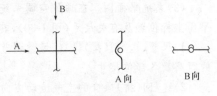

图 1-28　管道跨越的画法

通风空调工程的施工图由基本图、大样图及设计施工说明等组成。基本图包括系统原理图、平面图、立面图、剖面图及系统轴测图。大样图是表示设备、管道与部、配件的组合详图，包括节点大样图。因图幅比例所限或风管与设备重叠遮挡等原因，需用详图表达设备与部、配件的具体构造及安装情况。复杂的风管、配件与部件的节点用节点大样图表示清楚。设计施工说明包括图例、图纸目录、文字说明、技术要求、技术参数、质量标准、主要设备及部、配件明细表以及采用的标准图等。如采用国家标准图、省(市)或设计部门标准图及参照其他工程的标准图，在图纸目录中附有说明，以便查阅。文字说明包括有关的设计参数和施工方法及施工的质量要求。

在编制施工图预算时，不但要熟悉施工图样，而且要阅读施工技术说明和设备材料表。因为许多工程内容在图上不易表示，而是在说明中加以交代的。

关键细节 7　通风空调工程基本图的内容

(1)系统原理方框图。系统原理方框图是综合性的示意图(图 1-29)，它将空气处理设备、通风管路、冷热源管路、自动调节及检测系统联结成一个整体，构成一个整体的通风空调系统。它表达了系统的工作原理及各环节的有机联系。这种图样一般在通风空调系统不绘制，只是在比较复杂的通风空调工程中才会绘制。

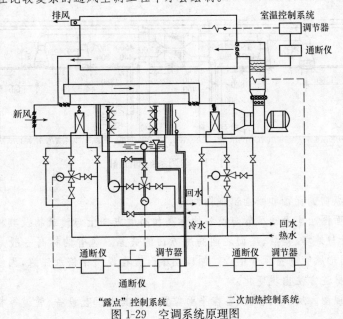

图 1-29　空调系统原理图

(2)系统平面图。在通风空调系统中,平面图上表明风管、部件及设备在建筑物内的平面坐标位置及有关尺寸(图 1-30),其中包括:

1)风管、送/回(排)风口、风量调节阀、测孔等部件和设备的平面位置,与建筑物墙面的距离及各部位尺寸。

2)送/回(排)风口的空气流动方向。

3)通风空调设备的外形轮廓、规格型号及平面坐标位置。

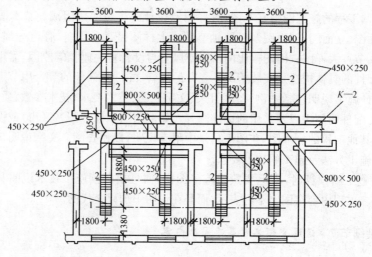

图 1-30　空调系统平面图

(3)系统剖面图。剖面图上表明通风管路及设备在建筑物中的垂直位置、相互之间的关系、标高及尺寸。在剖面图上可以看出通风机、风管及部件、风帽的安装高度,如图 1-31 所示。

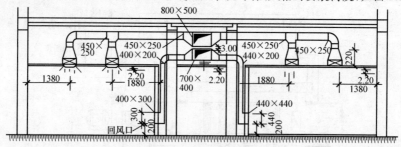

图 1-31　空调系统剖面图

剖面图分纵向剖面图和平面剖视图两种。

1)纵向剖面图。应表达风管与设备的标高和高度方向上与建筑物及其他设备之间的距离尺寸,以及与地坪、楼层、屋面之间高度方面的关系。风管的标高一般是指矩形风管的底平面,而圆形风管则指风管中心。阅读图纸时应在说明中倍加注意,因经常有一些图中风管标高的标注方法出现变化。

2)平面剖视图。反映风管、设备在平面位置上与其他工艺设备、管道等相互之间的位置尺寸以及与墙、柱之间的距离等。

(4)系统轴测图。系统轴测图又叫透视图,可根据投影原理画出。通风、空调系统管路纵横交错,在平面图和剖面图上难以表达管线的空间走向,采用轴测投影绘制出管路系统单线条的立体图,可以完整而形象地将风管、部件及附属设备之间相对位置的空间关系表示出来。系统轴测图上还注明风管、部件及附属设备的标高,各段风管的断面尺寸,送、回(排)风口的形式和风量值等。图1-32所示为空调系统轴测图。

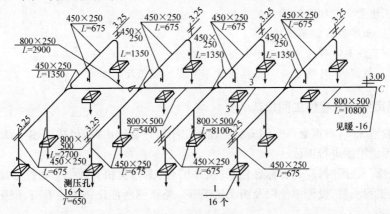

图1-32　空调系统轴测图

通风与空调系统轴测图有单线与双线两种。

1)单线系统轴测图用单线来表示风管、配件系统,但系统中的设备与部件如风机、吸气罩等用简单外形表示。

2)双线系统轴测图是将整个系统的风管、配件、部件及设备全部用轴测投影的方法画成立体形象的系统图。

关键细节8　通风空调设备大样图的内容

通风空调设备大样图又称详图,是表示设备、管道与部、配件的组合详图,包括节点大样图。因图幅比例所限或风管与设备重叠遮挡等原因,需用详图表达设备与部、配件的具体构造及安装情况。复杂的风管、配件与部件的节点用节点大样图表示清楚。如果是国家通用标准图,则只标明图号,不再将图画出,需用时直接查标准图即可。如果没有标准图,必须画出大样图,以便加工、制作和安装。

通风空调详图表明风管、部件及设备制作和安装的具体形式、方法和详细构造及加工尺寸。对于一般性的通风空调工程,通常都使用国家标准图册,只是一些有特殊要求的工程,则由设计部门根据工程的特殊情况设计施工详图。

关键细节9　通风空调工程设计施工说明的内容

(1)图纸目录是为了帮助施工人员识读及查阅而设置的。

(2)设计与施工说明包括以下内容:

1)工程性质、规模、服务对象及系统工作原理。

2)通风空调系统的划分情况。

3)通风空调系统的工作方式、系列划分和组成以及系统总送风、排风量和各风口的送、排风量。

4)通风空调系统的设计参数。如室外气象参数、室内温湿度、室内含尘浓度、换气次数以及空气状态参数等。

5)施工质量要求和特殊的施工方法。

6)保温、油漆等的施工要求。

7)用图画线条与符号无法表示的施工做法。

(3)设备与部、配件明细表以表格形式附在基本图纸上。

四、通风空调工程施工图识读

在一般情况下,根据通风空调安装工程施工图所包含的内容,可按下述步骤对通风空调安装工程施工图进行识读。

(1)识读一张图时,应先看标题栏,其次是图名、图样及相关数据。通过标题栏,可以知晓名称、工程项目、设计单位以及图纸比例等。整张图所注比例均应看清、记牢,切不可忽视。

(2)阅读图纸目录,通过对图纸目录的阅读,了解整套通风空调安装工程施工图的基本情况,包括图纸张数、名称以及编号等。

(3)阅读设计和施工总说明,通过对设计和施工总说明的阅读,全面了解通风空调系统的基本概况和施工要求。

(4)阅读图例符号说明,通过对图例符号说明的阅读,了解施工图中所用到的图例符号的含义。

(5)阅读平面图,应特别注意与建筑物平面的关系,并应核对相关尺寸、数据是否相等;风管、送吸风口、调节阀及系统设备的位置与房屋结构的距离和各部位尺寸、标高是否合适,并对照系统轴测图与剖面图,看清风管系统分别各有几个送、排风与空调系统;各个系统的立体布置情况以及管道走向等情况。

(6)查看风管系统的设备,部件的规格、型号、数量及尺寸。

(7)在对通风与空调整个概况初步了解后,精读各个系统的工程施工图;彻底看清风管系统的走向、口径变化及在空间的准确位置,为绘制各系统的加工草图和图纸会审做准备。

(8)对于系统中的设备、部件的具体安装位置及要求,则要根据图纸目录提供的详图或标准图集的图号仔细阅读,直到看清楚为止。对图纸上出现的剖切符号、节点图及大样图等,都应仔细阅读;图中出现的图例、数据也应仔细核对;定位尺寸、标高、管段长度、配件的相关尺寸应仔细看清,设备、系统风管纵、横走向与建筑物的关系、尺寸也要——查对。

(9)对于相对复杂的系统或某一局部,风管设备交叉、重叠难以辨认,则应反复比对平面图、剖面图以及系统轴测图,结合文字说明,仔细、认真地识读。识读图纸的过程是由简到繁、由整体到局部,沿着气流方向,由主干管到分支,循序渐进的过程。

(10)在阅读图纸的过程中,通过反复核对、比较,若发现图纸存在问题,要及时向工程技术负责人或项目负责人反映,并指出问题所在,以便尽早与设计、监理、建设方联系,协商解决。个人不得自作主张或直接在正式图纸上涂抹,擅自更改相关尺寸。

在掌握以上内容后,可根据实际需要阅读其他相关图纸,如设备及管道的加工安装详图、立管图等。

关键细节 10 三视图的识读

图 1-33 所示为某通风系统的平面图、剖面图和系统轴测图。阅读通风空调安装工程图,要从平面图开始,将平面图、剖面图、系统透视图接合起来对照阅读,一般情况下可以顺着气流的流动方向逐段阅读。对于排风系统,可以从吸风口看起,沿着管路直到室外排风口。

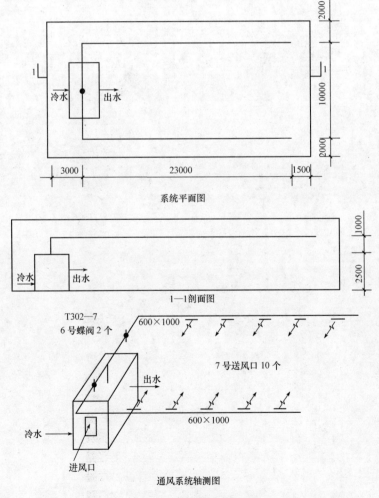

系统平面图

1—1剖面图

通风系统轴测图

图 1-33 通风系统施工图

（1）平面图的识读。通过对平面图的识读，可以了解到：该通风系统有一台空调器，空调器是用冷（热）水冷却（加热）空气的。空气从回风口进入空调机，经冷却或加热后，由空调器内通风机从顶部送出，空气出机后分为两路送往各用风点。风管总长度约为 48m。

（2）剖面图、轴测图的识读。从图 1-33 所示的剖面图和轴测图上知道，风管是 600mm×1000mm 的矩形风管。风管上装 6 号蝶阀两个，图号为 T302—7。风管系统中共有 7 号送风口 10 个。从剖面图上可以知道，风管安装高度为 3.5m。

在实际工作中，细读通风空调施工图时往往是平面图、剖面图、系统轴测图等几种图样结合起来一起识读，可以随时对照，一种图未表达清楚的地方可以立即看另一种图。这样既可以节省看图时间，又能对图纸看得深透，还能发现图纸中存在的问题。

第二章 风管及部件加工制作

通风管道及部件的加工制作,是通风、空调工程安装中的一项重要工序。随着建筑安装施工技术的不断发展,通风管道及部件制作已向机械化、工厂化和标准化方向发展。

第一节 金属风管和管件加工制作

一、金属风管制作材料

金属风管制作所使用的主要材料、设备、成品或半成品应有出厂合格证明书或质量鉴定文件。

1. 普通薄钢板

常用的薄钢板厚度为0.5~2mm,分为板材和卷材供货。薄钢板一般为冷轧或热轧钢板,其质量要求为表面平整、光滑,厚度均匀,允许有紧密的氧化铁薄膜,不得有裂纹、结疤等缺陷;但易生锈,须用油漆防腐,多用于排气、除尘系统。

2. 冷轧薄钢板

冷轧薄钢板表面平整光洁,易生锈,应及时刷漆,多用于送风系统,其规格见表2-1。

表 2-1 冷轧薄钢板规格

钢板厚度 /mm	钢板宽度/mm									
	600,650,700, 710,750,800,850	900 950	1000 1100	1250	1400 1420	1500	1600	1700	1800	
	钢板最大长度/m									
0.20~0.45	2.5	3	3	3.5	—	—	—	—	—	
0.55~0.65					—	—	—	—	—	
0.70~0.75					4	—	—	—	—	
0.80~1.0	3	3.5	3.5	4		4				
1.1~1.3				4	4		4	4.2	4.2	
1.4~2.0		3	3	6	6	6	6	6	6	

3. 复合钢板

为了保护普通钢板免遭锈蚀,可用电镀、粘贴和喷涂的方法,在钢板的表面罩上一层防护"外衣",形成复合钢板。镀锌钢板、塑料复合钢板等都属于复合钢板。

(1)塑料复合钢板是在 Q215A、Q235A 钢板上覆以厚度为 0.2～0.4mm 的软质或半硬质聚氯乙烯塑料膜,可以耐酸、碱、油及醇类的侵蚀,用于通、排风管道及其他部件。塑料复合钢板分单面覆层和双面覆层两种。它具有普通薄钢板所具有的切断、弯曲、钻孔、铆接、咬合及折边等加工性能。在 10～60℃可以长期使用,短期使用可耐温 120℃。塑料复合钢板的规格见表 2-2。

表 2-2 塑料复合钢板的规格 mm

厚　度	宽　度	长　度
0.35、0.4、0.5、0.6、0.7	450	1800
	500	2000
0.8、1.0、1.5、2.0	1000	2000

(2)镀锌薄钢板因镀锌钢板表面呈银白色,由普通钢板镀锌制成,厚度为 0.5～1.2mm,热镀锌薄钢板品种规格见表 2-3。由于它的表面有镀锌层保护,起到了防锈作用,所以一般不需再刷漆。在一些引进工程中多使用镀锌钢板卷材,尤其适用于螺旋缝风管的制作。

表 2-3 热镀锌薄钢板品种规格

钢板厚度/mm	0.35、0.40、0.45、0.50、0.55、0.60、0.65、0.70、0.75、0.80、0.90、1.0、1.1、1.2、1.4、1.5				
钢板宽度×长度 /mm×mm	710×1430、750×750、750×1500、750×1800、800×800、800×1200、800×1600、350× 1700、900×900、900×1800、900×2000、1000×2000				
钢板厚度/mm	0.35～0.45	>0.45～ 0.70	>0.70～ 0.80	>0.80～ 1.0	>1.0～ 1.25	>1.25～ 1.5
反复弯曲次数≥	8	7	6	5	4	3
钢板类别	冷成型用			一般用途用		
钢板厚度 /mm	0.35～0.80	>0.80～1.2	>1.2～1.5	0.35～0.80	>0.80～1.5	
镀锌强度弯曲试验 (d=弯心直径、 a=试样厚度)	$d=0$ 180°角	$d=a$ 180°角	弯曲 90°角	$d=a$ 180°角	弯曲 90°角	
钢板两面镀 锌层质量	≥275g/m²					

在通风工程中,常用镀锌钢板制作不含酸、碱气体的通风系统和空调系统的风管,在送风、排气、空调、净化系统中大量使用。

对镀锌钢板的表面,要求光滑洁净,表面层有热镀锌特有的镀锌层结晶花纹,钢板镀锌厚度不小于 0.02mm。

4. 不锈钢板

不锈钢板表面光洁,有较高的塑性、韧性和机械强度,耐酸、碱性气体、溶液和其他介质的腐蚀。不锈钢板的耐腐蚀性主要取决于它的合金成分(铬、镍、钛、硅、铝等合金成分)和内部的组织结构。不锈钢与其他金属长期接触,会产生电化学反应,从而腐蚀不锈钢板。

不锈钢在冷加工的过程中,经过弯曲、锤击会引起内应力,造成不均匀的变形。弯曲和敲打的次数越多,引起的内应力也就越大,使板材的韧性降低,强度增加,变硬变脆。这就是所谓不锈钢的冷作硬化倾向。

不锈钢加热到 450～850℃ 之间缓慢冷却会使钢质变坏、硬化而产生表面裂纹,在加工时要特别注意。

不锈钢板用热轧或冷轧方法制成。冷轧钢板的厚度尺寸为 0.5～4mm。

5. 铝板

铝板质轻,表面光洁、色泽美观,具有良好的可塑性,对浓硝酸、醋酸、稀硫酸有一定的抗腐蚀能力,但容易被盐酸和碱类腐蚀。铝板在空气中和氧接触时,表面生成一层氧化铝薄膜,常用于防爆通风系统的风管及部件,以及排放含有大量水蒸气的排风或车间内含有大量水蒸气的送风系统。铝板及铝合金板的规格见表 2-4。

表 2-4　　　　　　　　　铝板及铝合金板的规格

厚　度/mm	0.3	0.4	0.5	0.6	0.7	0.8	0.9	1	1.2	1.5	1.8	2
理论质量/(kg/m²)	0.84	1.12	1.4	1.68	1.96	2.24	2.52	2.80	3.36	4.20	5.04	5.60
宽　度/mm	400～600,800,1000,1200,1500,1600,1800,2000,2200,2400,2500											
长　度/mm	2000,2500,3000,3500,4000,4500,5000,5500,6000,7000,8000,9000,10000											

6. 型钢

型钢外观应全长等形、均匀、不含裂纹和气泡,无严重的锈蚀等现象。在通风工程中用来制作风管的法兰、管道和通风、空调设备的支架,以及风管部件和管道配件等。一般常用的有槽钢、角钢、扁钢、圆钢、方钢等。

关键细节 1　金属风管材料品种、规格、性能与厚度要求

金属风管的材料品种、规格、性能与厚度等应符合设计和现行国家产品标准的规定。当设计无规定时,应按《通风与空调工程施工质量验收规范》(GB 50243—2002)执行:钢板或镀锌钢板的厚度不得小于表 2-5 的规定;不锈钢板的厚度不得小于表 2-6 的规定;铝板的厚度不得小于表 2-7 的规定。

表 2-5　　　　　　　　　　　　钢板风管板材厚度　　　　　　　　　　　　　　　mm

风管直径D 或长边尺寸b ＼ 类别	圆形风管	矩形风管		除尘系统风管
		中、低压系统	高压系统	
D(b)≤320	0.5	0.5	0.75	1.5
320＜D(b)≤450	0.6	0.6	0.75	1.5
450＜D(b)≤630	0.75	0.6	0.75	2.0
630＜D(b)≤1000	0.75	0.75	1.0	2.0
1000＜D(b)≤1250	1.0	1.0	1.0	2.0
1250＜D(b)≤2000	1.2	1.0	1.2	按设计
2000＜D(b)≤4000	按设计	1.2	按设计	

注:1. 螺旋风管的钢板厚度可适当减小 10%～15%。

　　2. 排烟系统风管钢板厚度可按高压系统。

　　3. 特殊除尘系统风管钢板厚度应符合设计要求。

　　4. 不适用于地下人防和防火隔墙的预埋管。

表 2-6　　　　　　　　　高、中、低压系统不锈钢板风管板材厚度　　　　　　　　mm

风管直径或长边尺寸 b	不锈钢板厚度
b≤500	0.5
500＜b≤1120	0.75
1120＜b≤2000	1.0
2000＜b≤4000	1.2

表 2-7　　　　　　　　　　中、低压系统铝板风管板材厚度　　　　　　　　　　mm

风管直径或长边尺寸 b	铝板厚度
b≤320	1.0
320＜b≤630	1.5
630＜b≤2000	2.0
2000＜b≤4000	按设计

二、风管加工工艺

1. 钢材的变形矫正

通风管道及部件在放样画线之前,必须对有变形缺陷的钢材进行矫正。钢材如存在凹凸不平、弯曲、扭曲及波浪形变形等缺陷,将会影响制作和安装的质量。

钢材产生变形的原因,主要是钢材残余应力引起的变形和钢材在风管及部件加工制作过程中引起的变形两种。在现行《钢结构工程施工质量验收规范》(GB 50205—2001)中,对钢材的变形有明确的规定,钢材矫正后的允许偏差见表 2-8。

表 2-8　　　　　　　　　　　　　钢材矫正后的允许偏差　　　　　　　　　　　　　　mm

项　目		允许偏差	图　例
钢板的局部平面度	$t \leqslant 14$	1.5	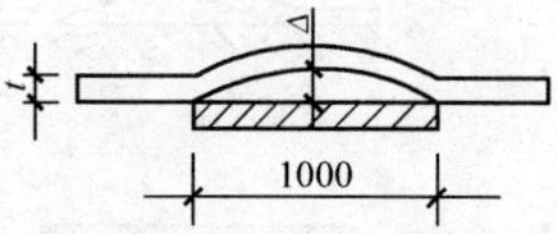
	$t > 14$	1.0	
型钢弯曲矢高		$l/1000$ 且不应大于 5.0	
角钢肢的垂直度		$b/100$ 双肢栓接角钢的角度不得大于 90°	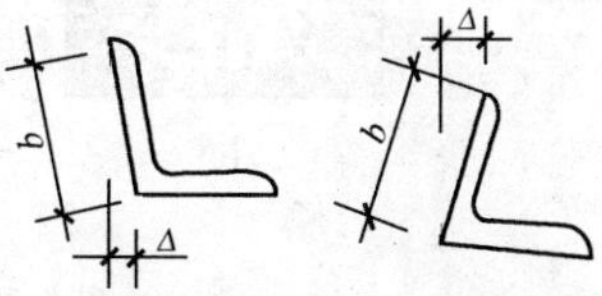
槽钢翼缘对腹板的垂直度		$b/80$	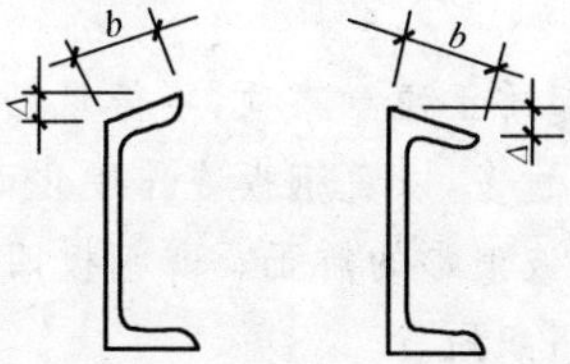
工字钢、H 型钢翼缘对腹板的垂直度		$b/100$ 且不大于 2.0	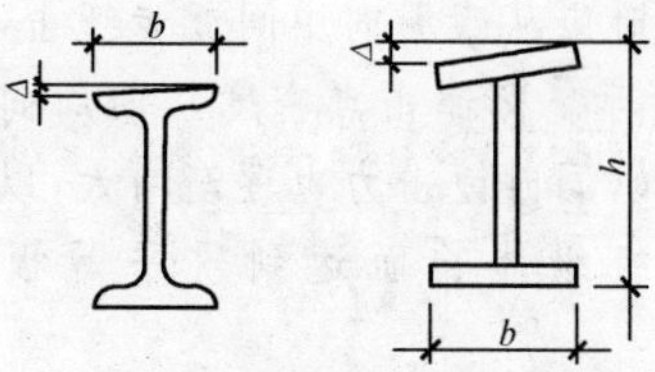

关键细节 2　板材变形的矫正方法

板材的变形有凸起、边缘呈波浪形、弯曲等现象。矫正前应分析产生变形的原因,再确定手工矫正的方法。

(1)板材凸起的矫正。板材凸起的原因:内部纤维状金相组织的致密程度不均匀,伸长的部分受其他部位的制约不能展开,凸起部分纤维状晶粒比其他部分长。

板材凸起矫正方法:手握锤从凸起处的边缘沿四周逐渐向中间轻轻敲打,防止出现锤痕,如图 2-1(a)所示。敲打时在越靠近内线锤击越要稀而稍轻,如图 2-1(c)所示。边缘逐渐向四周伸展,凸起部分则逐渐消除。有顺序地向内锤打,如图 2-1(d)中箭头方向所示。决不可直接锤击凸起的中央部分,图 2-1(b)所示为错误操作。

锤打时,将板材按紧在平台上,随打随翻转板料,不可单一在一边锤打。锤打全过程不可用力过大,防止板料压扁、扭曲后无法平整。在锤至近于平整时,敲击力量要再轻一些,继续锤打直到板料全贴在平台上即为合格。

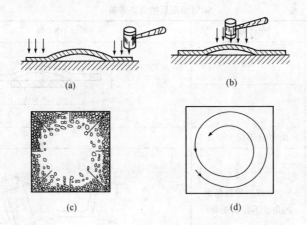

图 2-1　板料凸起平整法

(a)正确平整;(b)不正确平整;(c)锤击重点;(d)锤击方向

板材凸起矫正注意事项:不得见凸就打,以免使凸起的纤维组织伸长,凸起的程度增加,不能锤点过多,以免钢板冷作硬化而产生裂纹。

(2)边缘波浪形的矫正。薄钢板四周出现波浪形变形的原因:中间部分的纤维组织比四周的纤维组织短。

薄钢板四周出现波浪形变形的矫正方法:在矫正时应从四周向中间逐步锤击,如图2-2(a)所示。即锤击点密度从四周向中间逐渐增加,同时锤击力也逐渐增大,以使中间纤维组织伸长而达到矫平薄板的目的。

图 2-2　薄钢板变形的矫平

(a)波浪形矫正图;(b)对角翘矫正图

(3)薄钢板弯曲的矫正。薄钢板弯曲矫正时,应沿着没有弯曲翘起的另一个对角线锤击,使纤维组织延伸而达到矫平的目的,如图 2-2(b)所示。

薄钢板弯曲矫正注意事项:在矫正质软的铝及铝合金板时,应用橡胶锤或铝锤锤击,避免产生锤击的痕迹。

关键细节 3　扁钢变形的矫正方法

扁钢的变形只有弯曲和扭曲两种。

(1)扁钢的弯曲矫正。扁钢的弯曲有两种,一种是扁钢在厚度方向的弯曲,另一种是扁钢宽度方向的弯曲。对于扁钢厚度方向的弯曲,其矫正方法是用铁锤锤击弯曲凸起处。对于扁钢宽度方向的弯曲,用铁锤依次锤击扁钢的内层即可。

(2)扁钢的扭曲矫正。扁钢的扭曲矫正时,一般将扁钢一端用台虎钳夹住,再用扳手夹住扁钢的另一端作反方向扭转,使扭曲变形得到矫正。

关键细节4　角钢变形的矫正方法

角钢的变形有扭曲、角变形、外弯和内弯等,如图 2-3 所示。

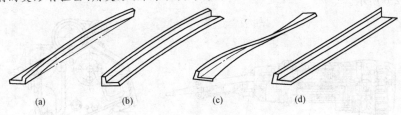

(a)　　　　(b)　　　　(c)　　　　(d)

图 2-3　角钢的变形

(c)外弯;(d)内弯;(a)扭曲;(b)角变形

(1)角钢的扭曲矫正:可参考扁钢的矫正方法。

(2)角钢角变形矫正:角钢的角度变形有大于 90°和小于 90°两种情况。如角钢的角度大于 90°,一般将角钢放在 V 形槽的铁砧内或斜立于铁砧上,用铁锤锤击,使角钢的夹角缩小。如角钢的角度小于 90°,可将角钢仰放在铁砧上,用铁锤锤击角钢内铡垫上的型锤,以使角钢的角度扩大。

(3)角钢的外弯矫正。角钢的外弯矫正时,应将角钢放在铁砧上,使弯曲处的凸部朝上,用铁锤锤击凸部,以反方向的弯曲而达到角钢外弯矫正的目的。

(4)角钢的内弯矫正。角钢的内弯矫正的方法与外弯矫正相同,将角钢内弯凸部朝上,和外弯矫正相反,用铁锤锤击,以反方向的弯曲使内弯得到矫正。

2. 板材的剪切

板材的剪切,就是将板材按画线形状进行裁剪的过程。剪切时,两手要扶稳钢板,用力均匀适当,并随时进行必须画线的复核工作,防止因下错料造成浪费。剪料顺序:先将毛边一端剪一刀,然后根据几何形状剪料。剪切后,应做到板材的切口整齐、直线平直、曲线圆滑。剪切可根据施工条件用手工工具或剪板机械进行。

剪切常用设备如下:

(1)手剪。手剪也叫白铁剪,是最常用的剪切工具。手剪分为直线剪和弯曲剪两种(图 2-4)。直线剪适用于剪切直线和曲线外圆,弯曲剪便于剪切曲线的内圆。手剪常用的规格有 300mm 和 450mm 两种。

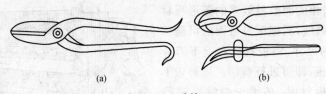

图 2-4　手剪

(a)直线剪;(b)弯曲剪

(2)电动剪刀。电动剪刀广泛应用于施工中,主要用于剪切厚度为 2.5mm 以下的金属板材,修剪圆弧和边角更为方便。剪切最小曲率半径为 30~50mm。它具有体形小、质量轻、操作简便、工效高、加工质量好等特点。其结构如图 2-5 所示。

（3）联合冲剪机。联合冲剪机主要用于切断钢板和型钢，也可进行冲孔和开三角凹槽等，如图 2-6 所示。

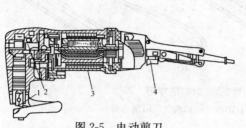 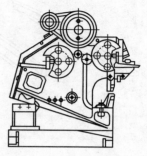

图 2-5　电动剪刀

1—剪刀；2—传动轴；3—电动机；4—开关

图 2-6　联合冲剪机

（4）风剪。通风空调工程中，风管制作常用的风剪主要由剪体、减速器、风马达、节流阀等部件及刀架、上下刀片外壳等零件组成，如图 2-7 所示。

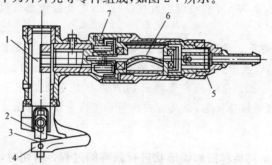

图 2-7　风剪结构图

1—剪体；2—上刀片；3—下刀片；4—刀片架；
5—节流阀；6—风马达；7—减速器

（5）龙门剪板机。龙门剪板机主要由床身、电动机、带轮、离合器、制动器、送料器、挡料器及刀片等组成，如图 2-8 所示。剪切操作是由电动机带动带轮、飞轮传动轴再通过齿轮使偏心轮转动，从而使床身上的上刀片上下动作而进行剪切。

当剪切规格相同而数量较多的条形板材时，可不用专门画线，只把床身后面的可调挡板调节到所需的尺寸，将板材放在上下刀片之间，并靠紧挡板，即可进行剪切。当剪切不同规格的条形板材时，必须先画线再进行剪切。

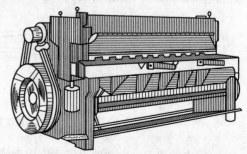

关键细节 5　板材手工剪切要求

手工剪切，最常用的工具为手剪。

图 2-8　龙门剪板机

用手剪剪切时,剪刀刃应相互紧靠,把剪刀的下部勾环靠住地面,用左手将板材向上抬起,右脚踏住右半边,右手操作剪刀向前剪切。如果需在板材中间剪孔时,为便于剪刀尖插入应先用扁錾开出一个孔。

手剪的剪切厚度一般不超过1.2mm,适合于剪切剪缝不长的工件。剪切时,手剪不能沾有油污;严禁剪切比刃口还要硬的金属和用手锤锤击剪刀背;保管过程中要防止损坏剪刀的刃口。

关键细节6 板材机械剪切时电动剪刀的使用要点

通风、空调工程施工常用的剪切机械有电动剪刀、联合冲剪机、双轮直线剪板机、龙门剪板机及振动式曲线剪板机等。这里主要介绍电动剪刀的使用要点。

电动剪刀使用时,特别是剪切时,必须遵守使用说明书的操作规定,使用要点如下:

(1)使用前,应在油孔内和刀杆刀架摩擦处滴入数滴20号机油,并空转1min,检查其传动是否灵活。

(2)剪切前,应根据剪切板材的厚度,调整两刀刃的横向间隙,并注意在调整间隙时保证两刀刃平行。

(3)剪切时,必须将剪刀口对准所剪部位或根据所画线条向前推进。剪切时要将电动剪刀端平。当二刃口调节不当或所剪板材未能平放在刀架上,可能会出现卡剪现象,需停机重新调整二刀刃间隙。

(4)装刀时,先用螺丝刀旋动机头上的偏心轴,使动刀片提升到最高位置,两刀片呈最大距离,使两刃尖端相有0.1~0.6mm长度覆盖,最后将紧固螺丝拧紧。再旋松刀架上定刀片紧固螺钉,按剪切板材厚度调整间隙,拧紧固定螺丝和支头螺丝。

(5)作小半径的曲线剪切时,应将二刀刃间的距离适当增大到0.36mm。剪切最大厚度薄钢板时,二刀刃间的距离为0.3mm。

(6)不能用钝刀片剪切板材,以免损坏机件,如刀钝或损坏,应及时修磨或更换新刀片。上刀片用钝后,可转向180°后继续使用。

3. 风管的咬口连接

通风、空调工程中,咬口连接是最常用而简单的连接方式。限于手工咬口操作的难度和机械咬口设备性能,一般适用于厚度小于1.2mm的普通薄钢板和镀锌薄钢板、厚度小于1.5mm的铝板、厚度小于0.8mm的不锈钢板。

板材咬口之前,必须用切角机或剪刀进行切角,切角形状如图2-9所示。咬口时应扶稳板料,手指距滚轮护壳不小于50mm,不得放在咬口机轨道上。

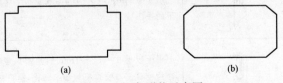

(a)   (b)

图2-9 切角形状示意图

(1)手工咬口。手工咬口所使用的工具如图2-10所示。一般需要延展板边时采用钢制手锤外，凡是折曲或打实咬口，都应采用木方尺或木锤，以免产生明显的锤印。

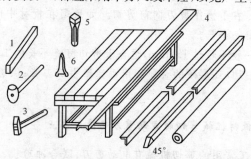

图 2-10　手工咬口工具

1—拍板；2—硬质木锤；3—钢制方锤；
4—方钢；5—衬铁；6—咬口套

（2）机械咬口。常用的咬口机械有矩形风管的直线和弯头咬口机、手动或电动板边机、圆形弯头咬口机、圆形弯头合缝机等。一般适用于厚度为 1.2mm 以内的折边咬口。

关键细节 7　风管咬口形式的适用及咬口宽度要求

板材的拼接咬口和圆形风管的闭合咬口可采用单咬口；矩形风管或配件，可采用转角咬口、联合角咬口、按扣式咬口；圆形弯管可采用立咬口。常用咬口形式及应用范围详见表 2-9。

表 2-9　　　　　　　　　　　　风管咬口形式及应用范围

名　称	形　式	应　用　范　围
单咬口		用于板材 $\delta = 0.5 \sim 1.2$mm 的拼接和圆形、矩形风管的闭合咬口
立咬口		用于板材 $\delta = 0.5 \sim 1.0$mm 的圆形弯管或直管的管节咬口
联合咬口		用于板材 $\delta = 0.5 \sim 1.2$mm 的矩形风管、弯管、三通、四通的咬口
转角咬口		用于板材 $\delta = 0.5 \sim 1$mm，较多用于没有折方机和咬口机情况下的手工咬口
按扣式咬口		用于板材 $\delta = 0.5 \sim 1$mm 的矩形风管、矩形弯头、三通、四通等的咬口。与咬口机械加工相比，生产效率高，运输组装方便，但漏风量高，铝板风管不宜采用

咬口宽度依所制风管的板厚决定,应符合表 2-10 的要求。

表 2-10　　　　　　　　　　　风管咬口宽度

咬口形式	咬口宽度 B/mm		
	板厚 0.5~0.7/mm	板厚 0.7~0.9/mm	板厚 1.0~1.2/mm
单咬口	6~8	8~10	10~12
立咬口	5~6	6~7	7~8
转角咬口	6~7	7~8	8~9
联合咬口	8~9	9~10	10~11
按扣式咬口	12	12	12

注:表中 B 值如图 2-11 所示。

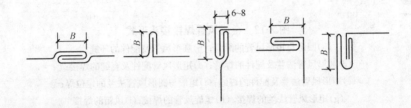

图 2-11　咬口宽度 B 值部位

4. 风管的焊接

板材之间的连接,除采用咬口连接和铆钉连接外,对于通风管道密封要求较高或板材较厚不能采用咬口连接时,还广泛地采用焊接方式。制作风管时,采用咬接或焊接取决于板材的厚度及材质,见表 2-11。大于 1.2mm 厚的普通钢板接缝用可电焊方式,大于 1.5mm 接缝时可用气焊方式。风管采用焊接的特点是严密性好,但焊后往往容易变形,焊缝处容易锈蚀或氧化。

表 2-11　　　　　　　　　金属风管的咬接式焊接界限

板　厚/mm	材　质		
	钢板(包括镀锌钢板)	不锈钢板	铝　板
$\delta \leqslant 1.0$	咬接	咬接	咬接
$1.0 < \delta \leqslant 1.2$		焊接 (氩弧焊及电焊)	
$1.2 < \delta \leqslant 1.5$	焊接		
$\delta > 1.5$			焊接(气焊或氩弧焊)

金属风管的焊接接头形式,如图 2-12 所示。

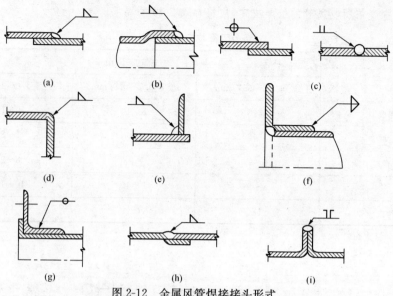

图 2-12　金属风管焊接接头形式

(a)圆形与矩形风管的纵缝；(b)圆形风管及配件的环缝；
(c)圆形风管法兰及配件的焊缝；(d)矩形风管配件及直缝的焊接；
(e)矩形风管法兰及配件的焊接；(f)矩形与圆形风管法兰的定位焊；
(g)矩形风管法兰的焊接；(h)螺旋风管的焊接；(i)风箱的焊接

　　在焊接过程中,由于对焊件进行了局部的、不均匀的加热,焊件易变形,这是产生焊接变形的根本原因。焊接以后,焊缝及热影响区的金属不均匀收缩,就形成了焊接后的各种变形。因此应采取正确的焊接顺序,常用的焊接顺序如图 2-13 所示。图中大箭头指示总的焊接方向,小箭头表示局部分段的焊接方向,数字表示焊接的先后顺序。正确的焊接顺序可以使风管焊缝比较均匀地受热和冷却,从而减少变形。

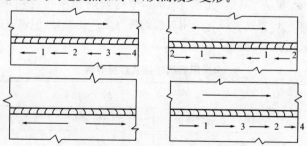

图 2-13　为防止变形的焊缝顺序

关键细节 8　风管焊缝形式的选用

　　焊缝形式应根据风管的构造和焊接方法而定,可选用图 2-14 所示形式。

(1)对接焊缝:用于板材的拼接或横向缝及纵向闭合缝,如图 2-14(a)、(b)所示。

(2)搭接焊缝:用于矩形风管或管件的纵向闭合缝或矩形风管的弯头、三通的转角缝等,如图 2-14(c)、(d)所示。一般搭接量为 10mm,焊接前先画好搭接线,焊接时按线点焊好,再用小锤使焊缝密合后再进行连续焊接。

（3）翻边焊缝:用于无法兰连接及圆管、弯头的闭合缝。当板材较薄用气焊时使用,如图 2-14(e)、(f)所示。

（4）角焊缝:用于矩形风管或管件的纵向闭合缝或矩形弯头、三通的转向缝,圆形、矩形风管封头闭合缝,如图 2-14(c)、(d)、(f)所示。

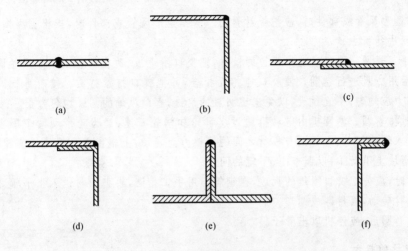

图 2-14　焊缝形式

(a)、(b)对接焊缝;(c)、(d)搭接焊缝;(e)、(f)翻边焊缝

关键细节 9　风管焊接出现变形现象时的矫正方法

风管焊接如出现变形现象,应及时矫正,常用矫正方法如下:

（1）机械矫正法:在焊后冷态或热态下人工锤击或使用压床,使变形区域产生塑性变形来抵消焊接形成的变形。

（2）火焰矫正法:由于焊接造成的波浪变形,可利用气焊中性火焰在凹凸部位的四周进行圆点加热(图 2-15),冷却后将薄板拉平。

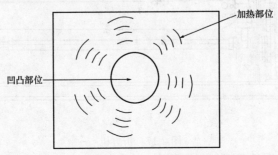

图 2-15　钢板火焰矫正

5. 板材的卷圆

制作圆形风管或部件时,应把板材卷圆。板材的卷圆可采用手工或机械方法进行。机械卷圆时一般采用卷圆机(图 2-16)进行。

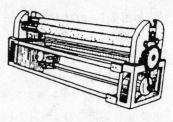

图 2-16　卷圆机

关键细节 10　制作圆形风管或部件时板材的卷圆操作

制作圆形风管或部件时,应把板材卷圆。制作矩形风管或部件时,应根据纵向咬口形式,对板材进行折方。

(1)手工卷圆。将经过咬口折边的板材,把咬口附近板、边在钢管上用方尺拍圆;然后先用手、后用方尺进行卷圆。使咬口能相互扣合,并把咬口打紧打实。接着再找圆,找圆时方尺用力应均匀,不宜过大,以免出现明显的痕迹,直到风管的圆弧均匀为止。

(2)机械卷圆。卷圆机由电动机通过皮带轮和蜗轮减速,经齿轮带动两个下辊旋转,当板材送入辊轮间时,上辊因与板材之间的摩擦力而转动,上辊由电动机通过变速机构经丝杠,使滑块上下动作,以调节上、下辊的间距。

操作时,应先把咬口附近的板边,在钢管上用手工拍圆,再把板材送入上下辊之间,辊子带动板材转动,板材即成圆形。

风管卷圆后,应停机取出管子。

6. 板材的折方

制作矩形风管或部件时,应根据纵向咬口形式对板材进行折方。矩形风管或风阀周长较小时,板材就需折方。折方有人工折方和机械折方两种。机械折方时一般采用折方机(图 2-17)进行。

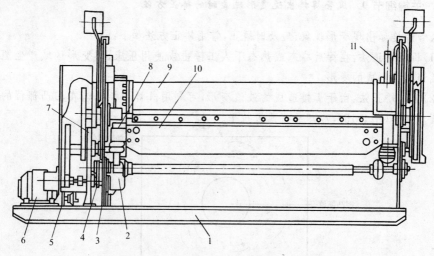

图 2-17　折方机

1—焊制机架;2—调节螺钉;3、12—立柱;4、5—齿轮;6—电动机;
7—杠杆;8—工作台;9—压梁;10—折梁;11—调节压杆

关键细节 11　矩形风管直边折方方法

矩形风管的直边折方有两种方法,即人工折方和机械折方,折方时应注意以下五点:

(1)折方机使用前,应使离合器、连杆等部件动作灵活,并经空负荷运转,机械符合使用要求后再使用。

(2)操作时使机械上刀片中心线与下模中心线重合,折成所需要的角度。

(3)为保证折方质量,加工板长超过1m时,应当由两人以上进行作业。

(4)折方时,参加作业人员要密切配合,并与设备保持安全距离,避免被翻转的钢板碰伤。为使设备保持正常工作状态,机械的润滑点要按时加注润滑油。

(5)折方后用合口机或手工进行合缝。操作时,用力均匀,不宜过重,使单、双口确实咬合,无胀裂和半咬口现象。

三、金属风管加工制作

1. 风管选定

在制作风管时,要对照设计要求,按表 2-12 和表 2-13 中的规格选用。但设计有明确要求的,首先应按设计进行。

表 2-12　　　　　　　　　　　圆形风管规格　　　　　　　　　　　mm

风管直径 D			
基本系列	辅助系列	基本系列	辅助系列
100	80	500	480
	90	560	530
120	110	630	600
140	130	700	670
160	150	800	750
180	170	900	850
200	190	1000	950
220	210	1120	1060
250	240	1250	1180
280	260	1400	1320
320	300	1600	1500
360	340	1800	1700
400	380	2000	1900
450	420		

表 2-13　　　　　　　　　　　　　矩形风管规格　　　　　　　　　　　　　　mm

风管边长				
120	320	800	2000	4000
160	400	1000	2500	—
200	500	1250	3000	—
250	630	1600	3500	—

2. 通风管道展开

风管、管件和部件,都具有一定的几何形状和外形尺寸,都由平整的金属(或非金属)板材制成,所以必须把风管、管件和部件的实际表面依次展开并摊在板材的平面上画成图制作而成。

(1)形体分析。通风管道、管件和部件的形状多种多样,由一些简单的几何图形的壳体组成。对形体进行分析,有利于选择恰当的展开方法。

(2)接合线的确定。两个或两个以上的形体在空间相交,叫相交形体。由相交形体组成的构件,叫相交构件。两形体相交后,在相交形体的表面,存在着两形体的一系列公共点,其公共点叫相交形体的接合点。将一系列接合点连接成一条或两条空间曲线或折线,就叫相交形体的接合线。例如三通、二节弯头都是由两个或两个以上形体相交构成的构件。

在画展开图之前,对于相交构件必须先确定接合线,然后在此基础上才能完成展开图。

(3)求倾斜线的实长。求倾斜线的实长可利用直线平面的投影原理,一般采用直角三角形法求实长最简单。

🔧 关键细节 12　　通风管道画展开图常用方法

画展开图的方法有:平行线展开法、放射线展开法、三角形法以及不可展开的近似展开法。

(1)平行线展开法是将立体的表面看作由无数条相互平行的素线组成,取相连两素线及其端线所围成的微小面积作为平面,只要将每一小平面的真实大小依次序画在平面上就得到了展开图。

平行线展开法适用于壳体表面是由无数条相互素线所构成的物体,常用于展开矩形管件和圆形管件等。

(2)制件表面是由交于一点的无数条斜素线所构成的,都可以采用放射线法进行展开。放射线法主要适用于锥体侧表面及其截体的展开。

(3)三角形展开法就是把管件表面分为一组或多组三角形,利用直角三角形求实长的方法进行展开。三角形展开法适用于表面复杂的制件和各种异形端口制件的展开。

🔧 关键细节 13　　圆形风管同心度控制方法

(1)圆形风管展开下料时可根据图纸给定的直径 D 和管节长度 L 的尺寸值,按风管的圆周长 πD 及 L 的尺寸进行下料,如图 2-18 所示。为保证管件的成形质量,应在展开过程中对矩形的回边严格角方,并应根据板厚留出咬口留量 M 和法兰的翻边量。风管采用对接焊时,可不放咬口留量。法兰与风管采用焊接时,不再留翻边量。

(2)异径正心圆形风管的展开方法如下:

1)可以得到顶心的展开(可用放射线法作出),如图2-19所示。

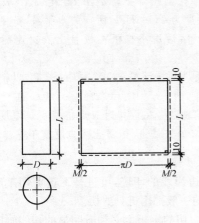

图2-18　圆形风管展开　　　　　图2-19　异径正心圆形风管展开

按已知尺寸绘制主视图和俯视图,并将俯视图的一半圆周作若干等分,每一等分长为 S。

延长主视图斜边 BA 与轴线交于 O 点,以 O 为圆心,OB 为半径画弧,以弧上任意点为始点,依次截取弧长 $\overset{\frown}{ab}=12S$,连接 a、O 点,b、O 点,以 O 点为圆心 OA 为半径所画的圆弧与 Ob、Oa 相交于 c、e 两点,扇形 $abce$ 即为展开图。为保证弧长 $\overset{\frown}{ab}$ 等于 πD,在截 S 时其弦长应近似等于弧长。

2)不易得到顶点的展开可用近似展开法,如图2-20所示。

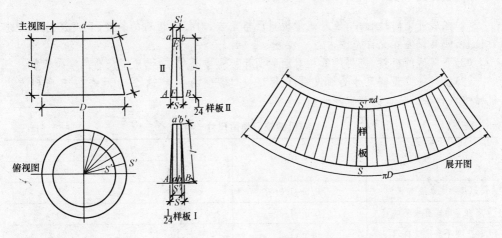

图2-20　不易得到顶点的展开

按已知尺寸绘制主视图和俯视图,将俯视图四分之一内外圆周 6 等分,每等分长分别为 S、S'。

根据 S、S' 做样板,其方法有两种。图中样板 I 先做丁字线,截取 AB 为 S,ab 为 S',以 a、b 为垂足上引两条垂线,以 A、B 点为圆心,I 为半径画弧得交点 a'、b',连接 A、a'、b'、B 点,即得小样板。图中样板 II 先作垂线 EF,使其长度为 l,过 E、F 两点的水平线,分别截取 $ab=S'$,$AB=S$ 连接 a、A,b、B 点,即得小样板。然后用小样板在板材上依次连翻 24 次,即为异径圆管的展开图。

由于积累误差较大,展开图画好后,必须用钢板尺复核圆弧 πD 和 πd 的长度,以消除多次画线所造成的误差。

(3)应根据板厚留出准确的咬口留量。对于手工咬口,在操作时应严格使咬口宽度一致。对于机械咬口,操作时应严格按照咬口机械要求的方法进行,防止咬口宽度不等。

3. 通风管道下料

板料上已作好展开图及清晰的留边尺寸下料边缘线的印迹,可进行下道剪切工序。使用手剪剪切钢板时板料厚度小于 0.8mm。其余的一般都用机具剪切。

(1)剪切之前,严格校对板材上的画线尺寸,被剪切的钢板上必须有明显的切线画印,剪切之后仍须认真校对下料尺寸后再行加工。

(2)剪切曲线、折线、切角时,决不可切掉板料上的画线印记。为此必须使剪刀片的端部和转角的顶端相重合,不要动得过远。

(3)将剪口张开后应垂直夹住钢板,对准切线剪切。在进行切断过程中,用手向上抬起且折曲切下来的板料,可减少剪切过程中的阻力。

(4)剪孔时,先凿个孔,放入剪刀,沿画线按逆时针方向进行剪切。剪圆时,直径较小则按逆时针方向采用弯剪子剪切;当圆的直径较大余边又较小时,可按顺时针方向剪切。

(5)板料剪切后,必须用剪子或倒角机对板料端部进行倒角。

关键细节 14　矩形风管下料要求

(1)在展开下料过程中,应对矩形板料严格角方,对每片板料的长度、宽度及对角线进行检验,使其误差在允许范围内。

(2)下料后的板料,应将风管相对面的两片板料重合起来后,检验尺寸的准确程度。

(3)板料咬口预留尺寸必须正确,以保证咬口宽度的一致,表 2-14 和表 2-15 所列的是机械咬口和手工咬口的预留尺寸。

表 2-14　　　　　　　　　　　机械咬口预留尺寸　　　　　　　　　　　mm

咬口形式	咬口板材厚度	咬口预留尺寸	
		外滚	中滚
按扣式直线咬平	0.5～1.0	11	31
联合角式直线咬口	0.5～1.2	7	30
单平直线咬口	0.5～1.2	10	24
按扣式弯头咬口	0.5～1.0	10	
联合角式弯头咬口	0.5～1.2	10	

表 2-15 手工咬口预留尺寸 mm

咬口板材厚度	咬口预留尺寸					
	单平咬口		角咬口		联合角咬口	
0.5~0.7	12	6	12	6	21	7
0.8	14	7	14	7	24	8
1.0	18	9	18	9	28	9

(4)手工咬口合缝时,两板折边相互钩挂(或插入)后,用木锤先将咬口两端和中心部位打紧,再沿全长均匀地打实、打平。

4. 风管的加工制作

(1)圆形风管制作。圆形风管的展开比较简单,可直接在板材上画线展开。

展开时,根据图纸给定的直径 D,管节长度 L,然后按风管的圆周长(πD)及管节长度 L 的尺寸做矩形。这个矩形的一边为圆周长(πD),另一边为管节长度 L,并应根据板厚留出咬口留量 M 和法兰翻边量(一般为 10mm)。为了保证风管的质量,应对展开过程中矩形的四个边严格角方。

风管的管段长度应按现场的实际需要和板材规格来决定,一般管长为 1800~4000mm。

风管展开时应注意图形排列,尽量节省板料。当拼接板材纵向和横向咬口时,应把咬口端部切出斜角,避免咬口处出现凸瘤。

展开好的板材,可用手工或机械进行剪切、咬口,在拍制圆形风管闭合缝时,应注意两边的咬口,应一正一反。拍制好咬口,可进行卷圆并把咬口压实。

(2)矩形风管制作。矩形风管的展开方法与圆形风管相同,是将圆周长改为矩形风管的四个边长或四个边长之和,即 $2(A+B)$,根据咬口的形式而确定。

矩形风管的管段长度与圆形风管相同,如采用卷板,其管段根据实际使用情况,也可加长。在制作时,应严格控制四边的角度,防止咬口后产生扭曲、翘角等现象。

画线时,应注意咬口的留量。画好线后,可用手工或机械进行剪切,然后进行咬口或折方,将咬口合缝后,即成矩形风管。

关键细节 15 风管加固方法

风管的加固可采用楞筋、立筋、角钢(内、外加固)、扁钢(平、立加固)、加固筋和管内支撑等形式,如图 2-21 所示。

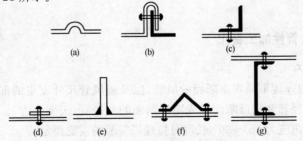

图 2-21 风管的加固形式

(a)楞筋;(b)立筋;(c)角钢加固;(d)扁钢平加固;(e)扁钢立加固;(f)加固筋;(g)管内支撑

(1)接头起高的加固法(即采用立咬口),如图 2-22(a)所示。这种方法可以节省角钢,但加工比较麻烦,类似起高单立咬口形式,接头处易漏风,故目前使用得不多。

(2)风管的周边用角钢加固圈,如图 2-22(b)所示。这种方法强度较好,应用较广泛,角钢规格可以略小于角钢法兰规格。

(3)风管大边用角钢加固,如图 2-22(c)所示。这种方法施工方便,省工省料。但明装风管较少使用,只适用于风管大边超过规定而小边未超过规定的情况。

(4)风管内壁纵向设置肋条加固,如图 2-22(d)所示。一般风管为明装时,为达到美观的要求,加固肋条用 1~1.5mm 的镀锌钢板制作,间断地铆接在风管内壁上,但较少采用。

(5)风管钢板上滚槽或压棱加固,如图 2-23(e)所示。这种方法要使用专用机械,其工艺简单,并能节省人工和钢材。

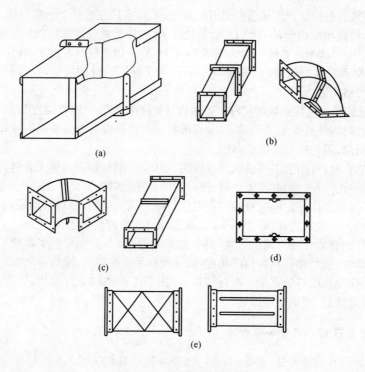

图 2-22 风管加固示意图

四、金属风管管件加工制作

1. 变径管加工

变径管是用以连接不同规格断面的风管,以及通风管尺寸变更的部位。变径管有圆形变径管、矩形变径管及圆形断面变成矩形断面的变径管(天圆地方)。如设计无明确规定,变径管的扩张角应为 25°~30°,长度可按现场安装的需要而定。

(1)圆形变径管。圆形变径管可分为正心圆形变径管和偏心圆形变径管。正心圆形变径管又可分为易得到顶点的和不易得到顶点的两种。

1)正心圆形变径管。易得到顶点的正心变径管的展开,可采用放射线法做出,画法如图 2-23 所示。

不易得到顶点的正心圆形变径管,其大口直径和小口直径相差很少,其顶点相交在很远处,一般采用近似的画法来展开,其画法如图 2-24 所示。

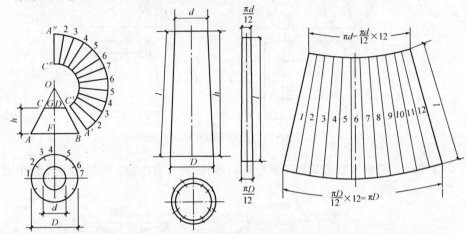

图 2-23　正心圆形变径管展开　　　　图 2-24　不易得到顶点的正心圆形变径管的展开图

2)偏心圆形变径管。偏心圆形变径管的展开可用三角形法,应按已知的大口直径 D、小口直径 d 及偏心距离和高度 h,先画出主视图和俯视图,然后再按三角形法进行展开,如图 2-25 所示。

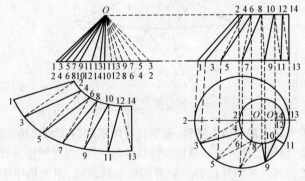

图 2-25　偏心圆形变径管展开

圆形变径管展开图绘制后,应放出咬口留量,并根据选用的法兰,留出法兰的翻边量后方能下料。为避免返工,在下料时应将与法兰接触部分的短直管的尺寸留出。

圆形变径管可用一块板材制成,也可为了节省用料,分两块或若干块拼成,加工方法与圆形直管相同。

(2)矩形变径管。矩形变径管是指用以连接两个同口径矩形风管的管件。矩形变径管有正心和偏心两种。

1)正心矩形变径管可用三角形法进行展开,根据已知大口管边尺寸、小口管边尺寸和变径管的高度尺寸,做出主视图和俯视图,再按三角形法进行展开,如图 2-26 所示。

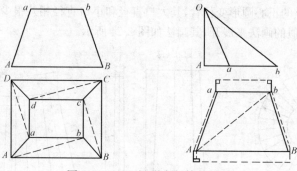

图 2-26　正心矩形变径管的展开

2)偏心矩形变径管仍采用三角形进行展开,展开方法与正心矩形变径管相同,如图 2-27所示。

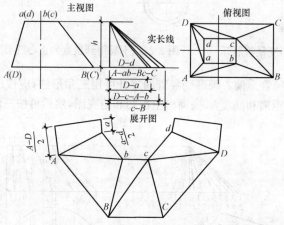

图 2-27　偏心矩形变径管的展开

矩形变径管的形式不限于以上两种,根据设计图纸和施工的现场实际情况,还有其他展开方法。展开后,应留出适当咬口留量和法兰留量,并考虑与圆形异径管相同的一段短直管与法兰紧密地连接。矩形异径管一般分四块板料做成,四个角用于直管相同的咬口缝连接,如图 2-28 所示。

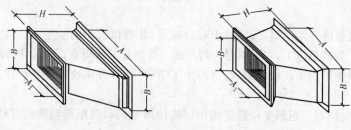

图 2-28　矩形变径管

（3）天圆地方用于通风管与通风机、空调器、空气加热器等设备的连接，以及由圆形断面变为矩形断面部位的连接。天圆地方有正心和偏心两种。

1）正心天圆地方的展开可用三角形法，也可用近似的圆锥体展开法。采用正三角形比较简便，圆口和方口尺寸正确，但高度比规定高度稍小，一般加工制作时可在加长法兰的短直管上进行修正，如图2-29所示。

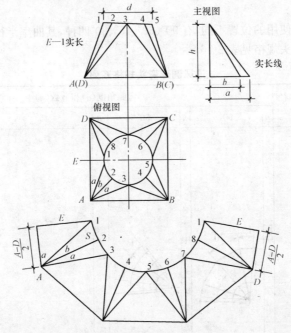

图 2-29　正心天圆地方的展开（三角形法）

2）偏心天圆地方和偏心斜口天圆地方的展开也可采用三角形法，如图2-30所示。

天圆地方展开后，应放出咬口量和法兰留量。天圆地方咬口折边后，应在工作台的槽钢边上凸起相应的棱线，然后再把咬口勾挂、打实，最后，找圆、平整。

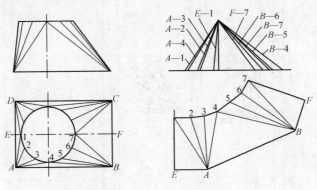

图 2-30　偏心天圆地方的展开

2. 弯头加工

弯头是用来改变气流在通风管道内流动方向的配件,根据其断面形状可分为圆形弯头和矩形弯头两种。

(1)圆形弯头。圆形弯头应根据弯曲角度,由若干个带有双斜口的管节和两个带有单斜口的管节组对而成。带有双斜口的管节叫中节,带有单斜口的管节叫端节,分别设在弯头两端。

圆形弯头根据使用的位置不同,有 90°、60°、45°、30°四种,其曲率半径 $R=(1\sim1.5)D$。常见的通风圆形弯头规格见表 2-16。

表 2-16　　　　　　　　　　　通风圆形弯头规格系列

序号	弯头外径 D/mm	弯曲半径 R	弯曲角度(α)和节数(n)							
			n	90°	n	60°	n	45°	n	30°
1	80									
2	90									
3	100									
4	110									
5	120									
6	130									
7	140									
8	150									
9	160									
10	170									
11	180									
12	190									
13	200	R=D 或 R=1.5D								
14	210									
15	220									
16	240									
17	250									
18	260									
19	280									
20	300									
21	320									
22	340									
23	360									
24	380									
25	400									
26	420									
27	450									

圆形弯头采用平行线法展开,根据已知弯头直径、弯曲角度及确定的曲率半径和节

数,先画出主视图,然后进行展开,其方法如图 2-31 所示。

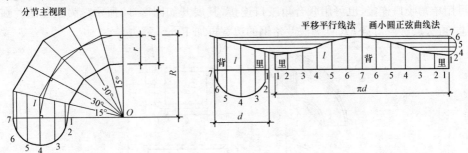

图 2-31 圆形弯头平行线法展开

1)弯头的咬口,要求严密一致,但当直径较小时,弯头的曲率半径也较小。在实际操作时,由于弯头里侧的咬口不易打成像弯头背处紧密,经常出现图 2-32(a)的情况。弯头组合后,不够 90°,因此在画线时,把弯头的"里高"BC 减去 h 距离,以 BC' 进行展开,h 一般为 2mm 左右,如图 2-32(b)所示。

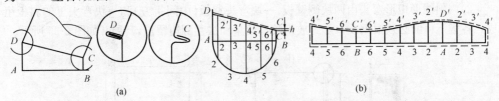

图 2-32 弯头端节的展开要求

2)展开好的端节,应放出咬口留量,端节还必须放出法兰翻边留量。在弯头咬口机上压出横立咬口时,应注意每节压成一端为单口、另一端为双口,并注意将各节的纵向咬口缝错开。为使弯头组对装配时使用,应将短节间的 AD 及 BC' 线对正,弯头咬口的合缝可用弯头合缝机或用钢制方锤在工作台上进行合缝。

(2)矩形弯头。矩形弯头由两块侧壁、弯头背、弯头里四部分组成,如图 2-33 所示。矩形弯头有内外弧形矩形弯头、内斜线形矩形弯头及内弧形矩形弯头等。

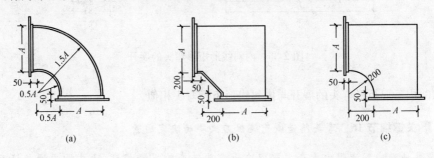

图 2-33 矩形弯头

(a)内外弧形矩形弯头;(b)内斜线形矩形弯头;(c)内弧形矩形弯头

1) 内外弧形矩形弯头的曲率半径一般为 $1.5A$，弯头里的曲率半径等于 $0.5A$。矩形弯头可用单角咬口连接，也可用联合角咬口连接，其展开如图 2-34 所示。为避免法兰在圆弧上，可另放法兰留量 M(M 为法兰角钢的边宽再加 10mm 翻边)。

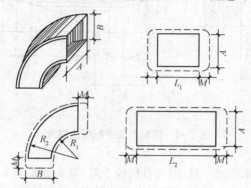

图 2-34　内外弧形矩形弯头的展开

2) 内斜线形矩形弯头由两块侧壁板、一块弯头背板(中间折方)和一块弯头里的斜板组成。各板下料前必须根据咬口形式放出咬口留量和法兰翻边留量，其展开如图 2-35 所示。

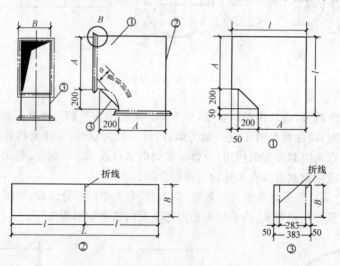

图 2-35　内斜线形矩形弯头的展开

(3) 内弧形矩形弯头的展开与内斜线形矩形弯头相似。

关键细节 16　弯头所造成气流阻力大小的决定因素

弯头所造成气流阻力大小主要取决于弯头转变的平滑程度，弯头的平滑程度又取决于曲率半径的大小和弯头的节数。

弯头的曲率半径大，中节数多，阻力小，但占有空间位置大，费工也多；曲率半径小，中节较少,费工虽少,但阻力大。曲率半径的大小和节数的多少,应按设计要求施工。当设计无规定时,应符合表 2-17 的规定。

表 2-17　　　　　　　　　圆形弯管弯曲半径和最少节数

弯管直径 /mm	弯曲半径 /R	弯曲角度和最少节数							
		90°		60°		45°		30°	
		中节	端节	中节	端节	中节	端节	中节	端节
80～220	$R=(1\sim1.5)D$	2	2	1	2	1	2		2
240～450	$R=(1\sim1.5)D$	3	2	2	2	1	2		2
480～800	$R=(1\sim1.5)D$	4	2	3	2	2	2	1	2
850～1000	$R=(1\sim1.5)D$	5	2	3	2	2	2	1	2
1500～2000	$R=(1\sim1.5)D$	8	2	5	2	3	2	2	2

　　小于 90°的弯头,节数可相应减少。除尘系统的曲率半径一般为 2D,节数也相应增加。

3. 来回弯加工

　　在通风空调管道系统中,来回弯是用来跨越或躲让其他管道、设备及建筑物等的管件,主要有以下两种。

　　(1)圆形来回弯。圆形来回弯由两个不足 90°的弯头转向组成的。弯头角度是由其偏心距离 h 和来回弯的长度 L 决定的。

　　圆形来回弯制作采用与圆形弯头基本相同的方法,对来回弯分节、展开和加工成型。展开时应根据来回弯的长度和偏心距的主视图,然后可按加工弯头的方法,对来回弯进行分节、展开和加工成型(图 2-36)。

　　剪切时,不得将 MN 线(图 2-37)剪开,以免多咬一条咬口,导致浪费人工、影响美观。

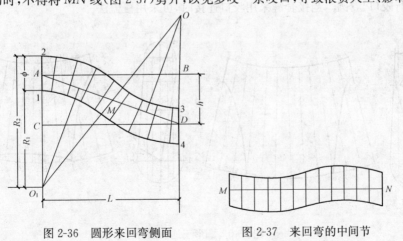

图 2-36　圆形来回弯侧面　　　　　图 2-37　来回弯的中间节

　　(2)矩形来回弯。矩形来回弯由两个相同的侧壁和相同的上壁、下壁四部分组成。

　　矩形来回弯侧壁可按圆形来回弯的方法展开,上下壁长度 L_1 可用钢卷尺按侧壁边量出。矩形来回弯的展开如图 2-38 所示。

4. 三通加工

三通是通风空调管路系统分叉或汇集的管件。三通的形成和种类较多,有斜三通、直三通、裤叉三通、弯头组合式三通等,但主要有圆形三通和矩形三通等。

(1)圆形三通。圆形三通(图 2-39)有普通圆形和圆形封板式等。圆形三通的夹角应根据其断面的大小来确定,一般为 15°~60°。三通夹角越小,三通的高度越大。

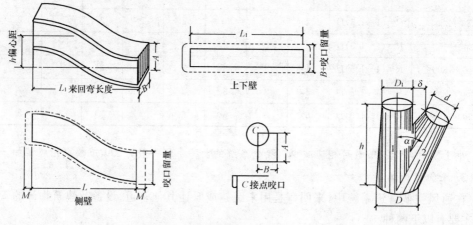

图 2-38   矩形来回弯的展开   图 2-39   圆形三通示意图

圆形三通的展开,如图 2-40 所示。圆形三通应根据板材的材质、板厚来确定接合缝的连接形式。镀锌薄钢板和一般钢板,其厚度小于 1.2mm,可采用咬口连接;而大于 1.2mm 的镀锌薄钢板,可采用铆接连接;大于 1.2mm 的一般钢板,可采用焊接连接。

圆形三通的咬口有单平咬口和插条两种连接形式。当采用插条连接时,主管和支管分别进行咬口、卷圆。当接合缝采用咬口连接时,可采用覆盖法。

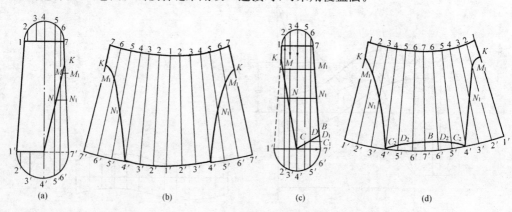

图 2-40   圆形三通的展开

(a)主管侧面;(b)主管展开;(c)支管侧面;(d)支管展开

(2)矩形三通。矩形三通有整体式三通、插管式三通、弯头组合三通等。

1)整体式三通。整体式三通由两块平面板、一块平侧板、一块斜侧板及一块三角形侧板组成,分为正三通和斜三通两种。整体式正三通是《全国通用通风管道配件图表》推荐采用的,可根据风管系统的需要确定加工形式,其外形构造及展开如图2-41、图2-42所示。

整体式矩形三通的加工方法基本与矩形风管相同,可采用单角咬口、联合角咬口、按扣式咬口连接。

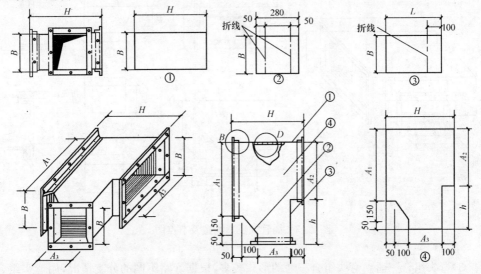

图 2-41　整体式矩形正三通的构造及展开图

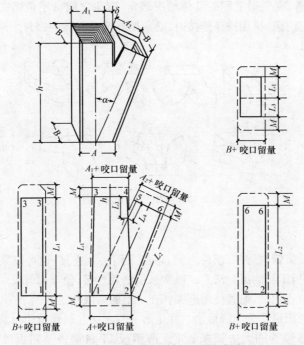

图 2-42　整体式矩形斜三通展开图

2)插管式三通。插管式三通是在风管的直管段侧面连接一段分支管,具有制作灵活、方便、省工省料的特点。分支管与风管直管段的连接有两种方法,一般采用咬口连接方式,图 2-43 所示为插管式三通构造及节点图。

分支管与主风管连接的形成,可采用焊接、单角咬口、联合角咬口等形式。

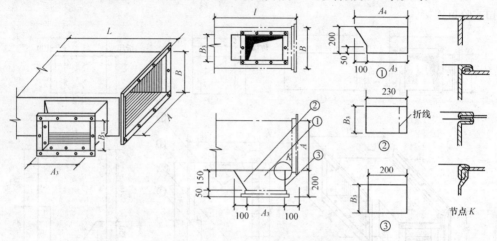

图 2-43 插管式三通构造及节点图

3)弯头组合三通。弯头组合三通的形式较多,根据管路不同的分支情况,用弯头组合各种形式的三通,具有气流分配均匀、制作工艺简单等特点。

弯头组合三通,应根据工程的具体情况确定,弯头之间可用角钢法兰框架铆接在一起;也可采用插条连接。采用插条连接时,必须做好插条缝隙的密封。常用的弯头组合三通如图 2-44 所示。

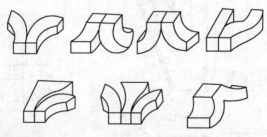

图 2-44 常用弯头组合三通

5. 法兰加工

风管之间以及风管与管件、部件之间,可以采用法兰连接,也可以采用插条对风管进行连接,或用薄钢板压制的组合法兰。通常采用法兰连接,便于风管安装和维修。后两种连接方法虽能够节省钢材,但其使用范围存在一定的局限性。

法兰按风管断面形状分为圆形法兰和矩形法兰。法兰制作所用材料规格应根据圆形风管的直径或矩形风管的大边长来确定。薄钢板、不锈钢板及铝板风管用料规格见表 2-18。

表 2-18　　　　　　　　　　　　　　法兰用料规格　　　　　　　　　　　　　　mm

风管种类	圆形风管直径或矩形风管大边长	法兰用料规格			
		扁　钢	角　钢	扁不锈钢	扁　铝
圆形薄钢板风管	≤140	−20×4			
	150~280	−25×4			
	300~500		∟25×3		
	530~1250		∟30×4		
	1320~2000		∟40×4		
矩形薄钢板风管	≤630		∟25×3		
	800~1250		∟30×4		
	1600~2000		∟40×4		
圆、矩形不锈钢风管	≤280			−25×4	
	320~560			−30×4	
	630~1000			−35×4	
	1120~2000			−40×4	
圆、矩形铝板风管	≤280		∟30×4		−30×6
	320~560		∟35×4		−35×8
	630~1000				−40×10
	1120~2000				−40×12

(1)圆形风管法兰制作时一般采用扁钢或角钢,制作可分为人工和机械加工两种,目前多采用机械加工。施工现场条件不具备时,也可采用手工加工。

制作时,先调整角(扁)钢卷圆机,将整根扁钢或角钢置于其上,卷成螺旋形状。然后根据风管直径计算出法兰周长,并将卷好的扁钢或角钢按法兰周长截断,将其置于平台上调平、焊接,然后在台钻上钻孔。

(2)矩形风管法兰由四根角钢组焊而成,画线下料时应注意焊成后的法兰内径不小于风管的外径。角钢应用型钢切割机切断,不得使用气焊切割。下料切断后,应找正调直,清理掉两端的毛刺,放在冲床(或钻床)上冲(或钻)铆钉孔及螺栓孔。法兰螺孔位置必须准确,保证风管安装顺利进行,钻孔方法同圆形风管法兰。冲孔后的角钢放在焊接平台上进行焊接,焊接时用各规格模具卡紧。

法兰四角处应设有螺栓孔,螺栓孔孔径应比螺栓直径大1.5mm,螺孔的孔距准确,法兰具有互换性以便于安装。风管法兰的焊缝应熔合良好、饱满,无假焊和孔洞。

关键细节 17　金属风管法兰材料规格要求

金属风管法兰材料规格不应小于表2-19或表2-20的规定。中、低压系统风管法兰的螺栓及铆钉孔的孔距不得大于150mm;高压系统风管不得大于100mm。矩形风管法兰的四角部位应设有螺孔。

表 2-19　　　　　　　　　　金属圆形风管法兰及螺栓规格　　　　　　　　　　mm

风管直径 D	法兰材料规格		螺栓规格
	扁　钢	角　钢	
$D \leqslant 140$	20×4	—	M6
$140 < D \leqslant 280$	25×4	—	M6
$280 < D \leqslant 630$	—	25×3	M6
$630 < D \leqslant 1250$	—	30×4	M8
$1250 < D \leqslant 2000$	—	40×4	M8

表 2-20　　　　　　　　　　金属矩形风管法兰及螺栓规格　　　　　　　　　　mm

风管长边尺寸 b	法兰材料规格（角钢）	螺栓规格
$b \leqslant 630$	25×3	M6
$630 < b \leqslant 1500$	30×3	M8
$1500 < b \leqslant 2500$	40×4	M8
$2500 < b \leqslant 4000$	50×5	M10

第二节　非金属风管加工制作

一、非金属风管制作材料

硬聚氯乙烯具有良好的耐酸、耐碱性能，并具有较高的弹性，在通风工程中常用于制作输送有腐蚀性气体通风系统的风管和部件。

1. 硬聚氯乙烯塑料板

硬聚氯乙烯塑料板是由聚氯乙烯树脂掺入稳定剂和少许增塑剂加热制成的。它具有良好的耐腐蚀性，在各种酸类、碱类和盐类的作用下，本身不会产生化学变化，具有化学稳定性。但在强氧化剂如浓硝酸、发烟硫酸和芳香族碳水化合物的作用下是不稳定的。

硬聚氯乙烯塑料具有较高的强度和弹性，但热稳定性较差。被加热到 100～150℃时，可成柔软状态；加热到 190～200℃时，就成韧性流动状态，在不大的压力下，就能使聚氯乙烯分子相互结合。

硬聚氯乙烯板材的表面应平整，不得含有气泡、裂缝；板材的厚度要均匀，无离层等现象。

硬聚氯乙烯塑料板的品种及规格见表 2-21。

表 2-21	硬聚氯乙烯塑料板的品种及规格	
品　种	规　格	
硬聚氯乙烯 塑料装饰板	厚度:2±0.3,2.5±0.3,3±0.3,3.5±0.35,4±0.4,4.5±0.45,5±0.5,6±0.6,7±0.7, 　　8±0.8,9±0.9,10±1.0,12±1.0,14±1.1,15±1.2,16±1.3,18±1.4,20±1.5, 　　22±1.6,24±1.3,25±1.8,28±2.0,30±2.1,32±1.9,35±2.1,38±2.3,40±2.4	
硬聚氯乙烯 塑料地板砖		
硬聚氯乙烯 塑料板	宽度:≥700 长度:≥1200	
高冲击强度硬 聚氯乙烯板		

2. 塑料焊条

聚氯乙烯焊条是由聚氯乙烯树脂、增塑剂、稳定剂等混合后挤压而成的实心条状制品,有硬、软两种聚氯乙烯焊条,分别焊接硬聚氯乙烯板风管及部件和焊接软聚氯乙烯板的衬里、地板等。聚氯乙烯塑料焊接所用的焊条有灰色和本色两种,并有单焊条和双焊条之分。塑料焊条规格见表2-22。

塑料焊条应符合下列要求:

(1)焊条外表应光滑,不允许有突出物和其他杂质。

(2)焊条在 15℃进行 180°弯曲时,不应断裂,但允许弯曲处发白。

(3)焊条应具有均匀紧密的结构,不允许有气孔。

塑料焊条应储存在不受阳光直接照射的清洁库房内,在搬运和使用过程中均应防止日晒雨淋。

表 2-22		塑料焊条规格		
直　径/mm		长度不短于/mm	单焊条近似质量 /(kg/根)不小于	适用焊件厚度/mm
单焊条	双焊条			
2.0	2.0	500	0.24	2～5
2.5	2.5	500	0.37	6～15
3.0	3.0	500	0.53	10～20
3.5	—	500	0.72	
4.0	—	500	0.94	

关键细节 18　非金属风管材料品种、规格、性能与厚度要求

非金属风管的材料品种、规格、性能与厚度等应符合设计和现行国家产品标准的规定。当设计无规定时,应按《通风与空调工程施工质量验收规范》(GB 50243—2002)执行。硬聚氯乙烯风管板材的厚度,不得小于表2-23或表2-24的规定;有机玻璃钢风管板材的厚度,不得小于表2-25的规定;无机玻璃钢风管板材的厚度应符合表2-26的规定,相应的有机玻璃纤维布层数不应少于表 2-27 的规定,其表面不得返卤或严重泛霜。

用于高压风管系统的非金属风管厚度应按设计规定。

表 2-23　　　　　　中、低压系统硬聚氯乙烯圆形风管板材厚度　　　　　mm

风管直径 D	板材厚度
$D \leqslant 320$	3.0
$320 < D \leqslant 630$	4.0
$630 < D \leqslant 1000$	5.0
$1000 < D \leqslant 2000$	6.0

表 2-24　　　　　　中、低压系统硬聚氯乙烯矩形风管板材厚度　　　　　mm

风管长边尺寸 b	板材厚度
$b \leqslant 320$	3.0
$320 < b \leqslant 500$	4.0
$500 < b \leqslant 800$	5.0
$800 < b \leqslant 1250$	6.0
$1250 < b \leqslant 2000$	8.0

表 2-25　　　　　　中、低压系统有机玻璃钢风管板材厚度　　　　　mm

圆形风管直径 D 或矩形风管长边尺寸 b	壁　厚
$D(b) \leqslant 200$	2.5
$200 < D(b) \leqslant 400$	3.2
$400 < D(b) \leqslant 630$	4.0
$630 < D(b) \leqslant 1000$	4.8
$1000 < D(b) \leqslant 2000$	6.2

表 2-26　　　　　　中、低压系统无机玻璃钢风管板材厚度　　　　　mm

圆形风管直径 D 或矩形风管长边尺寸 b	壁　厚
$D(b) \leqslant 300$	2.5～3.5
$300 < D(b) \leqslant 500$	3.5～4.5
$500 < D(b) \leqslant 1000$	4.5～5.5
$1000 < D(b) \leqslant 1500$	5.5～6.5
$1500 < D(b) \leqslant 2000$	6.5～7.5
$D(b) > 2000$	7.5～8.5

表 2-27　　　　　　　　中、低压系统有机玻璃纤维布厚度与层数

圆形风管直径 D 或矩形风管长边 b	风管管体玻璃纤维布厚度/mm		风管法兰玻璃纤维布厚度/mm	
	0.3	0.4	0.3	0.4
	玻璃布层数			
$D(b) \leqslant 300$	5	4	8	7
$300 < D(b) \leqslant 500$	7	5	10	8
$500 < D(b) \leqslant 1000$	8	6	13	9
$1000 < D(b) \leqslant 1500$	9	7	14	10
$1500 < D(b) \leqslant 2000$	12	8	16	14
$D(b) > 2000$	14	9	20	16

二、硬聚氯乙烯塑料风管加工制作

1. 板材画线

制作硬聚氯乙烯塑料板的展开画线的方法和金属风管相同,但由于塑料板内部存在残余应力,加热冷却后将产生收缩现象。为防止风管制作后收缩变形,画线放样前应对每批板材进行试验,确定其收缩量,以便画线放样时放出收缩量。

画线放样前,要对板材的规格、风管尺寸、烘箱及加工等机具大小全面考虑,合理安排,从而节省材料,减少切割和焊缝。同时还应使相邻的纵缝交错排列,如图 2-45 所示,不允许纵缝在同一条线上。

在聚氯乙烯板上画线放样应该用红铅笔,不要用锋利的划针,防止板材表面由于刻痕而产生折裂。

矩形风管在展开画线时,风管的四角要加热折角,不应将焊缝留在转角处。板材中若有裂纹、离层等缺陷,画线时需避开不用。圆形风管可在组配焊接时考虑纵缝的交错配置。

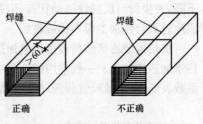

图 2-45　矩形风管纵缝的布置

画线时,要用角尺对板材四边进行角方,以免风管及部件下料加工成型后产生扭曲、翘角现象。

2. 板材切割、下料

板材的切割可用剪板机、圆盘锯或普通木工锯进行切割,还可以用手板锯切割。硬聚氯乙烯塑料板切割时,必须考虑其冲击韧性和温度的关系,以及导热系数较低的性能,以避免材料破裂或因加工过程中的摩擦过热变形、烧焦变质,甚至出现工具损坏等现象。

(1)使用剪板机进行切割时,厚 5mm 以下的板材可在常温下进行。切 5mm 厚以上的板材或冬天气温较低时,应把板材加热到 30℃ 左右,再用剪板机进行剪切,以免发生破裂现象。

（2）使用图 2-46 所示的圆盘锯床锯切时，锯片的直径为 200～250mm，厚度为 1.2～1.5mm，齿距为 0.5～1mm，转速为每分钟 1800～2000 转。锯齿应用正锯器拨正锯路，锯路要拨得均匀，但不要太宽，并用三角锉把锯齿锉锋利。

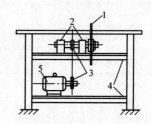

锯切时，应将板材贴在圆盘锯工作台面上，均匀地沿切线移动，锯切线速度应视板材厚度而定，一般可控制在 3m/min 之内。在接近锯完时，应降低速度，避免板材破裂。

在操作时，要遵守圆盘锯的安全操作规程，防止发生人身或设备安全事故。为避免材料在切割中过热而发生烧焦或黏住现象，可用压缩空气对切割部位进行局部冷却。

（3）板材曲线的切割，可用手提式小直径圆盘锯或用 300～400mm 长、齿数为每英寸 12 牙的鸡毛锯进行。

图 2-46　圆盘锯床
1—锯片；2—轴承架；3—皮带轮；
4—钢支架；5—电动机

（4）锯切圆弧较小或在板内锯穿缝时，可用钢丝锯进行。

3. 板材坡口

焊接硬聚氯乙烯塑料时，下料后的板材应按板材的厚度及焊缝的形式进行坡口。板材的坡口可用锉刀、木工刨、普通木工刨或砂轮机等工具加工。坡口的角度应整齐，尺寸应均匀一致，焊缝和坡口的规格还应符合规范要求。

4. 加热成型

利用硬聚氯乙烯板在热态下的可塑性，将已切割好的塑料板加热到 80～160℃。当塑料板处于柔软可塑状态时，按所需的形式进行整形，再将其冷却后即可形成整形后的固体状态，即热加工成各种规格的风管和各种形状的配件及管件。加热温度高，则塑料板的柔软性增加，整形加工容易，但硬聚氯乙烯塑料板随着加热温度的增高，其抗张强度会急剧下降，使板材形成韧性流动状态，引起板材膨胀、起泡、分层等现象，复杂形状的加工，加热温度过高会使加工面损伤或破裂。

加热聚氯乙烯塑料板可用电加热、蒸汽加热和空气加热等方法，也可用油漆加热槽和热水加热槽加热。一般常用的金属制电热箱（图 2-47）加热。同时，由于聚氯乙烯的导热系数较低，对热量吸收较慢，所以在加热时，应使板材的表面均匀受热。

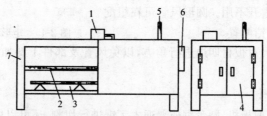

图 2-47　电热箱
1—恒温控制器；2—放置塑料板和钢板网的支架；3—电热丝底板；
4—电热箱门；5—温度计；6—电源接线板；7—保温层

（1）圆形风管加热成型。先使电热箱的温度保持在 130～150℃，待温度稳定后，把需加热的板材放入箱内加热。操作时，要使板材整个表面均匀受热，加热时间和板材的厚度有关,应按表 2-28 所列进行温度控制。

表 2-28　　　　　　　　　　　塑料板加热时间

板材厚度/mm	2～4	5～6	8～10	11～15
加热时间/min	3～7	7～10	10～14	15～24

1)当塑料板加热到柔软状态后,从烘箱内取出,把它放到垫有帆布的木模中卷成圆筒,待完全冷却后,将成型的塑料筒取出,再焊接成风管。

塑料风管圆弧均匀与否,基本上取决于木模,所以木模外表面应光滑,圆弧应正确,有条件可用车床车圆,砂纸打光。

如果在工作台上成型,木模用转轴装在工作台的一端,上面装有摇手柄,帆布平铺在工作台上,它的一端钉在木模上。放入塑料板并对齐后,转动摇手柄,木模就将帆布连带板材一道卷在木模上使之成型。

2)用铁圆筒作外模卷制。从电热箱中取出柔软的塑料板,立即塞入铁制的外模(圆筒)中,待整形和冷却硬化后可取出。铁制的外模可用厚度为 1.5～2.5mm 的铁板制作,其内径可大于塑料风管的外径,一般大 2～3mm 为宜,其长度可略小于塑料风管的长度,一般小 10～20mm。为了防止塞入时外模端部损伤塑料板,可将外模适当翻边并打磨光洁。

3)在工地也可用简易成型机替代手工作业。板材加热到柔软状态后,可从电热箱取出放到成型机上,通过帆布缠卷在手摇成型轮上调整其外径,从而可卷制出各种不同直径的塑料圆形风管。采用成型机加热成型的方法与人工木模方法相比,能节省木模加工,而且操作方便,减小劳动强度、提高工作效率。

(2)矩形风管成型。矩形风管四角可采用四块板料焊接成型或者采用撅角成型,但前者强度较低,且避免在风管四角设置焊缝。

用普通的手动扳边机和两根管式电加热器配合进行。塑料板折方用管式电加热器如图 2-48 所示,它是利用钢管中装设的电热丝通电加热的。电热丝和钢管之间应以瓷管绝缘。电热丝的功率应能保证钢管表面被加热到 150～180℃ 的温度。

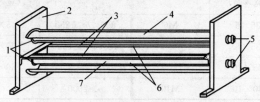

图 2-48　塑料板折方用管式电加热器
1—绝缘套管;2—支座;3—搁塑料板支架;4—上反射罩;
5—电源接线柱;6—管式电加热器;7—下反射罩

折方可用普通的折边机或管式电加热器配合进行,加热温度一般在 150～180℃ 之间。折方时,把画好折线的板材放在两根管式电加热器中间,并把折线对正加热器,对折线处进行局部加热。加热处变软时,迅速抽出放在手动扳边机上,把板材折成 90°,待加热处冷却后才能取出成型后的板材。

塑料板折方处加热宽度一般为 5~6 倍的塑料板厚度。

5. 法兰加工制作

(1)塑料圆形法兰的制作。将塑料板按直径要求计算板条长度切割成条形,并将内圆侧做好坡口,再放到电热箱中加热至柔软状态,取出后放在胎具上撖成圆形。将撖成圆形的塑料法兰盘用重物压平,待冷却硬化后取出,然后焊接或钻孔。这种方法的优点是节省材料;但加热撖制较困难,适用于大口径法兰的加工制作。

另外,也可下料成两个半圆形,经坡口、焊接成型。直径较小的法兰盘可在车床上加工制作。

硬聚氯乙烯圆形风管法兰规格应符合表 2-29 的规定。

表 2-29　　　　　　　硬聚氯乙烯圆形风管法兰规格　　　　　　　mm

风管直径 D	材料规格 (宽×厚)	连接螺栓	风管直径 D	材料规格 (宽×厚)	连接螺栓
D≤180	35×6	M6	800<D≤1400	45×12	
180<D≤400	35×8		1400<D≤1600	50×15	M10
400<D≤500	35×10	M8	1600<D≤2000	60×15	
500<D≤800	40×10		D>2000	按设计	

(2)塑料矩形法兰的制作。矩形法兰加工制作,是将塑料板锯成条形,把四块开好坡口的条形板放在平板上组对焊接。法兰焊好后用普通麻花钻头在台钻上钻孔,应间歇地使用钻头或进行冷却以免塑料板过热。

硬聚氯乙烯矩形风管法兰的规格应符合表 2-30 的规定。

表 2-30　　　　　　　硬聚氯乙烯矩形风管法兰的规格　　　　　　　mm

风管边长 b	材料规格 (宽×厚)	连接螺栓	风管边长 b	材料规格 (宽×厚)	连接螺栓
b≤160	35×6	M6	800<b≤1250	45×12	
160<b≤400	35×8	M8	1250<b≤1600	50×15	M10
400<b≤500	35×10		1600<b≤2000	60×15	
500<b≤800	40×10	M10	b>2000	按设计	

6. 塑料风管和配件的焊接

由于塑料板材加热到 180~200℃时具有可塑性和黏附性,因此焊接可作为塑料风管和配件在加工制作时的主要连接方法。焊缝结构形式主要根据风管和部件的结构形状、操作工艺要求和焊缝强度确定。焊缝结构形式一般有对接焊缝、搭接焊缝、填角焊缝和对角焊缝,具体要求见表 2-31。

表 2-31 焊缝形式及坡口

焊缝形式	焊缝名称	图 形	焊缝高度/mm	板材厚度/mm	焊缝坡口张角 α /(°)
对接焊缝	V形单面焊		2～3	3～5	70～90
	V形双面焊		2～3	5～8	70～90
	X形双面焊		2～3	≥8	70～90
搭接焊缝	搭接焊		≥最小板厚	3～10	—
填角焊缝	填角焊无坡角		≥最小板厚	6～18	—
			≥最小板厚	≥3	—
对角焊缝	V形对角焊		≥最小板厚	3～8	70～90
	V形对角焊		≥最小板厚	6～15	70～90

塑料风管和配件焊接工艺操作如下：

(1)焊接温度、速度的确定。焊接速度与加热温度有一定的关系,速度快,而加热温度低,其结果是焊缝焊接效果不好;相反,焊接速度慢,加热温度高,将会导致塑料分解变质。因此,焊接的热空气温度为 210～250℃,焊接速度为 2.5～3mm/s 比较合适。

(2)塑料焊接压力的确定。焊接压力应控制在 0.08～0.1MPa 范围内,空气压缩机供给压缩空气,并经过油水分离器排除水分和油脂。每把焊枪的空气量为 2～3m³/h。

(3)焊枪的焊嘴、焊条与焊件夹角的确定。夹角的大小会影响焊条和焊件均匀受热的程度,因此夹角一般为 30°～45°。当焊条粗、焊件薄时,应多加热焊条,夹角可小些,反之多加热焊件,夹角应大些,焊条应与焊件垂直。

(4)焊接操作方法。为使焊条熔合好,焊缝对口间隙一般要求 0.5～1mm,焊枪的操作应沿焊缝方向上下、左右均匀地动作。为防止距离太近,板材和焊条过热发生炭化,焊枪离焊件表面应保持 5～6mm 的距离。

在焊接操作中应注意:

1)焊接时,焊条要垂直于焊缝表面,对接端面必须刨平,防止受热翻浆不均匀,对焊条的压力要均匀、适宜,不能过大或过小。

2)焊接时要先加热焊条,并使其一头弯成直角,然后插入焊缝中,伸入的长度为 10～15mm。以使焊缝开端处的焊条与板材接合良好。

3)加热器的表面温度应根据材质和环境温度的不同进行调整并要控制加热时间。

4)为方便焊条用完或折断时进行搭接,焊条头要用刀切成斜面,而且每个焊接层的搭接位置都要错开。

5)黏附在加热器上的塑料浆应随时消除,保持焊接面的清洁。焊合后板材要缩短,下料时应放出 2～3mm 的余量。

7. 塑料风管组配与加固

塑料风管的连接,一般多采用焊接方式,同时要在 1.8～4m 范围内安装一对法兰。塑料管焊接时,风管的纵缝必须交错,交错的距离应大于 60mm。

圆形风管管径小于 500mm,矩形风管大边长度小于 400mm,其焊缝形式可采用对接焊缝;圆形风管管径大于 560mm,矩形风管大于 500mm,应采用硬套管或软套管连接,风管与套管再进行搭接焊接,并注意以下几点:

(1)硬聚氯乙烯板风管及配件的连接采用焊接方法,可分别采用手工焊接和机械热对挤焊接,并保证焊缝应填满,焊条排列应整齐,不得出现焦黄、断裂等缺陷,焊缝强度不得低于母材的 60%。硬聚氯乙烯板风管采用套管连接时,其套管的长度宜为 150～250mm,其厚度不应小于风管的壁厚,如图 2-49(a)所示。

(2)当圆形风管的直径≤200mm 时,硬聚氯乙烯板风管可采用承插连接,如图 2-49(b)所示。插口深度为 40～80mm。连接处的油污应清除干净,连接应严密、牢固。

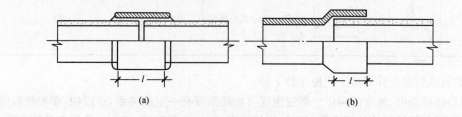

(a)　　　　　　　　　　　　　　(b)

图 2-49　风管连接

（3）为了增加风管的机械强度和刚度,应在一定的距离设置加固圈,按图 2-50 的方法和表 2-32 的尺寸进行加固。

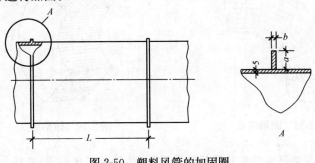

图 2-50　塑料风管的加固圈

表 2-32　　　　　　　　　　　塑料风管加固圈尺寸　　　　　　　　　　　mm

圆形				矩形			
风管直径	管壁厚度	加固圈		风管大边长度	管壁厚度	加固圈	
		规格 $a \times b$	间距 L			规格 $a \times b$	间距 L
100～320	3	—	—	120～320	3	—	—
360～500	4	—	—	400	4	—	—
560～630	4	40×8	～800	500	4	35×8	～800
700～800	5	40×8	～800	630～800	5	40×8	～800
900～1000	5	45×10	～800	1000	6	45×10	～400
1120～1400	6	45×10	～800	1250	6	45×10	～400
1600	6	50×12	～400	1600	8	50×12	～400
1800～2000	6	60×12	～400	2000	8	60×15	～400

关键细节 19　硬聚氯乙烯加工模具制作

模具一般用钢管、薄钢板、木料等制作而成,为便于脱模均制作成可拆卸的内模,如卷直管的木模,是选用红松木料做成空心圆形管,木模圆管的外径等于通风管的内径,其长度长出风管板宽的100mm,如图 2-51 所示。异型管件还可按整体的 1/4～1/2 制作各种形状的木模,如图 2-52 至图 2-54 所示。

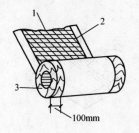

天圆地方胎模

圆大小头胎模

图 2-51　卷管模具示意图　　　　　　图 2-52　胎模
1—塑料板;2—帆布;3—木模

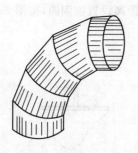

图 2-53   圆形弯头

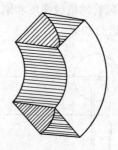

图 2-54   矩形弯头

模具的质量直接影响着塑料风管的圆弧度,尽量用车床车圆,将模具的外表面打光,保证圆弧均匀、正确、光滑。

关键细节 20   塑料风管焊接方法的正确运用

(1)焊条位置及其在焊缝中的移动要求见表 2-33。

表 2-33   焊条位置及其在焊缝中的移动要求

序号	焊条位置	移动要求
1	垂直于焊缝平面	如图 2-55 中的 1,施加一定的压力,使加热的焊条严密地与板材本体粘合。焊条应在一定的部位被加热,使其离焊接点不远处软化。施压粘合时,使焊缝处挤出微量的浆水为最好
2	偏于焊接方向后方	如图 2-55 中的 2,在焊条上加的压力过大时,焊条容易伸长,结果在冷却时产生收缩应力,造成焊条断裂或再次加入焊条时发生断裂
3	偏于焊接方向前方	如图 2-55 中的 3,焊条较长一段被软化,焊接时不能很好施加压力,造成焊接处凸起,使焊缝接合不紧密

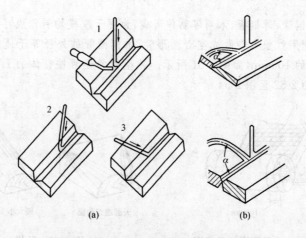

(a)   (b)

图 2-55   塑料板焊接时焊条与焊枪的位置

(a)焊接时焊条的位置;(b)不同板厚时焊枪的倾斜角

（2）为了避免焊缝边缘单面受热，焊枪焊嘴的位置应正确，并沿焊缝方向均匀摆动，以保证对板材本体及焊条的均匀加热。焊枪焊嘴的倾斜角，根据被焊板材的厚度确定，如图2-55（b）所示。

（3）为了使焊缝处焊条与板材本体有良好的接合，焊接时可先加热焊条，使其一端弯成直角，再插入已加热的焊缝中，使焊条的尖端留出焊缝10～15mm，否则开端处易于脱落，如图2-56所示。

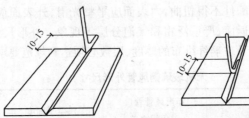

图 2-56　焊缝的开端及断头修补时焊条的熔焊

焊缝焊完后，应用加热的小刀切断焊条，不要用手拉断。焊缝处应逐渐冷却，不要用水或压缩空气进行冷却，避免造成板材和焊条不均匀收缩，产生应力以致断裂。

三、玻璃钢风管制作

玻璃钢风管及配件一般均用模具成型，模具用木板或薄钢板制作。圆形或矩形风管成型应使用内模，内模通常是做成空心的，并且可以拆卸，便于脱模。内模的外径或外边长等于风管的内径或内边长尺寸，并采用手工涂敷法成型。

（1）有机玻璃钢风管是用玻璃纤维布和各种不同树脂为胶粘剂，经成型工艺制作而成的风管。有机玻璃钢风管的制作工艺可分为手糊成型、模压成型、机械缠绕成型、层压成型等。

1）有机玻璃钢风管制作应在环境温度为15～30℃的条件下进行，并设有排风设备以保证安全生产。

2）制作浆料宜采用拌合机拌合，人工拌合时必须保证拌合均匀，不得夹杂生料，浆料必须边拌边用，有凝结的浆料不得使用。

3）敷设玻璃纤维布时，搭接宽度不得小于50mm，接缝应错开。敷设时，每层必须铺平、拉紧，以确保风管各部位厚度均匀，法兰处的玻璃纤维布应与风管连成一体。

4）法兰应与风管成一整体，并应有过渡圆弧，并与风管轴线成直角。有机玻璃钢风管不应有明显扭曲，内表面应平整光滑，外表面应整齐美观，厚度应均匀，且边缘无毛刺，并无气泡及分层现象。

5）风管养护时不得有日光直接照射或雨淋，固化成型达到一定强度后方可脱模。脱模后应除去风管表面毛刺和尘渣。风管存放地点应通风，不得有日光直接照射、雨淋或放于潮湿环境。

（2）无机玻璃钢风管是用氯氧镁水泥添加氯化镁胶结料等，用玻璃纤维布作增强材料而制得的复合材料风管。具有良好的遇火不燃烧性能，耐腐蚀、防潮湿、保温性能好及漏风量低等优点。但无机玻璃钢风管比较脆、易损坏,较笨重,应变能力差,安装时与其他材质的风管相比较为困难。

1)无机玻璃钢风管的制作工艺多采用手糊成型的方法,其具体制作方法与有机玻璃钢风管基本相同。

2)无机玻璃钢风管可分为非保温单层风管和双层保温风管两种。双层保温风管即在其中间设有厚度为 20mm 的自熄型的聚苯乙烯泡沫塑料板。

3)无机玻璃钢风管和配件不得扭曲,内表面应平整光滑、外表面应整齐美观,厚度要均匀,边缘无毛刺,不得有返卤、严重泛霜和气泡分层等现象。外形尺寸的偏差应符合表 2-35 的规定。风管的壁厚及玻璃纤维布的厚度、层数必须达到规范要求。

表 2-35　　　　　　　　　　　无机玻璃钢风管外形尺寸　　　　　　　　　　mm

直径或 大边长	矩形风管外表 平面度	矩形风管管口 对角线之差	法兰平面度	圆形风管 两直径之差
≤300	≤3	≤3	≤2	≤3
301～500	≤3	≤4	≤2	≤3
501～1000	≤4	≤5	≤2	≤4
1001～1500	≤4	≤6	≤3	≤5
1501～2000	≤5	≤7	≤3	≤5
＞2000	≤6	≤8	≤3	≤5

4)无机玻璃风管的加固材料应与本体材料相同或防腐性能相同,加固件应与风管成为整体。内支撑加固点数量及外加固纵向最大间距应符合表 2-36 的规定。

表 2-36　　　　　　　风管内支撑加固点数量及外加固纵向最大间距

风管边长 b/mm	系统工作压力/Pa				
	500～630	631～820	821～1120	1121～1610	1611～2500
650<b≤1000	—	—	1	1	1
1000<b≤1500	1	1	1	1	2
1500<b≤2000	1	1	1	1	2

5)加固风管的螺栓、螺母、垫圈等金属件应采取避免氯离子对金属材料产生电化学腐蚀的措施,加固后应采用与风管本体相同的胶凝材料封堵。

(3)保温玻璃钢风管可将管壁制成夹层,夹层厚度应根据设计要求而定。夹心材料可采用聚苯乙烯、聚氨酯泡沫塑料、蜂窝纸等。

通常把不保温玻璃钢风管叫做玻璃钢风管;把带有保温层(即蜂窝层或保温层)玻璃钢风管叫做夹心结构风管。这两类风管的成型方法各有不同。

(4)夹层玻璃钢风管只用以制作矩形风管。夹层玻璃钢风管由四块夹心保温板拼成,风管的组合采用粘贴方法。为增强组合强度,在风管内的四个角上放四根角型玻璃钢,在风管的外表面还要采用一些密封措施。

第三节　风管部件与消声器加工制作

一、风口制作

风口又叫空气分布器。在通风管上设置各种形式的送风口、回风口和排风口,用来向房间内送入空气或排出空气,并调节送入或排出的空气量。

风口的形式较多,根据使用对象可分为通风系统和空调系统风口。通风空调工程中,常用的风口类型是装有网状或条形格栅的矩形回风口,它与其他类型风口不同的是不设联动调节装置。

通风系统常用圆形风管插板式送风口,旋转吹风口,单面或双面送、吸风口,矩形空气分布器,塑料插板式侧面送风口等;空调工程中常用百叶送风口、圆形或方形散流器、送吸式散流器、送风孔板及网式回风口等。

风口加工时,应注意各部位的尺寸,如内部叶片和外框的尺寸应正确,相互配合时应适度,不应有叶片与外框相碰擦的现象,另外,活动部分如轴、轴套的配合尺寸应松紧适度。装配好后,为防止生锈,应加注润滑油。油漆最好在装配前进行,以免把活动部位漆住而影响调节。

⚒ 关键细节 21　板插式通风系统风口制作

插板式风口常用于通风系统或要求不高的空调系统的送、回(吸)风口,插板式风口由插板、导向板、挡板等组成,如图 2-57 所示。

插板式风口在调节插板时应平滑省力,制作的插板应平整、边缘光滑。在风口孔洞处的上边下边各设一根,上下两导向板应平行,在插板的尾端设置挡板并与插板吻合。在出风口的另一端应设置挡板,用以防止插板在关闭时用力过大而滑出导向板。导向板与插板均用铆钉固定在矩形或圆形风管上。插板尾端两角加工为 $R5$ 的圆弧。

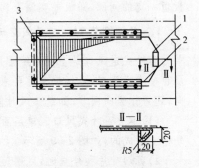

图 2-57　插板式送、吸风口
1—插板;2—导向板;3—挡板

⚒ 关键细节 22　活动算板式通风系统风口制作

活动算板式风口是由外算板、内算板、连接框、调节螺栓等组成,如图 2-58 所示(图中 A 表示回风口长度;B 表示回风口宽度,按设计决定)。

活动算板式风口应注意孔口的间距,制作时应严格控制孔口的位置,其偏差在 1mm以内,并控制累计误差,使其上下两板孔口间距一致,防止出现叠孔现象,影响风口的风量。

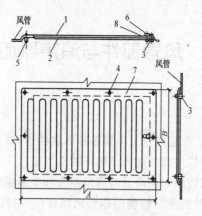

图 2-58 活动算板式回风口

1—外算板；2—内算板；3—连接框；4—半圆头螺钉；5—平头铆钉；
6—滚花螺帽；7—光垫圈；8—调节螺栓

关键细节 23 插板式风口调节不灵活等问题的解决方法

要解决插板式风口调节不灵活、插板启闭困难的问题，需注意以下几点：

(1)对圆形风管的圆度差、矩形风管的表面不平整要进行修整，风管首先要达到制作的要求。

(2)矩形风管的插板一定要平整，圆形风管的插板要与风管本身的弧度一致。

(3)滑槽是插板式风口的关键部位，滑槽的外形尺寸、上下平行度要严格控制，板边要平整，不得凹凸不平以确保插板拉动的灵活性。

(4)在制作插板式风口时，应先将滑槽铆接在风管上，然后根据滑槽的外形尺寸，给插板留一定的间隙，插板要实测下料。

关键细节 24 百叶式空调系统送风口制作

百叶式送风口是空调系统常用的风口。根据风口的结构不同，可分为单层、双层、三层百叶式送风口，可根据精度要求选用。双层和三层百叶式风口可以调节气流的水平方向，还可作竖向调节，如送热风时使气流向下，送冷风时使气流向上。

(1)单层百叶式风口。单层百叶式风口是由若干片薄钢板制成的叶片用铆钉固定在外框上组成的，如图 2-59 所示。

1)剪切叶片和外框时，可用剪板机把板材按尺寸剪成平直的条板，再用手剪修整成所需的形状。

2)叶片用摩擦压力机或手扳压力机，通过模具将两边冲压出所需的圆棱，然后用锉刀锉掉毛刺，并钻好铆钉孔，再把两边的耳环扳成直角。

3)外框的板条剪好后，应用锉刀锉去毛刺。两侧的板条按图上标定的尺寸精确地画出铆钉孔的位置，在台钻上钻

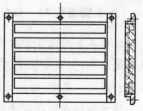

图 2-59 单层百叶式风口

孔，然后用手动扳边机把板条扳成角钢形状，用电焊把四角焊牢，并检查外表平整和角方，

最后把叶片一片一片地铆在外框上，两端衬上垫圈。

4)叶片在外框上不要铆接过紧,用手应能扳动,但也不要铆得太松,防止气流将叶片吹动。

(2)双层百叶式送风口。双层百叶式送风口由外框、两组相互垂直的前叶片和后叶片组成,如图2-60所示。

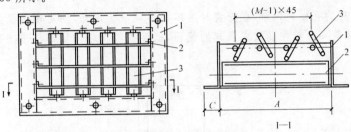

图 2-60 双层百叶式送风口
1—外框;2—前叶片;3—后叶片

1)外框制作。用钢板剪成板条,锉去毛刺,精确地钻出铆钉孔,再用扳边机将板条扳成角钢形状,拼成方框。然后检查外表面的平整度,与设计尺寸的允许偏差应不大于2mm;检查角方,要保证焊好后两对角线之差不大于3mm;最后将四角焊牢再检查一次。

2)叶片制作。将钢板按设计尺寸剪成所需的条形,通过模具将两边冲压成所需的圆棱,然后锉去毛刺,钻好铆钉孔,再把两头的耳环扳成直角。

3)组装。油漆或烤漆等各类防腐均在组装之前完成,组装时,叶片的间距应均匀,允许偏差为±0.1mm,轴的两端应同心,叶片中心线允许偏差不得超过3/1000,叶片的平行度允许偏差不得超过4/1000。

4)组装后,圆形风口必须做到圆弧度均匀、外形美观;矩形风口四角必须方正、表面平整、光滑。风口的转动调节机构灵活、可靠,定位后无松动迹象。风口表面无划痕、压伤与花斑,颜色一致,焊点光滑。

(3)三层百叶式送风口。三层百叶式送风口叶片分前、中、后三层,相邻层的叶片相互垂直,既可改变气流方向,又可改变气流速度,风量和气流方向可以单独调节。常使用在要求较高、需要调节风口气流速度和气流方向角度的空调系统中,调节后叶片可调节风口气流速度,调节前、中层叶片可调节风口气流角度。

关键细节25 孔板式空调系统风口制作

孔板式风口由高效过滤器箱壳、静压箱和孔板组成,如图2-61所示,适用于要求较高的空气洁净系统。孔板式风口可分为全面孔板和局部孔板。

(1)过滤器风口一般用铝或铝合金板制作。全面孔板的孔口速度为3m/s以上,送风(冷风)温差大于或等于30℃,单位面积送风量超过60m³/(m²·h),并且是均匀送风,孔板下方形成下送的垂直气流流型。孔板出口风速和送风温差较小时,孔板下方形成不稳定流型,适用于高精度空调系统。

(2)孔板加工前后应严格测量孔板的孔径、孔距及分布尺寸,应符合设计要求。孔板的孔径一般为6mm,在加工孔板式风口时,孔口的毛刺应锉平,以保证所需要的风量和气流流型。对有折角的孔板式风口,其明露部分的焊缝应磨平、打光。

(3)对铝或铝合金制作的过滤器风口,在制作后均需进行阳极氧化处理和抛光着色,其外表装饰面拼接的缝隙应小于或等于0.15mm。组件加工中与过滤器接触的平面必须光滑、平整。

(4)组装后的孔板式风口,在安装时用四根吊环吊于顶部,固定在楼板上或轻钢吊顶上均可。送风管一般接在孔板式风口的侧面,也可在静压箱的顶部接出。孔板均安装在下方。

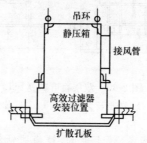

图 2-61　高效过滤器送风口

关键细节 26　散流器制作

散流器用于空调系统和空气洁净系统,可分为直片型散流器和流线型散流器。

(1)直片型散流器形状有圆形和方形两种,内部装有调节环和扩散圈。调节环与扩散圈处于水平位置时,可产生气流垂直向下的垂直气流流型,可用于空气洁净系统。如调节环插入扩散圈内10mm左右时,出口处的射流轴线与顶棚间的夹角$a<50°$,形成贴附气流,可用于空调系统。圆形直片式散流器各部组成如图2-62所示。

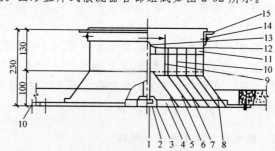

图 2-62　圆形直片式散流器

1—调节螺杆;2—固定螺母;3—调节座;4—扩散圈连杆;5—中心扩散圈;
6—有槽扩散圈;7—中间扩散圈;8—最外扩散圈;9—有轨调节环;10—调节环;
11—调节环连杆;12—调节螺母;13—开口销;14—半圆头铆钉;15—法兰

制作散流器时,圆形散流器应使调节环和扩散圈同轴,每层扩散圈周边的间距一致,圆弧均匀;方形散流器的边线应平直,四角方正。

（2）流线型散流器的叶片竖向距离，可根据要求的气流流型进行调整，适用于恒温恒湿空调系统的空气洁净系统。流线型散流器（图2-63）的叶片形状为曲线形，手工操作达不到要求的效果时，多采用模具冲压成型。目前，流线型散流器除按现行国标要求制作外，有的工厂已批量生产新型散流器，其特点是散流片整体安装在圆筒中，并可整体拆卸；散流片的上面还装有整流片和风量调节阀。

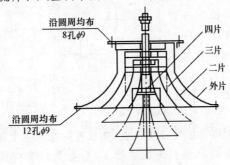

图 2-63　流线型散流器

关键细节 27　防止流线型散流器片调节不灵活等问题的措施

流线型散流器片调节不灵活，间距不均匀，气流流型偏斜，要从以下三方面着手处理：

（1）散流器的螺杆、方螺母、花螺母等零件要加工到设计要求的公差和粗糙度，并将螺级表面进行氧化处理。

（2）散流片一般采用氧-乙炔焊焊接、模压等加工方法制作成型，要保证散流片成型后达到标准图的各项要求，并用样板进行检查，表面不允许有凹凸不平现象。装配后的散流片的周向间隙要分布均匀，不能歪斜。

（3）采用模压制作散流片时，模具各部位的几何尺寸（如上、下部位的曲率半径，上部与垂线相交的角度等）必须符合设计要求。

二、风阀制作

风阀在通风空调系统中主要用来调节风量，平衡各支管或送、回风口的风量及启动风机等，还可以在特别情况下开启或关闭，达到防火、排烟的作用。常用的风阀有蝶阀、多叶调节阀、三通调节阀、防烟防火阀等。

关键细节 28　蝶阀制作

蝶阀一般用于分支管或空气分布器前，作风量调节用，是通风系统中最常见的一种风阀。蝶阀由短管、阀板和调节装置三部分组成，如图2-64所示。按其断面形状不同，分圆形、方形和矩形三种；按其调节方式，分手柄式和拉链式两类。

（1）短管用厚1.2～2mm的钢板（最好与风管壁厚相同）制成，长度为150mm。加工时穿轴的孔洞，应在展开时精确画线、钻孔；钻好后再卷圆焊接。短管两端为便于连接风管，应分别设置法兰。

（2）阀板可用厚度为 1.5～2mm 的钢板制成，直径较大时，可用扁钢进行加固。阀板的直径应略小于风管直径，但不宜过小，以免漏风。阀板的规格不得小于短管内径 3mm。

（3）阀轴的做法：将圆钢一端做成方形，而顶端车成圆形螺纹头，将另一端做成扁形。两个半轴用 φ15 圆钢经锻打车削而成，较长的一根端部锉方并套丝扣，两根轴上分别钻有两个 φ8.5 的孔洞。

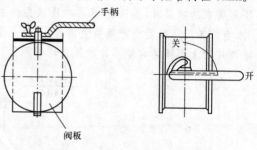

（4）手柄用 3mm 厚的钢板制成，其扇形部分开有 1/4 圆周弧形的月牙槽，圆弧中心开有与轴相配的方孔，使手柄可按需要位置开关或调节阀板位置。手柄通过

图 2-64　蝶阀

焊在垫板上的螺丝和翼形螺母固定开关位置，垫板可焊在风管上固定。

（5）组装蝶阀时，首先将垫板固定在短管上，然后把轴套在短管内，再用螺栓把好阀板，最后将手柄装好。试验转动灵活后，标明开、闭方向。

关键细节 29　对开式多叶调节阀制作

通风空调系统通常采用多叶调节阀对系统进行测定和调整，以保证通风、空调系统的总风量、各支管及送风口量达到设计给定值。开式多叶调节阀分为手动式和电动式两种，如图 2-65 所示。通过手轮和蜗杆进行调节，设有启闭指示装置，在叶片的一端均用闭孔海绵橡胶板进行密封。

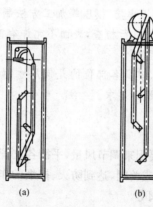

(a)　　　　　(b)

图 2-65　对开式多叶调节阀
(a)手动式；(b)电动式

一般调节阀装有 2～8 个叶片，每个叶片长轴端部装有摇柄，连接各摇柄的连动杆与调节手柄相连，操作手柄，各叶片就能同步开或合。调整完毕，拧紧蝶形螺母，就可以固定位置。

调节阀制作应牢固，防止气流吹动产生哮声。调节装置应准确、灵活、平稳，其叶片间距应均匀，关闭后叶片能互相贴合，搭接尺寸应一致。对于大截面的多叶调节风阀，应加强叶片与轴的刚度,适宜分组调节。为保证风阀关闭的紧密性,在各叶片的一端贴上闭孔海绵橡胶板。

关键细节 30 三通调节阀制作

三通调节阀有手柄式和拉杆式两种(图 2-66),适用于矩形直通三通和裤衩管,不适用于直角三通。

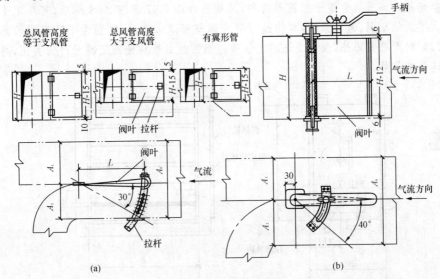

图 2-66 三通调节阀
(a)拉杆式;(b)手柄式

制作时先用薄钢板在专用模具上加工阀板。阀板的尺寸应准确,以免安装后与风管碰擦,阀板应调节方便。加工组装的转轴和手柄(或拉杆)调节转动自如,与风管接合处应严密,按设计要求内外作防腐处理。手柄开关应标明调节角度。

关键细节 31 防火、排烟、特殊风阀制作

防火、排烟调节阀是大型高层建筑和工业厂房通风空调系统中不可少的安全装置,当发生火灾时,风管内气流升至一定温度时,防火阀自动关闭,风机接收信号后也停止转动,同时发出信号。

(1)防火阀。防火阀按阀门关闭驱动方式可分为重力工防火阀、弹簧力驱动防火阀、电动驱动式防火阀及气动驱动式防火阀等四种。防火阀制作应符合下列要求:

1)防火阀外壳用厚度为 2mm 的钢板制作。其选用耐腐蚀材料制作,如黄铜、青铜、不锈钢等金属材料,以便转动部件在各种情况下都能灵活动作。

2)防火阀的易熔片是关键部件,必须使用标准的合格产品。对易熔片可在水浴中进行检验,以水温为基准,其熔点温度符合设计要求,易熔片要安装在阀板的避风侧。阀板关闭要严密,能有效地阻挡气流的通过。

3)防火阀门有水平安装和垂直安装两种,有左式和右式之分,安装时应注意不得装反。

(2)排烟阀。排烟阀安装在排烟系统中,平时呈关闭状态,发生火灾时借助于感烟、感温器能自动开启排烟阀门。常用的排烟阀的产品包括:排烟阀、排烟防火阀、远控排烟阀、远控排烟防火阀、板式排烟口、多叶排烟口、远控多叶排烟口、远控多叶防火排烟口、多叶防火排烟口及电动排烟防火阀等。

排烟防火调节阀有矩形和圆形两种,其构造如图 2-67 及图 2-68 所示,可应用于有排烟防火要求的空调、通风系统,其构造与防火调节阀基本相同,区别在于除温度熔断器可使阀门瞬时严密关闭外,尚有受烟感电信号控制的电磁机构使阀门瞬时严密关闭,并同时输出连锁电信号。

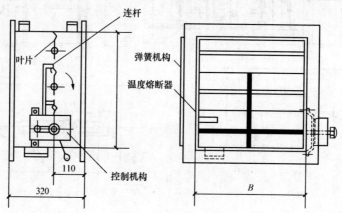

图 2-67　矩形排烟防火阀

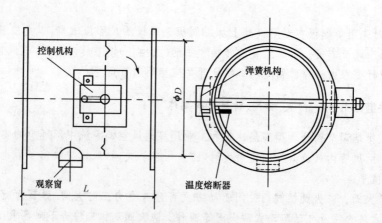

图 2-68　圆形排烟防火阀

(3)特殊风阀。特殊风阀的制作应符合下列要求:

1)防爆系统的部件必须严格按照设计要求制作,所用的材料严禁代用。

2)高压系统风量调节阀的制作,除符合上述要求外,尚需符合下列规定:

①高压系统风量调节阀应进行强度试验,其调节性能应可靠,并可在系统压力为工作压力 1.5 倍的情况下自由开关。

②高压系统风量调节阀关闭条件下,两侧压力差为 1000Pa 时,允许偏风量应小于 $300m^3/(h·m^2)$;当两侧压力差为 2000Pa 时,允许偏风量应小于 $480m^3/(h·m^2)$。

3)空气净化系统的阀门,其活动件、固定件、拉杆以及螺钉、螺帽、垫圈等表面均应做防腐处理,阀体与外界相通的缝隙处应采取密封措施。

三、风帽制作

风帽是装在排风系统的末端,利用风压的作用,加强排风能力的一种自然通风装置,同时可以防止雨雪流入风管内。在排风系统中,一般使用伞形风帽、筒形风帽和锥形风帽(图 2-69)向室外排出污浊空气。

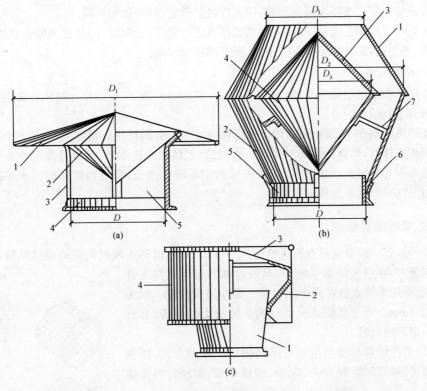

图 2-69　风帽

(a)伞形风帽;

1—伞形帽;2—倒伞形帽;3—支撑;4—加固环;5—风管

(b)锥形风帽;

1—上锥形帽;2—下锥形帽;3—上伞形帽;4—下伞形帽;5—连接管;6—外支撑;7—内支撑

(c)筒形风帽

1—扩散管;2—支撑;3—伞形罩;4—外筒

1. 伞形风帽

伞形风帽适用于一般机械排风系统。伞形罩和倒伞形帽可按圆锥形展开咬口制成。圆筒为一圆形短管,规格小时,帽的两端可翻边卷铁丝加固。规格较大时,可用扁钢或角钢做箍进行加固。扩散管可按圆形大小头加工,一端用卷铁丝加固,一端铆上法兰,以便与风管连接。

零件伞形罩和倒伞形帽可按室外风管厚度制作,支撑用扁钢制成,用以连接伞形帽。

2. 筒形风帽

筒形风帽主要由伞形罩、外筒、扩散管和支撑四部分组成,比伞形风帽多了一个外圆筒,在室外风力作用下,风帽短管处空气稀薄,促使空气从竖管排至大气,风力越大,效率就越高,因而适用于自然排风系统。筒形风帽有 $D=200\sim1000mm$,共 9 个型号。

挡风圈也可按圆形大小头加工,大口可用卷边加固,小口用手锤錾出 5mm 的直边和扩散管点焊固定。支撑用扁钢制成,用来连接扩散管、外筒和伞形帽。

风帽各部件加工完后,应刷好防锈底漆再进行装配;装配时,必须使风帽形状规整、尺寸准确,不歪斜,旋转风帽重心应平衡,所有部件应牢固。

3. 锥形风帽

锥形风帽适用于除尘系统。有 $D=200\sim1250mm$,共 17 个型号。制作方法主要按圆锥形展开下料组装。

锥形风帽制作时,锥形帽里的上伞形帽挑檐 10mm 的尺寸必须确保,并且下伞形帽与上伞形帽焊接时,焊缝与焊渣不许露至檐口边,严防雨水流下时,从该处流到下伞形帽并沿外壁淌下导致漏雨。组装后,内外锥体的中心线应重合,而且两锥体间的水平距离均匀,连接缝应顺水,下部排水通畅。

四、柔性短管制作

柔性短管一般常装设在通风机的入口和出口处,以防止风机的振动通过风管传到室内引起噪声,在空气洁净系统中,高效过滤器送风口与支管连接,也常用柔性短管在其中间过渡。柔性短管长度一般为 $150\sim250mm$。对于高层建筑的空调系统的柔性短管,其材质应采用不燃材料。

(1)柔性短管与法兰组装可采用钢板压条的方式,压条紧贴法兰,铆钉间距为 $60\sim80mm$,铆接平顺;柔性材料搭接宽度为 $20\sim30mm$,缝制或粘结严密、牢固。

(2)柔性短管法兰规格应与风管法兰规格相同;压条厚度为 $0.75\sim1mm$;宽度为角钢宽度加 $6\sim9mm$。柔性短管不得出现扭曲现象,两侧法兰应平行。

1. 帆布短管制作

帆布短管制作如图 2-70(a)所示。

(1)制作方法一:先把帆布按管径展开,并留出 20~

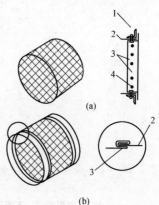

图 2-70　帆布短管制作
1—法兰盘;2—帆布短管;
3—镀锌薄钢板;4—铆钉

25mm 的搭接量,用针线把帆布缝成短管,然后再用 1mm 厚的条形镀锌铁皮或刷过油漆的黑薄钢板连同帆布短管铆接在角钢法兰上。连接处应紧密,铆钉距离一般为 60～80mm,不应过大。铆完帆布短管后,把伸出管端的铁皮进行翻边,并向法兰平面敲平。

(2)制作方法二:把已展开下料的帆布两端,分别和 60～70mm 宽的镀锌铁皮条咬合,然后再卷圆或折方将铁皮闭合缝咬上,帆布缝好,最后用两端的铁皮与法兰铆接,如图 2-70(b)所示。

2. 塑料布短管制作

塑料布短管制作时,先把塑料布按管径大小要求展开,并留出搭接量 10～15mm 和法兰留量,法兰的留量可按角钢规格留设。

焊接时,把塑料布焊接处对正,加热后,用压辊压紧,使塑料布粘结在一起。当一边焊好后,将塑料布翻过来,焊另一边。焊接时用电烙铁,为免过热或烧焦,温度要保持在 210～230℃ 之间,如图 2-71所示。为避免温度过热烧焦塑料布,可用调压变压器来控制温度。

接合缝处要牢固、严密,不漏风。

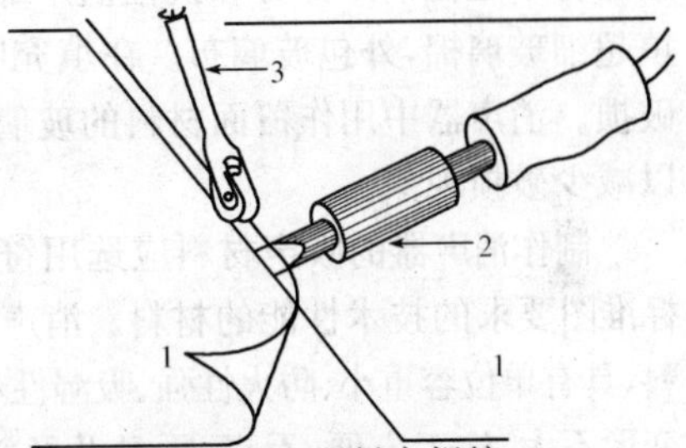

图 2-71　塑料布焊接
1—塑料片材;2—电焊烙铁;3—压辊

五、消声器制作

消声器是利用声的吸收、反射、干涉等原理,降低通风空调系统中气流噪声的装置。空调工程主要的噪声源是通风机、制冷机和冷却塔等机械传动产生的噪声,它们会通过风管传入室内,从而危害人类健康。因此,人们采用消声器这种装置,以免噪声传入室内。

消声器的种类和构造形式较多,按消声器的原理可分为四种基本类型,即阻性、抗性、共振性和宽频带复合式等。

(1)阻性消声器。阻性消声器是利用吸声材料消耗声能降低噪声的,它对中高频噪声具有较好的消声效果,如图 2-72 所示。消声器的形式有管式、片式、蜂窝式、声流式、腔式、单室式、折式、迷宫式等。在阻性消声器中,消声片的厚度一般为 25～120mm,材料越厚对低频率降低越有利。

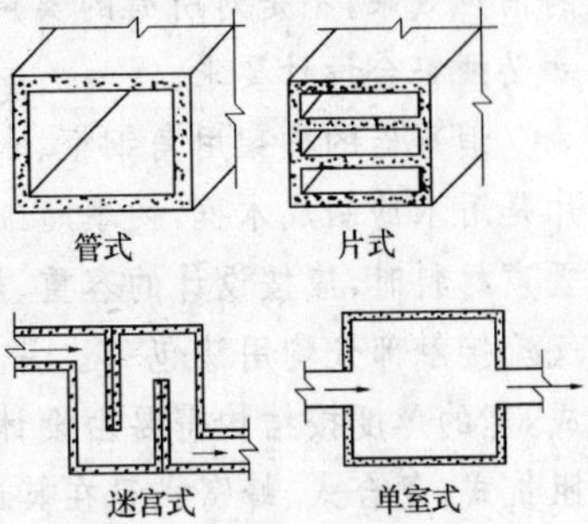

管式　　片式
迷宫式　　单室式

图 2-72　阻式消声器

(2)抗性消声器。抗性消声器对低频的消声效果较好,主要是利用截面的突变,如图 2-73 所示。当声波通过突然变化的截面时,由于截面膨胀或缩小,部分声波发生反射,声能在腔室内来回反射,以至衰减。这样它的消声性能主要决定于膨胀比 m,计算公式为

$$m=\frac{S_2}{S_1}$$

式中　S_1——原通道截面积;

S_2——膨胀室截面积。

(3)共振性消声器。共振性消声器(图 2-74)有薄板共振吸声结构、单个空腔共振吸声

结构和穿孔板共振吸声结构三种基本结构形式。

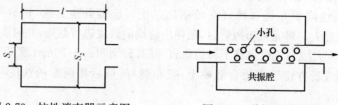

图 2-73　抗性消声器示意图　　　　图 2-74　共振性消声器

(4)宽频带复合式消声器(图 2-75)。宽频带复合式消声器又名阻抗复合式消声器,它是综合了阻性消声部分和抗性消声部分而组成的,其阻性吸声片是用木筋制成的木框,内填超细玻璃棉,外包玻璃布。在填充吸声材料时,应按设计的容重铺放均匀,覆面层不得破损。消声器中用作覆面材料的玻璃丝布,脆性很大,易碰破,可在钉泡钉处加一层垫片,以减少破损现象。

制作消声器的吸声材料应选用符合设计或国家标准图要求的技术性能的材料。消声材料为多孔材料,具有单位容重小、防火性强、吸湿性小、受温度影响变形不大、施工方便、无毒、无臭及经济耐用等特点。目前常采用超细玻璃棉、玻璃纤维板、工业毛毡等。

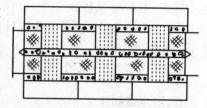

图 2-75　宽频带(阻抗)复合式消声器

关键细节 32　消声器制作细节

(1)消声器壳体的制作。由于各种消声器都是在相对应的噪声频带范围内具有较好的消声效果,不是对所有的噪声频带都有消声效果,因此,在制作安装消声器时,型号、尺寸必须符合设计要求。

消声器的框架用角钢框、木框和铁皮等制作。如图 2-76 所示为管式消声器,阻性消声片是用木筋制成木框,内填超细玻璃棉等吸声材料,外包玻璃布等覆面材料制成。在填充吸声材料时,应按设计的容重、厚度等要求铺放均匀,覆面层不得破损。装设吸声片时,与气流接触部分均用漆包钉。片式消声器的壳体,可用钢筋混凝土,也可用重砂浆砌体制成,壳的厚度按结构需要由设计决定。无论用何种材料,都必须固定牢固,有些消声器如阻抗式、复合式、蜂窝式等在其迎风端还需装上导流板。

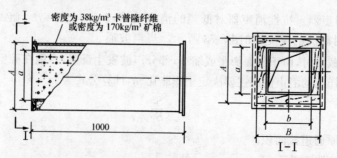

图 2-76　矿棉和卡普隆管式消声器

共振腔是共振性消声器的共振结构之一,每一个共振结构都具有一定的固有频率,其由孔径、孔颈厚和共振腔(空腔)的组合所决定,对其他的消声器如复合式消声器、膨胀式消声器和迷宫式消声器等隔板尺寸也同样重要,所以必须按设计要求制作。

消声器外壳采用的拼接方法与漏风量有直接关系。由于用自攻螺钉连接易漏风,必须采取密封措施。而采用咬接方式,不但增加强度,也可以减少漏风。因此消声器的壳体采用咬接较好,在制作过程中,要注意有些形式的消声器是有方向要求的,故在制作完成后应在外壳上标明气流方向,以免安装时装错。

(2)消声主体的制作。制作前首先要弄清设计图纸所绘制的规格、型号或标准图号。在制作过程中,要注意有些形式的消声器是有方向要求的,故在制作完成后应在外壳上标明气流方向,以免安装时装错。

(3)消声材料敷设的要求。

1)消声器内的消声材料覆面层不得破损,搭接时应顺气流,拼缝密实、表面平整、拉紧且界面不得有毛边。消声器内直接逆风面要有保护措施。

2)松散吸声材料填充时,应按设计要求采用透气的覆面材料覆盖,如玻璃丝布、细布、麻布等,防止吸声材料飞散、脱落,甚至污染空调房间。有些还外加一层钢板网、窗纱和金属穿孔板等作罩面。施工中,注意覆面材料拼接应顺气流方向,拼缝密实,表面平整,不应凹凸不平。

3)消声器内外金属构件表面应涂刷红丹防锈漆两道。涂刷前,金属表面应按需要做好处理,清除铁锈、油脂等杂物。涂刷时要求无漏涂、起泡、露底等现象。

六、除尘器制作

(1)除尘器制作时,应根据不同规格型号的除尘器样本要求,分别进行放样展开。

(2)板材剪切时必须先复核尺寸,以免有误,按画线形状、尺寸,用切板机及振动剪进行剪切。

(3)除尘器筒体外径或矩形外边尺寸的允许偏差不应大于5‰,其内外表面应平整光滑,弧度均匀。除尘器壳体拼接应平整,纵向拼缝应错开;法兰连接处及装有检查门的部位应严密。整体除尘器的漏风率在设计工作压力下为5%,其中离心式除尘器为3%。

(4)卷圆时,注意左右回旋的方向,以免卷错方向。组装时,除尘器的进出口应平直,筒体排出管与锥体下口应同轴,其偏心不得大于2mm。旋风除尘器的进口短管应与筒体内壁成切线方向;螺旋导流板应垂直于筒体,螺距应均匀一致。

(5)焊接时应先段焊然后满焊,避免通焊后变形。除尘器成型后应外刷防锈漆两遍,再刷灰色调合漆一遍。

关键细节33　旋风除尘器制作

旋风除尘器是利用气、尘二相流在流动过程中,由于速度和方向的改变,对气体和尘粒产生不同离心力、惯性力或重力,而达到分离尘粒的目的。

(1)根据旋风除尘器的型号、规格画线,并下料成单件板材,再用卷板机做成圆筒形和圆锥形,焊接后,进行找圆,使其成为圆弧均匀、表面光滑的组装件。

(2)组装时,首先要搞清方向,然后将螺旋导向板与外筒点焊固定,再插入内管,并使内管与外筒同心,插入深度应符合标准图的要求。装内管法兰时,要找正蜗形帽的安装方位。

(3)进风口短管与筒体内壁要形成切线,螺旋导流板要垂直于筒体,螺距要均匀一致。除尘器反射屏与筒体间隙应保持一致,反射屏上口与排气管的中心偏差不超过 2mm。进、出风口断面尺寸要正确,法兰连接要用胶皮板垫料,螺栓组合件要把紧。

(4)筒体外径与矩形外边尺寸允许偏差不大于 5%。

⚒ 关键细节 34　惰性除尘器制作

(1)锯切惰性除尘器中安装离尘环用的齿条时,要把 4 根齿条并在一起,以 60°的角度进行统一规格锯槽,离尘环应是等距的锥形环,要求角度一致,圆度均匀。

(2)将上、下法兰画出 4 根齿条的位置线,把 3 根齿条用电焊与上、下法兰固定,同时两者要在同一中心,齿条倾斜度应相等。

(3)校正后可装离尘环,依次用电焊焊牢,最后把另一根齿条插入并固定好。

⚒ 关键细节 35　水膜除尘器制作

(1)筒体吸入口与蜗形帽方向要相同。

(2)喷嘴的喷水孔直径、角度要正确,喷水方向不得倒置,喷水盘管与支管采用搭接焊,支管不得伸入盘管内。喷嘴与水管连接要严密,液位控制装置应可靠。

(3)旋筒式水膜除尘器的外筒体内壁不得有凸出的横向接缝。

⚒ 关键细节 36　过滤式除尘器制作

(1)滤材与相邻部件的连接必须严密,不能使含尘气流短路。

(2)对于袋式滤材,起毛的一面必须迎气流方向,组装后的滤袋,垂直度与张紧力必须保持一致。

(3)清灰机构动作应灵活可靠。

⚒ 关键细节 37　电除尘器制作

(1)沉降极应平整光滑,极板纵向变形不大于 4mm;极板长度超过 6m 时,允许偏差为 6mm;任何长度的横向变形允许偏差不大于 5mm。极板及端面切口应光滑平整,圆角过渡处应圆滑、无毛刺,且无深度超过 0.5mm 的刻痕,表面要无锈,组装后各极板间距应均匀,相互要平行。

(2)放电极部分的零件表面应无尖刺、焊疤,电晕线的张紧力应均匀一致,放电极平面的最大变形不大于 3mm,纵向弯曲度不大于全长的 1%。组装后的放电极与两侧沉降的间距应保持一致。

(3)电除尘器的导流叶片和气流分布板,其圆弧、位置应正确。检查门应开启灵活,关闭严密。

(4)电除尘器要有良好的气密性,不应有漏气现象,高压电源必须绝缘良好。

(5)电除尘器的机械振打机构应可靠,壳体及灰斗应严密。

七、排气罩制作

排气罩是通风系统的局部排气装置,如图 2-77 所示。按生产工艺要求,有各种形式的排气罩,如伞形排气罩、侧面排气罩和排气柜几种。根据排气罩的形式放样后下料,并尽量采用机械加工。排气罩制作时,应符合下列规定。

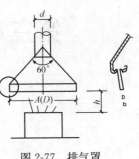

图 2-77　排气罩

(1)排气罩根据不同要求可选用普通钢板、镀锌钢板、不锈钢板及聚氯乙烯板等材料制作。

(2)制作排气罩应符合设计或全国通用标准图集的要求,按不同的形式展开画线,下料后进行机械或手动加工成型。其各孔洞均采用冲制方式。含尘气体和毒气的排气罩一般用1mm 左右的钢板或镀锌钢板咬口制成,下面槽边用 8 号铅丝或∟40×4 角钢加固。其扩散角不宜太大,最好不超过 60°,以使罩面吸气速度分布合理、均匀。

(3)连接件要选用与主料相同的标准件。各部件加工后,尺寸应正确,形状要规则,表面须平整光滑,外壳不得有尖锐的边缘,罩口应平整。

(4)用于排出蒸汽或其他潮湿气体的伞形排气罩,应在罩口内边采取排除凝结液体的措施;回转式排气罩的转动应灵活,回转范围应符合设计要求。拉杆及旋转轴与伞形罩的固定应可靠;升降式排气罩的内外套管应圆整,间隙应均匀,其偏差不应大于 3mm。排气罩的导向管道应平行,钢丝绳固定应牢靠,升降应平稳,密闭罩的本体及部件应密闭,罩与排气柜或设备的接口应严密。检查口或观察口应设置在便于检修和观察的部位。

(5)排气罩的扩散角不应大于 60°。

(6)槽边侧吸罩、条缝抽风罩的制作,尺寸应正确,转角处弧度应均匀,形状应规则,吸入口应平整,罩口加强板分隔间距应一致。

(7)排气罩宜采用不易锈蚀的材料制作,下部集水槽应严密不漏水,并应坡向排放口。罩内油烟过滤器应便于拆卸和清洗。

第三章　风管系统和部件安装

第一节　风管系统安装

一、支、吊架制作与安装

1. 确定标高

以施工设计为依据,以现场具体情况为准则,根据现场的具体情况,按照设计图纸并参照土建基准线确定风管标高、位置、走向并放出安装定位线。

2. 支、吊架制作

标高确定后,按照风管系统所在的空间位置、风管截面的大小等工程具体情况,确定风管支、吊架的形式。支、吊架材料的选用应根据现场支持构件的具体情况和风管的质量确定,可采用扁钢、圆钢、角钢等制作,大型风管构件也可用槽钢制成。

(1)支架的悬臂、吊架的吊铁采用角钢或槽钢制成;斜撑的材料为角钢;吊杆采用圆钢;扁铁用来制作抱箍。

(2)风管支、吊架制作前,首先要对型钢进行矫正,矫正的顺序为先矫正扭曲后矫正弯曲。矫正的方法有冷矫和热矫两种:小型钢材一般采用冷矫正,较大的型钢须加热到900℃左右后进行矫正。

(3)风管支、吊架的型式、材质、加工尺寸、安装间距、制作精度、焊接等应符合设计要求,不得随意更改。

(4)支、吊架型钢采用砂轮切割机切割,切割后用磨光机去除切割处的毛刺,可使用台钻打孔,不得用氧-乙炔焰。支、吊架的焊接应外观整洁,要保证焊透、焊牢,不得有漏焊、欠焊、裂纹、咬肉等缺陷。

(5)吊杆圆钢应根据风管安装标高适当截取,套螺纹不宜过长,螺纹末端不宜超出托盘最低点,不得妨碍装饰吊顶的施工。

(6)矩形金属水平风管在最大允许安装距离下,吊架的最小规格应符合表 3-1 的规定,圆形金属水平风管在最大允许安装距离下,吊架的最小规格应符合表 3-2 规定。

表 3-1　　　　　　　　　　　矩形金属水平风管吊架的最小规格　　　　　　　　　　mm

风管边长 b	吊杆直径	横担规格	
		角钢	槽钢
$b \leqslant 400$	$\phi 8$	∟25×3	[40×20×1.5

（续）

风管边长 b	吊杆直径	横担规格	
		角钢	槽钢
400＜b≤1250	φ8	∟30×3	[40×20×2.0
1250＜b≤2000	φ10	∟40×4	[40×40×2.5 [60×40×2.0
2000＜b≤2500	φ10	∟50×5	
b＞2500	按设计确定		

表 3-2　　　　　　　　**圆形金属水平风管吊架的最小规格**　　　　　mm

风管直径 D	吊杆直径	抱箍规格		角钢横担
		钢丝	扁钢	
D≤250	φ8	φ2.8		—
250＜D≤450	φ8	*φ2.8 或 φ5	25×0.75	—
450＜D≤630	φ8	*φ3.6		—
630＜D≤900	φ8	*φ3.6	25×1.0	—
900＜D≤1250	φ10	—		—
1250＜D≤1600	φ10	—	*25×1.5	∟40×4
1600＜D≤2000	φ10	—	*25×2.0	
D＞2000	按设计确定			

注：1. 吊杆直径中的"＊"表示两根圆钢；

　　2. 钢丝抱箍中的"＊"表示两根钢丝合用；

　　3. 扁钢中的"＊"表示上、下两个半圆弧。

　（7）支、吊架制作后，可根据土建工程的进度做好支架在砖墙或混凝土墙内的预埋工作，支、吊架的预埋件或膨胀螺栓埋入部分不得涂装，且应清除预埋件上的油污，以保证质量。

　（8）风管支、吊架制作完毕后，应进行除锈，刷一遍防锈漆。用于不锈钢、铝板风管的支架，抱箍应按设计要求做好防腐绝缘处理，防止电化学腐蚀。

3. 支、吊架安装

　（1）设置支吊点。支吊点根据支、吊架形式设置，主要有预埋件法、膨胀螺栓法、射钉枪法等。

　1）预埋件法。预埋件法有前期预埋和后期预埋。

　前期预埋一般由预留人员将预埋件按图纸坐标位置和支、吊架间距牢固固定在土建结构钢筋上，这需要在土建的施工前期进行配合。

　后期预埋可在砖墙上埋设支架：根据风管的标高算出支架型钢上表面离地距离，找到正确的安装位置,打出 80mm×80mm 的方洞。打好洞后,用水把墙洞浇湿,并冲出洞内的砖屑。然后在墙洞内先填塞一部分 1∶2 水泥砂浆,把支架埋入,埋入深度一般为 150～200mm。用水平尺校平支架,调整埋入深度,继续填塞砂浆,为方便固定支架,应适当填塞一些浸过水的石块和碎砖,填入水泥砂浆时,为便于土建进行,墙面装修应稍低于墙面;也可在楼板上埋设吊件:首先确定吊卡位置后用冲击钻在楼板上打一透眼,然后在地面剔一个长 300mm、深 20mm 的槽,再将吊件嵌入槽中,用水泥砂浆将槽填平。

2)膨胀螺栓法。膨胀螺栓法的特点是施工灵活、准确、快捷。确定位置后,用电锤先打出与膨胀螺栓配套的孔洞,然后镶入膨胀螺栓即可(图 3-1)。但膨胀螺栓法一般只用于较小管道的安装,不适用于大面积、大风管或者有动荷载的风管固定。

3)射钉枪法。射钉(图 3-2)仅用于周边<800mm 的支管上,特点同膨胀螺栓。

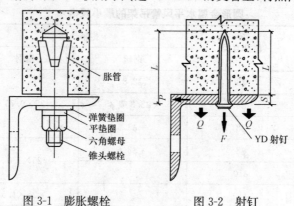

图 3-1　膨胀螺栓　　　　　图 3-2　射钉

4)电锤透孔。在楼板上漏留预埋件时,在确定风管吊杆位置后,用电锤在楼板上打一透孔,并在该孔上端剔一个长 300mm、深 20mm 的槽,将吊杆镶进槽中,再用水泥砂浆将槽填平。

(2)风管支、吊架的加工用料应根据具体情况选择,且必须符合设计要求和国家标准图的要求,见表 3-3。

表 3-3　　　　　　　　　　　　风管支、吊架的加工用料　　　　　　　　　　　　mm

风管直径或长边尺寸	横担	吊杆	吊鼻	膨胀螺栓
$D \leqslant 430$	小于 30	$\phi 8$	小于 50	M8
$430 < D \leqslant 1250$	小于 40	$\phi 10$	小于 50	M10
$1250 < D \leqslant 2000$	小于 50	$\phi 12$	小于 50	M10
$D > 2000$	6	$\phi 12$	小于 50	M12

(3)风管道沿墙壁或柱子敷设时,常采用支架。

1)在砖墙上敷设支架时,应先按风管安装部位的轴线和标高检查预留的孔洞。支架的外形如图 3-3 所示。

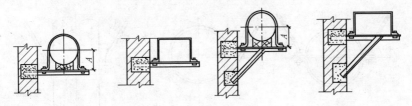

图 3-3　托架的外形

支架安装时,可根据已定的标高,在墙上量出托架角钢面离地的距离,对于矩形风管要量出管底标高,对于圆形风管应按风管中心标高减去风管的半径和木垫或扁钢垫的厚度,如图 3-3 中所示的距离 A。按角钢面离地的距离,用水平尺在墙洞边上画一条水平线,检查预留孔是否合适。如孔洞合适,可直接在墙洞内先填入一部分 $1:2$ 水泥砂浆,埋入支架。埋设时,可把水平尺放在角钢面上,检查支架是否水平,并由另一人在远处用眼检查支架是否放正,如果水平尺上的水泡在中间,支架已经放正,就可以把托架用水泥砂浆填实。在支架找平和填塞水泥砂浆时,可适当填塞一些浸过水的石块、碎砖,便于固定支架。

2)柱面预埋有铁件时,可将支架型钢焊接在铁件上面。如果是预埋螺栓,可将支架型钢紧固在上面,也可以用抱箍将支架夹在柱子上。柱上支架的安装如图 3-4 所示。

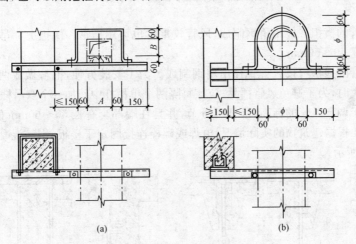

(a)　　　　　　　　　　　　(b)

图 3-4　柱上支架的安装

当风管比较长时,需要在一排柱子上安装支架,这时应先把两端的支架安好,再以两端的支架标高为基准,在两个支架型钢的上表面拉一根铁丝,中间的支架高度按铁丝标高进行,以求安装的风管保持水平。铁丝一定要拉紧。当风管太长时,中间可适当地增加几个支架做基准面,避免铁丝下垂造成太大的误差。

(4)当风管敷设在楼板或桁架下面时,应采用吊架。矩形风管的吊架由吊杆和托铁组成,圆形风管的吊架由吊杆和抱箍组成,如图 3-5 所示。当吊杆(拉杆)较长时,中间加装花篮螺丝,以便调节各杆段长度,便于施工、套丝、紧固。

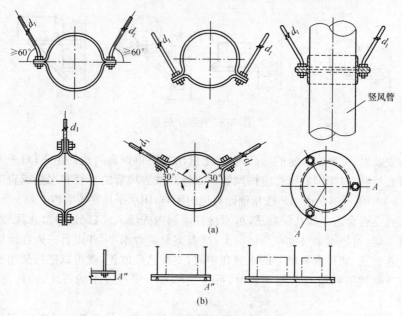

图 3-5　风管吊架图

(a)圆形风管吊架;(b)矩形风管吊架

　　矩形风管的横担一般用角钢制成,风管较重时也可用槽钢。横担上穿吊杆的螺孔距离应比风管宽 40～50mm。

　　圆形风管的抱箍可按风管直径用扁钢制成。为了安装方便,抱箍做成两个半边。单吊杆长度较大时,为了避免风管摇晃,应该每隔两个单吊杆中间加一个双吊杆。

　　为了便于调节风管的标高,吊杆可分节,并且在端部套有长 50～60mm 的丝扣,便于调节。吊杆要根据建筑物的实际情况,电焊或螺栓连接固定于楼板、钢筋混凝土梁或钢梁上,如图 3-6 所示。

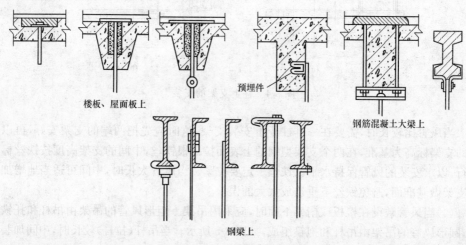

图 3-6　吊架的固定

安装时,需根据风管的中心线找出吊杆的敷设位置,单吊杆就在风管的中心线上,双吊杆可按托铁的螺孔间距或风管中心线对称安装。在楼板上固定吊杆时,应尽量放在楼板缝中,如果位置不合适,可用手锤和尖錾打洞。当洞快打穿时,不要再用力过大,以免楼板的下表面被打掉一大片而影响土建的施工质量。

安装立管卡时,应先在卡子半圆弧的中点画好线,然后按风管位置和埋进墙的深度,先把最上面的一个卡子固定好,再用线坠在中点处吊线,下面的卡子可按吊线进行固定,这样可使风管安装得较垂直。

关键细节 1　风管支架安装数量及间距要求

(1)风管支、吊架间距如无设计要求,对于不保温风管应符合表3-4的要求。对于保温风管,支、吊架间距无设计要求时按表间距要求值乘以 0.85。螺旋风管的支、吊架间距可适当增大。

表 3-4　　　　　　　　　　　　支、吊架间距

圆形风管直径或 矩形风管长边尺寸	水平风管间距	垂直风管间距	最少吊架数
≤400mm	≤4m	≤4m	2 副
≤1000mm	≤3m	≤3.5m	2 副
>1000mm	≤2m	≤2m	2 副

(2)保温风管支架间距应按设计确定。如设计无要求,可按不保温风管的支架间距乘以 0.85 的系数。

关键细节 2　风管支、吊架设置位置注意事项

支、吊架的位置设置不对,支、吊架的间距过大和应设支、吊架的位置未设置(如风管转弯处等),会使风管变形。因此下列位置不得设置支、吊架:

(1)不得设在风口、阀门、检视门处。

(2)吊架不得直接吊在法兰上。

(3)悬吊风管应在适当处设置固定点,防止风管摆动。

(4)矩形风管应设置在保温层外部,不得损坏保温层。风管吊杆离风管侧壁:不保温的为 30mm,保温的为 100mm。防止产生"冷桥"而损失热量。

关键细节 3　风管支、吊架安装注意事项

(1)支、吊架的预埋件或膨胀螺栓的位置应正确、牢固可靠,悬吊风管应在适当处设置防止摆动的固定点。

(2)支、吊架的标高必须正确,如圆形风管管径由大变小,为保证风管中心线水平,支架型钢上表面标高应作相应提高。对于有坡度要求的风管,托架的标高也应按风管的坡度要求安装。

(3)安装在托架上的圆形风管,宜设托座,如图3-7所示,托架用扁钢弯成。当风管直

径 $\phi\leqslant630$mm 时用－30×4(mm)；当 $\phi\leqslant1000$mm 时用－36×5(mm)；当 $\phi>1000$mm 时不能采用这种形式。

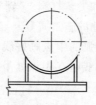

图 3-7　圆形风管在托座上的安装

(4)保温风管不能直接与支、吊及托架接触,应垫上隔热材料,其厚度与保温层相同,防止产生"冷桥"。

二、风管组配

支、吊架安装完毕、复核无误、具备安装条件后,下一步就可以根据安装草图在地面上对风管进行组配。

1. 风管的连接

风管和部件按草图编号组对,复核无误后即可将风管连接成管段。风管的连接长度,应考虑风管的壁厚、法兰与风管的连接方法、安装的结构部位和吊装方法等因素依据施工方案决定。为了安装方便,在条件允许的情况下,尽量在地面上进行连接,一般可接至 10～12m 长。在风管连接时不允许将可拆卸的接口处装设在墙或楼板内。

2. 风管的吊装与找正

根据施工方案确定的吊装方法(整体吊装或一节一节地吊装),按照先干管后支管的安装程序进行吊装。

(1)吊装前,应根据现场的具体情况,在梁、柱的节点上挂好滑车,穿上麻绳,用绳索将风管捆绑结实(塑料风管、玻璃钢风管或复合材料管如需整体吊装,绳索不得直接捆绑在风管上,应用长木板托住风管底部,四周应有软性材料做垫层,方可起吊),然后进行吊装。

(2)开始起吊,先慢慢拉紧起重绳,当风管离地 200～300mm 时,应停止起吊,检查滑车的受力点和所绑扎的麻绳、绳扣是否牢固,风管的重心是否正确。当检查没问题后,再继续起吊到安装高度,把风管放在支、吊架上并加以稳固后,方可解开绳扣。

(3)对于不便悬挂滑车或固定地势限制而不能进行整体(即组合一定长度)吊装时,可将风管分节用麻绳拉到脚手架上,然后再抬到支架上对正法兰逐节进行安装。

(4)风管地沟敷设时,在地沟内进行分段连接。地沟内不便操作时,可在沟边连接,用麻绳绑好风管,用人力慢慢将风管放到支架上。风管甩出地面或在穿楼层时甩头不少于 200mm。敞口应做临时封堵。风管穿过基础时,应在浇灌基础前下好预埋套管,套管应牢固地固定在钢筋骨架上。

3. 风管的密封

风管支、干管连接宜采用整体式三通(四通),图 3-8 所示为整体式正三通的构造。当采用插管式三通（四通）时，如图 3-9 所示。若咬口连接，接口处需打胶密封，咬口缝处易产生孔洞的四个角也要用密封胶及时封堵；若用连接板式插入管板边连接，支管连接板与干管接触部分（包括四个角）应用密封胶进行密封。

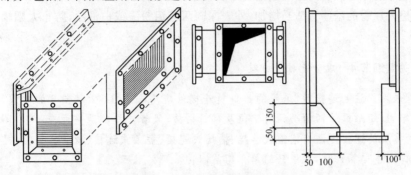

图 3-8　整体式正三通的构造

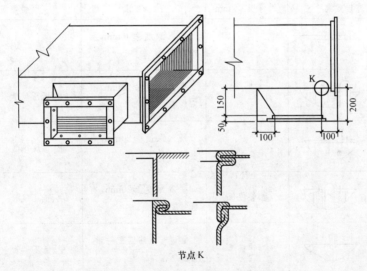

节点 K

图 3-9　矩形插管式三通构造及节点图

（1）塑料风管穿过屋面，应由土建设置保护圈（图 3-10），以防止雨水渗入，并防止风管受到冲击。塑料风管穿出屋面时，在 1m 处应加拉索，拉索的数量不少于 3 根。

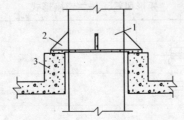

图 3-10　塑料风管保护圈
1—塑料风管；2—塑料支撑；3—混凝土结构

（2）支管的质量不得由干管承担。所以干管上要接较长的支管时，支管上必须设置支、吊、托架，以免干管承受支管的质量而造成破裂现象。

（3）硬聚氯乙烯风管与法兰连接处应该加焊三角支撑。

（4）室外风管的壁厚宜适当增加，外表深刷两道铝粉漆或白油漆，防止太阳辐射使塑料老化。

关键细节 4　风管无法兰连接

风管采用无法兰连接时，风管的接口及连接件应符合表 3-5 及表 3-6 的要求，接口处应严密、牢固，矩形风管四角必须有定位及密封措施，风管连接的两平面应平直，不得错位和扭曲。常用的连接方法有抱箍式连接、插接式连接、插条式连接、软管式连接、芯管式连接、立咬口式连接等六种，这里只简单介绍前四种。

表 3-5　　　　　　　　　　圆形风管无法兰连接形式

无法兰连接形式		附件板厚/mm	接口要求	使用范围
承插连接		—	插入深度≥30mm，有密封要求	低压风管直径＜700mm
带加强筋承插		—	插入深度≥20mm，有密封要求	中、低压风管
角钢加固承插		—	插入深度≥20mm，有密封要求	中、低压风管
芯管连接		≥管板厚	插入深度≥20mm，有密封要求	中、低压风管
立筋抱箍连接		≥管板厚	翻边与楞筋匹配一致，紧固严密	中、低压风管
抱箍连接		≥管板厚	对口尽量靠近不重叠，抱箍应居中	中低压风管宽度≥100mm

表 3-6　　　　　　　　　　矩形风管无法兰连接形式

无法兰连接形式		附件板厚/mm	使用范围
S 形插条		≥0.7	低压风管单独使用连接处必须有固定措施
C 形插条		≥0.7	中、低压风管
立插条		≥0.7	中、低压风管

（续）

无法兰连接形式		附件板厚/mm	使用范围
立咬口		≥0.7	中、低压风管
包边立咬口		≥0.7	中、低压风管
薄钢板法兰插条		≥1.0	中、低压风管
薄钢板法兰弹簧夹		≥1.0	中、低压风管
直角形平插条		≥0.7	低压风管
立联合角形插条		≥0.8	低压风管

注：薄钢板法兰风管也可采用铆接法兰条连接的方法。

（1）抱箍式连接。抱箍式连接主要用于圆形风管连接。将每一管段的两端轧制成鼓筋，并使其一端缩为小口。安装时按气流方向把小口插入大口，外面用钢制抱箍将两个管端的鼓筋抱紧连接，最后用螺栓穿在耳环中固定拧紧，做法如图 3-11(a) 所示。

（2）插接式连接。插接式连接主要用于圆形风管连接。先制作连接管，然后按气流方向把小口插入大口，再用自攻螺丝或拉铆钉将其紧密固定，如图 3-11(b) 所示。

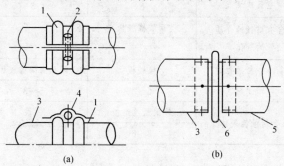

图 3-11　无法兰连接形式

(a)抱箍式连接；(b)插接式连接

1—外抱箍；2—连接螺栓；3—风管；4—耳环；5—自攻螺丝；6—内接管

（3）插条式连接。插条式连接主要用于矩形风管连接。将不同形式的插条插入风管两端然后压实，其形状和接管方法如图 3-12 所示。

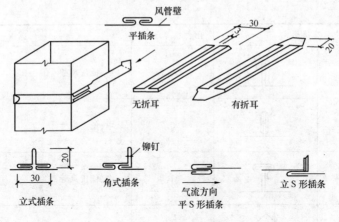

图 3-12 插条式连接

(4)软管式连接。软管式连接主要用于风管与部件(如散流器,静压箱侧送风口等)的相连。安装时,软管两端套在连接的管外,然后用特制软卡把软管箍紧。

关键细节 5 风管法兰连接

(1)垫料选用。采用法兰连接的风管,其密封垫料应选用不透气、不产尘、弹性好的材料,法兰垫料应尽量减少接头。法兰之间的垫料设计无要求时,应按表 3-7 选用。

表 3-7   法兰垫料选用表

应用系统	输送介质	垫料材质及厚度/mm		
一般空调系统及送、排风系统	温度低于 70℃的洁净空气或含尘含湿气体	8501 密封胶带	软橡胶带	闭孔棉橡胶板
		3	3	4~5
高温系统	温度高于 70℃的空气或烟气	石棉绳	耐热橡胶板	—
		8	3	—
化工系统	含有腐蚀性介质的气体	耐酸橡胶板	—	—
		3		
洁净系统	有净化等级要求的洁净空气	橡胶板	闭孔海绵橡胶板	—
		5~8	5~8	
塑料风管	含腐蚀性气体	软聚氯乙烯板	—	—
		3~6		

(2)了解各种垫料的使用范围,避免用错垫料。法兰垫料不能挤入或凸入管内,否则会增大流动阻力,增加管内积尘。

(3)按设计要求确定装填垫料后,把两个法兰先对正,穿上几个螺栓并戴上螺母,暂时不要紧固。然后用尖头圆钢塞进穿不上螺栓的螺孔中,把两个螺孔撬正,直到所有螺栓都穿上后,再把螺栓拧紧。

(4)连接法兰的螺母应在同一侧。不锈钢风管法兰连接的螺栓,宜用同材质的不锈钢制成,如用普通碳素钢标准件,应按设计要求喷涂涂料。铝板风管法兰连接应采用镀锌螺栓,并在法兰两侧垫镀锌垫圈。聚氯乙烯风管法兰连接,应采用镀锌螺栓或增强尼龙螺栓,螺栓与法兰接触处应加镀锌垫圈。

(5)为了避免螺栓滑扣,紧固螺栓时应按十字交叉,对称均匀地拧紧。连接好的风管应以两端法兰为准,拉线检查风管连接是否平直。

三、风管安装

1. 风管安装主要工具

风管系统安装前,应进一步核实风管及送回(排)风口等部件的轴线和标高是否与设计图纸相符,并检查土建预留的孔洞、预埋件的位置是否符合要求。安装所需的主要工具如图 3-13 所示。

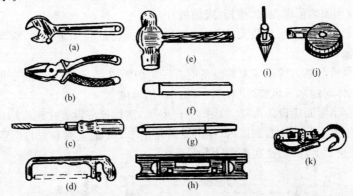

图 3-13　安装工具
(a)活动扳手;(b)钢丝钳;(c)螺丝刀;(d)钢锯;(e)手锤;
(f)扁錾;(g)冲子;(h)水平尺;(i)线锤;(j)钢卷尺;(k)滑轮

2. 风管安装要求

(1)风管内不得敷设电线、电缆以及输送有毒、易燃、易爆的气体或液体的管道。

(2)风管与配件可拆卸的接口,不得装在墙和楼板内。

(3)水平安装的风管,可以用吊架的调节螺栓或在支架上用调整垫块的方法来调整水平。风管安装就位后,可以用拉线、水平尺和吊线的方法来检查风管是否横平竖直。

风管水平安装,水平度的允许偏差每米不应大于 3mm,总偏差不应大于 20mm。风管垂直安装,垂直度的允许偏差,每米不应大于 2mm,总偏差不应大于 20mm。

(4)输送产生凝结水或含有蒸汽的潮湿空气的风管,应按设计要求坡度安装。风管底部不宜设置纵向接触,如有接缝应做密封处理。安装输送含有易燃、易爆介质气体的系统和安装在易燃、易爆介质环境内的通风系统都必须有良好的接地装置,并应尽量减少接口。输送易燃、易爆介质气体的风管,通过生活间或其他辅助生产房间时必须严密,并不得设置接口。

(5)风管穿出屋面应设防雨罩,防雨罩应设置在建筑结构预制的井圈外侧,使雨水不能沿壁面渗漏到屋内,穿出屋面超过 1.5m 的立管宜设拉索固定。拉索不得固定在风管法兰上,严禁拉在避雷针上。

(6)钢制套管的内径尺寸,应以能穿过风管的法兰及保温层为准,其壁厚不应小于 2mm。套管应牢固地预埋在墙、楼板(或地板)内。

3. 固定风管的防护

(1)风管上所采用的金属附件,如支架、螺栓和保护套管等,应根据防腐要求涂刷防腐材料。

(2)风管的法兰垫料应采用 3～6mm 厚的耐酸橡胶板或软聚氯乙烯塑料板。螺栓可用镀锌螺栓或增强尼龙螺栓。在螺栓与法兰接触处应加垫圈增加其接触面,并防止螺孔因螺栓的拉力而受损。

(3)钢制套管的内径尺寸,应以能穿过风管的法兰及保温层为准,其壁厚不应小于 2mm。套管应牢固地预埋在墙、楼板(或地板)内。

(4)硬聚氯乙烯线膨胀系数大,因此支架抱箍不能将风管固定过紧,应当留有一定间隙,以便伸缩。

(5)塑料风管与热力管道或发热设备应有一定的距离,防止风管受热变形。排除会产生凝结水的气体时的水平风管,应有 1%～1.5% 的坡度。

(6)风管穿出屋面应设防雨罩,如图 3-14 所示。防雨罩应设置在建筑结构预制的井圈外侧,使雨水不能沿壁面渗漏到屋内;穿出屋面超出 1.5m 的立管宜设拉索固定。拉索不得固定在风管法兰上,严禁拉在避雷针上。

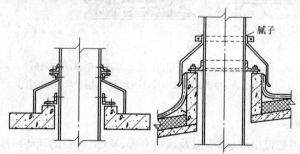

图 3-14　风管穿过屋面的防雨防漏措施示意图

(7)塑料风管穿墙和穿楼板应装金属套管保护。预埋时,钢制套管外表面不应刷漆,但应除净油污和锈蚀。套管外应配有肋板以便牢固地固定在墙体和楼板上。套管风管间应留有 5～10mm 的间隙或者以能穿过风管法兰为度。套管端应与墙面齐平,预埋在楼板中的套管,要高出楼地面 20mm。

关键细节 6　金属风管安装

(1)风管接长吊装。首先应根据现场具体情况,在梁柱上选择两个可靠的吊点,然后挂好链或滑轮,用麻绳将风管捆绑结实。

起吊时,当风管离地 200～300mm 时,应停止起吊,仔细检查链或滑轮受力点和捆绑风管的绳索,绳扣是否牢靠,风管的重心是否正确,然后再继续起吊。

风管放在支、吊架上后,将所有横担和吊杆连接好,确认风管稳固良好,方可以解开绳扣去掉绳子。

(2)风管分节安装。对于风管质量较轻、安装不高及不便悬挂滑轮或因受场地限制不能进行吊装时,可用绳索将风管分节拉到脚手架上,然后抬到支架上对正法兰逐节安装。

(3)当风管敷设在地沟内时,若地沟较宽便于上法兰螺栓,可在地沟内分段进行连接。当不便于上螺栓时,应在地面上连接长些,用麻绳把风管绑好,慢慢放入地沟的支架上。地沟内的风管与地面上的风管连接,或穿越楼层时,为便于和地面上的风管连接,风管伸出地面的接口距地面的距离不应小于 200mm。

安装地沟内的风管,其内部应保持清洁,安装完毕后,露出的敞口应做临时封堵,避免杂物落入。

(4)水平安装的风管可以用吊架上的调节螺栓来找正找平。有保温垫块的风管允许用垫块的厚薄来稍许调整,但不能因调整而取消垫块。风管连接的平直情况用线绳拉线检查,垂直风管用线坠吊线的办法检查。风管出现扭曲时,只能用重新装配法兰的办法调整,风管的水平或坡度用水平尺检查,不能用在法兰的某边多塞垫料的办法来调整。

🖊 关键细节7　硬聚氯乙烯塑料风管安装

(1)硬聚氯乙烯塑料风管的安装方法和程序基本与金属风管相同。但因硬聚氯乙烯塑料本身的特性,对基在运输存放、支架敷设、风管连接及受热膨胀的补偿等方面,在安装时应加以考虑。

(2)硬聚氯乙烯塑料风管安装时一般以吊架为主,也可用支架。安装过程中,风管与支、吊架的接触部分应垫入厚度为 3~5mm 塑料或橡胶板垫片,并用胶粘剂进行胶合,也可将风管安装在木垫板上。

(3)硬聚氯乙烯板的线膨胀系数较大,当风管直管段较长、工作温度与环境温度差异较大时,应每隔 15~20m 设置一个如图 3-15 所示的伸缩节以便伸缩补偿。伸缩节的两端与风管外壁采用焊接连接。当风管伸缩时,由于伸缩节采用的软塑料具有良好的弹性,可起到补偿作用。

(4)由于直管的伸缩必然要影响支管段,因此,与直管相连的支管也应设软接头。软接头如图 3-16 所示。软接头可用厚度为 2~6mm 的软聚氯乙烯塑料板制成。其外形尺寸见表 3-8 所列。

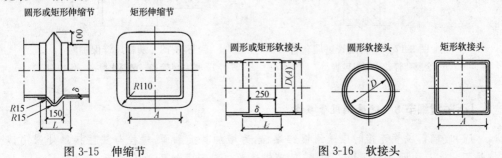

图 3-15　伸缩节　　　　　　　　　　　图 3-16　软接头

表 3-8 伸缩节、软接头尺寸表 mm

序号	圆形风管直径 D	矩形风管周长 S	厚 度 δ	伸缩节 L	软接头 L
1	100～280	520～960	2	230	330
2	320～900	1000～2800	3	270	370
3	1000～1600	3200～3600	4	310	410
4		4000～5000	5	350	450
5		5400	6	390	490

(5)安装的风管应与辐射热较强的设备和热力管道之间留有足够的距离,以免风管受热变形。

(6)在室外安装的硬聚氯乙烯塑料风管,为防止阳光照射,使风管老化,壁厚要适当增大,风管外表面应涂刷两道铝粉漆或白油漆。

(7)硬聚氯乙烯塑料风管过墙壁和过楼板保护。塑料风管穿墙时应装金属套管保护。钢套管的壁厚不应小于2mm。如果套管截面大,其用料厚度也应相应增大。预埋时,钢制套管外表面不应刷漆,但应除净油污和锈蚀。为便于牢固地固定在墙体和楼板上,套管外应配有肋板。套管风管间应留有 5～10mm 的间隙或者以能穿过风管法兰为度,使塑料风管可以自由沿轴向移动。套管端应与墙面齐平,预埋在楼板中的套管,要高出楼地面20mm。穿墙金属套管如图 3-17 所示。

硬聚氯乙烯塑料风管穿过楼板时,为防止楼板与风管的间隙向下渗水,并保护塑料风管免受意外撞击,楼板处应设置保护圈。预埋在楼板中的套管,要高出楼板面30～500mm。风管穿过屋面,为防止室外雨、雪侵入和风管受到撞击也应设置保护圈,如图3-18所示。

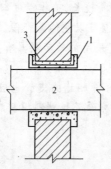

图 3-17 塑料风管过墙套管
1—金属套管;2—塑料风管;3—耐酸水泥

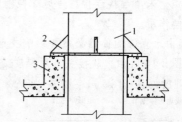

图 3-18 塑料风管保护圈
1—塑料风管;2—塑料支撑;3—保护圈

关键细节8 玻璃钢风管安装

(1)玻璃钢风管连接时应采用镀锌螺栓,为增加其接触面,螺栓与法兰接触处采用镀锌垫圈。法兰中间垫料采用石棉绳,玻璃钢法兰垫料形式如图3-19所示。

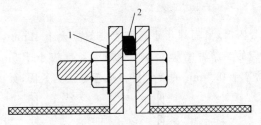

图 3-19　玻璃钢法兰垫料形式
1—垫圈；2—石棉绳

（2）无机玻璃钢风管的自身质量与薄钢板风管相比重得多，因此在选用支、吊架时应根据风管的质量等因素详细计算确定型钢的尺寸。为加大受力接触面，支托架规格要比法兰高一档。风管大边大于2000mm，托盘采用5号槽钢，为加大受力接触面，要求槽钢托盘上面固定一钢板条，规格为100mm（宽）×1.2mm（厚），如图3-20所示。

（3）风管应认真检验，防止不合格的风管进入施工现场。为防止组装后造成过大的偏差，风管各部位的尺寸必须达到要求的数值。

（4）在吊装或运输过程中不能强烈碰撞，不能在露天堆放，避免雨淋或日晒，若发生损坏或变形不易修复，必须重新加工制作。吊装时，不能损伤风管的本体，可用棕绳或专用托架吊装。

（5）为防止风管法兰处开裂，应按风管中心线及安装位置画线安装或风管管段连接时应对正，均匀拧紧螺栓。

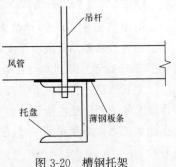

图 3-20　槽钢托架

关键细节 9　复合材料风管安装

（1）复合材料风管的吊架采用角钢为横担，风管与带法兰的镀锌钢板风管及其他部件连接应采用专用的过渡连接件。

（2）风管与风口连接，多采用风口内侧用自攻螺钉连接。风管的管端或风管开口端应镶上口形连接条，然后用自攻螺钉连接。主风管上开口连接支风管时，各自在连接端镶上专用的铝合金法兰条，对准后插入铝合金插条；开口要平直，尺寸误差为1mm。风管连接插入插条后，连接处的四个角的孔洞应用密封胶进行封堵。

当采用法兰连接时，应有防冷桥的措施。

（3）复合材料风管的连接处，接缝应牢固，无孔洞和开裂。当采用插接连接时，接口应匹配、无松动，端口缝隙不应大于5mm。采用法兰连接时，应有防冷桥的措施。

关键细节 10　柔性风管安装

非金属柔性风管安装位置应远离热源设备。柔性风管安装后，应能充分伸展，伸展度宜大于或等于60%。风管转弯处其截面不得缩小。金属圆形柔性风管宜采用抱箍将风管与法兰紧固。

当直接采用螺丝紧固时,紧固螺丝距离风管端部应大于 12mm,螺丝间距小于或等于 150mm。用于支管安装的铝箔聚酯膜复合柔性风管长度应小于 5m。风管与角钢法兰连接,应采用厚度大于或等于 0.5mm 的镀锌板将风管与法兰紧固,如图 3-21 所示。

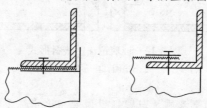

图 3-21　柔性风管与角钢法兰的连接

关键细节 11　净化空调系统风管安装

对于空气洁净系统,严禁使用厚纸板、石棉绳、铅油麻丝及油毛毡纸等易产灰尘的材料。法兰垫料要尽量减少接头,接头必须采用楔形或榫形连接并涂胶粘牢,垫料连接形式如图 3-22 所示。法兰均匀压紧后的垫料宽度应与风管内壁取平。

空气洁净系统的风管安装方法与一般通风、空调系统基本相同。不同之处在于空气洁净系统必须保证在清洁的环境中进行安装,风管内不被污染,并且在管道、电气、风管及土建施工之间必须按照一个合理的程序进行施工,才能保证风管安装后的洁净性和密封性。

净化空调系统风管安装应注意:

(1)在施工安装过程中,各专业必须密切配合,严格按施工程序施工,不得颠倒。

(2)预制加工好的风管,其内部应保持清洁,塑料封口要保持密封状态。风管系统的密封好坏,不仅取决于风管的咬口、组装法兰的风管翻边的质量,而且还取决于法兰与法兰连接的密封垫料。

(3)法兰垫片采用板状截成条状时,应尽量减少接头并在接缝处涂抹密封胶,应做到严密不漏。密封垫片的接头形式如图 3-23 所示。

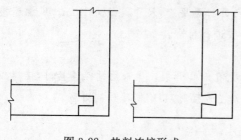

图 3-22　垫料连接形式

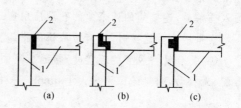

图 3-23　密封垫片的接头形式

(a)对接不正确;(b)梯形接正确;(c)企口接正确

1—密封垫;2—密封胶

为了保证密封垫片的密封性和防止法兰连接时的错位,应把法兰面和密封垫片擦拭干净,涂胶粘牢在法兰上,应注意不得有隆起或虚脱现象。法兰均匀拧紧后,密封垫片内侧应与风管内壁平。

(4)每次吊装的风管总长度应在6~8m范围内,以避免风管在吊装过程中发生变形而降低其严密性。

(5)风管在地面上组装后,必须将两端用塑料布封口,待与系统连接时再将封口拆除。暂时安装完毕的风管系统,也应用塑料布将其两端口封住,以防被空间中的灰尘污染风管内部。

第二节　风管部件安装

一、风口安装

风口一般敷设在顶棚和墙上。各类风口安装应横平、竖直、严密、牢固、表面平整。在无特殊要求情况下,露于室内部分应与室内线条平行。

(1)对于矩形风口,要控制两对角线之差不大于3mm,以保证四角方正;对于圆形风口,则控制其直径,一般取其中任意两互相垂直的直径,使两者的偏差不应大于2mm,这样基本上不会出现椭圆形状。

(2)风口表面应平整、美观,与设计尺寸的允许偏差不应大于2mm。在整个空调系统中,风口是唯一外露于室内的部件,故对它的外形要求要高一些。

(3)多数风口是可调节的,有的甚至是可旋转的,凡是有调节、旋转部分的风口都要保证活动件轻便灵活,叶片平直,同边框不应有碰擦。

(4)室内安装的同类型风口应对称分布,以使风口在室内保持整齐;同一方向的风口,其调节装置应在同一侧。

(5)风口在墙上敷设时,应安装木框。风口通过木框水平安在墙外,水平偏差为3mm。木框与风口应有5mm间隙,并用镀锌螺钉将风口固定。

(6)风口气流吹出的角度,应根据气流组织情况分段进行调整。图3-24所示为风量调整和气流吹出角度的调整。

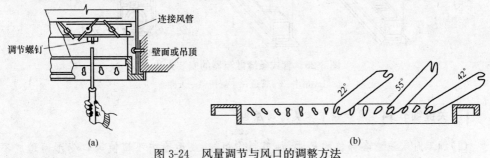

图3-24　风量调节与风口的调整方法
(a)风量调节;(b)风口的调整方法

关键细节 12　矩形联动可调百叶风口安装

矩形联动可调百叶风口可根据是否带风量调节阀来确定安装方法。

(1)带风量调节阀的风口安装。带风量调节阀的风口安装时,应首先安装调节阀框,然后安装风口的叶片框。

1)风口与风管连接时,应在风管伸出墙面部分按照阀的外框条形孔位置及尺寸,剪出 10mm 连接榫头,再把阀框装上,然后安装叶片框。

2)风口直接固定在预留洞上时,应将阀框插入洞内,用木螺钉穿过阀框四壁的小孔,拧紧在预留的木榫或木框上,然后再安装叶片框。叶片框安装时,应将螺丝刀伸入叶片间拧紧螺钉,将叶片框固定在阀框内壁的连接卡子上。

(2)不带风量调节阀的风口安装。不带风量调节阀的风口安装时,应在风管内或预留洞内的木框上,采用铆接或拧紧角形连接卡子,然后再安装叶片框。

风口的风量调节是将螺丝刀由叶片架的叶片间伸入,卡进调节螺钉的凹槽内旋转,这样即可带动连杆,以调节外框上叶板的开启度,达到调节风量的目的。

关键细节 13　散流器安装

各种散流器的风口面应与顶棚平行。顶棚孔与风口大小要合适并保持严密。有调节和转动装置的风口,安装后要求保持原来的灵活程度。

(1)方、圆形散流器可与风管直接连接,也可直接固定在预留洞的木框上,其安装方法与百叶风口的安装方法相同。

(2)管式条缝散流器的安装如图 3-25 所示,应按下列步骤进行:

1)把内藏的圆管卸下,即可将旋钮向风口中部用力旋转取下。

2)在风口壳上装吊卡及螺栓,将吊卡旋转成顺风口方向,整体进入风管,再将吊卡旋转 90°搁在风管台上,旋紧固定螺栓。

3)将内藏圆管装入风口壳内。

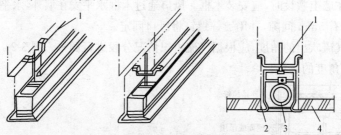

图 3-25　管式条缝散流器的安装方法

1—吊卡;2—管道;3—旋钮;4—天棚

关键细节 14　风口调节不灵活的原因

(1)加工时未注意各部位的尺寸,加工制作粗糙,或运输中不慎使风口变形而造成不灵活。

（2）活动部分如轴、轴套的配合尺寸应松紧适当，为防止生锈，装配好后应加注润滑油，百叶式风口两端轴的中心应在同一直线上。散流器的扩散环和调节环应同轴，轴向间距分布均匀。

（3）涂漆会将活动部位漆住而影响调节，所以最好在装配前进行。

（4）插板式活动算板式风口，其插板、算板应平整，边缘光滑，抽动灵活。活动算板式风口组装后应能达到完全开启和闭合。

（5）由于在运输过程中和安装过程中都可能变形，即使微小的变形也可能影响调节。因此在风口安装前和安装后应扳动一下调节柄或杆。

二、风阀安装

风阀安装与风管安装相同。安装前应检查框架结构是否牢固，调节制动、定位等装置应准确灵活，在安装时，将风阀的法兰与风管或设备上的法兰对正，加上密封热片上紧螺丝，使其连接得牢固、严密。

（1）通风空调系统的多叶调节阀、三通阀、蝶阀、插板阀、防火阀、排烟阀、止回阀等调节装置，应安装在便于操作部位。安装在高处的阀门也要使其操作装置处于离地面或平台1～1.5m处。

（2）安装时，应注意风阀的气流方向，应按风阀外壳标准的方向安装，不得装反，风阀的开启方向、开启程度应在阀体上有明显的标志。

（3）止回阀宜安装在风机的压出管段上，开启方向必须与气流方向一致。止回阀阀轴必须灵活，阀板关闭应严密，铰链和转动轴应采用不易锈蚀的材料制作。

（4）排烟阀及手控装置的位置应符合设计要求，预埋管不得有死弯及瘪陷。排烟阀安装后应作动作试验，手动、电动操作应灵敏、可靠，阀板关闭时应严密。防爆系统的部件必须严格按照设计要求制作，所用的材料严禁代用。

（5）输送灰尘和粉屑的风管，不应使用蝶阀，可采用密闭式斜插板阀。除尘系统的斜插板阀应安装在不积尘的部位。水平管安装时，插板应顺气流安装；垂直管安装时，插板应逆气流安装。

（6）余压阀安装。为使室内气流在静压升高时流出，应注意阀板的平整和重锤调节杆不受撞击变形，使重锤调整灵活。余压阀应装在洁净室的墙壁下方，并保证阀体与墙壁连接后的严密性，而且注意阀板位置处于洁净室的外墙。余压阀的安装如图3-26所示。

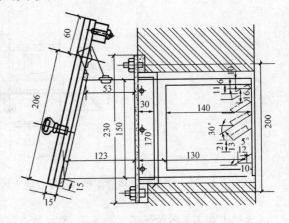

图3-26　余压阀的安装

（7）风阀在安装完毕后，应在阀体外部明显地标出"开"和"关"的方向及开启程度。对保温系统为便于调试和管理,应在保温层外面设法做标志。

关键细节 15　防火阀安装

防火阀是通风空调系统中的安全装置,要保证在火灾时起到关闭和停机的作用。

(1)防火阀有水平、垂直、左式和右式之分,安装时应根据设计图纸要求进行。

(2)易熔件应为批准的正规产品,检验以水浴中测试为主。其熔点温度应符合设计要求,允许偏差为−2℃,易熔件应设置在阀板迎风面,在安装前应试验阀板关闭是否灵活和严密,为防止损坏,易熔件应在安装工作完成后再装。易熔片应在系统安装后,系统试运转之前再安装,以防止防火阀易熔片脱落。

(3)防火阀安装要独立设立吊杆、支撑与支座,而且必须采用双吊杆。吊杆、支撑与支座应牢固可靠,为防止阀体转动,零件卡涩、失灵,安装后的防火阀横平竖直,不得歪扭。

(4)风管垂直或水平穿过防火区时,其防火阀安装的方法应按图 3-27 和图 3-28 所示进行。

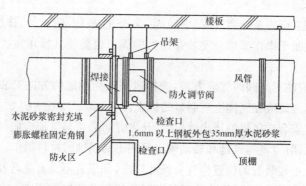

图 3-27　风管垂直方向穿过防火区时防火阀安装示意图

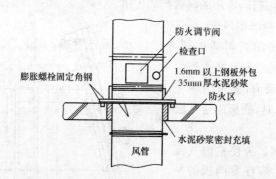

图 3-28　风管水平方向穿过防火区时防火阀安装示意图

为防止在高温的情况下风管变形,影响防火阀的性能,风管与防火阀连接部分必须用角钢与墙或楼板固定,并将风管外表面涂抹 35mm 厚的水泥砂浆,此外,风管穿过墙体或楼板时,同样用水泥砂浆密封充填。

(5)防火阀楼板吊架安装时一定要使双吊杆生根牢固,保证吊杆调节螺杆质量,且有足够的调节长度,如图 3-29 所示。防火阀楼板钢支座安装如图 3-30 所示。

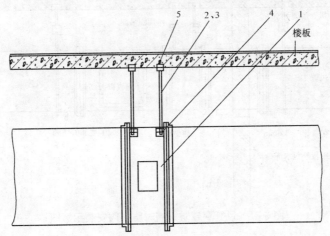

图 3-29　防火阀楼板吊架安装

1—防火阀;2、3—吊杆与螺母;4—吊耳;5—楼板吊件

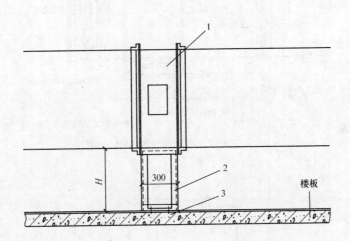

图 3-30　防火阀楼板钢支座安装

1—防火阀;2—钢支座;3—膨胀螺栓

(6)风管穿越防火墙时防火阀的安装。在墙洞与防火阀间用水泥砂浆密封,如图 3-31 所示。

(7)变形缝处安装防火阀时,要求穿墙风管与墙之间保持 50mm 距离,并用柔性非燃烧材料充填密封,保持一定的弹性,如图 3-32 所示。

(8)风管穿越楼板防火阀安装时,要求穿越楼板的风管与楼板的间隙用玻璃棉或矿棉填充,外露楼板上的风管用铁丝网和水泥砂浆抹保护层,如图 3-33 所示。

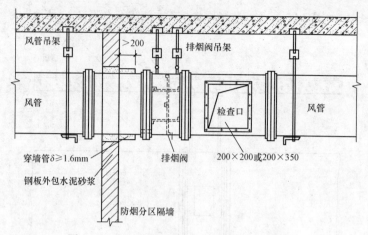

图 3-31　风管穿越防火墙时防火阀安装示意图

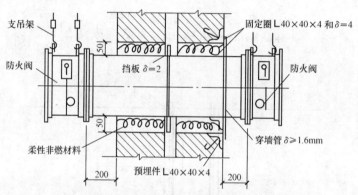

图 3-32　变形缝处防火阀安装示意图

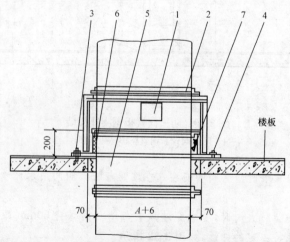

图 3-33　风管穿越楼板时防火阀安装示意图

1—防火阀；2—固定支座；3—膨胀螺栓；4—螺母；

5—穿楼板风管；6—玻璃棉或矿棉；7—保护层

关键细节 16　排烟口与送风口安装

排烟口安装在排烟系统中,平时呈关闭状态,发生火灾时借助于感烟、感温器能自动开启排烟阀门。

(1)排烟口与送风口在竖井墙上安装。排烟口与送风口在竖井墙上安装前,在混凝土框内应预埋角钢框。预留洞尺寸见表 3-9,其预留洞如图 3-34 所示。

表 3-9　　　　　　　　　　排烟口、送风口预留洞尺寸　　　　　　　　　　mm

排烟口、送风口规格 $A \times B$	500×500	630×630	700×700	800×630	800×800	1000×630
预留洞尺寸 $a \times b$	765×515	895×645	965×715	1065×645	1065×815	1265×645
排烟口、送风口规格 $A \times B$	1000×800	1000×800	1250×630	1250×1000	1600×1000	—
预留洞尺寸 $a \times b$	1265×815	1265×1015	1515×645	1515×1015	1865×1015	—

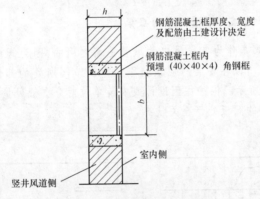

图 3-34　排烟口、送风口预留洞

排烟口与送风口安装时应先制作钢板安装框,安装框与预留混凝土角钢框连接,最后将排烟风口与送风口插入安装框中并固定。排烟口和送风口如与风管连接,钢板安装框一侧应将风管法兰钻孔后配钻连接,如图 3-35 所示。

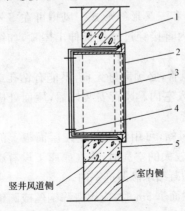

图 3-35　排烟口与送风口在竖井墙上安装示意图
1—钢筋混凝土框;2—排烟口或送风口;3—钢板安装框;4—螺栓;5—角钢框

（2）排烟口在吊顶内安装时,在易检查阀门开闭状态和进行手动复位的位置开设检查口。检查口应设在顶棚面或在靠墙面处,如图 3-36 所示。

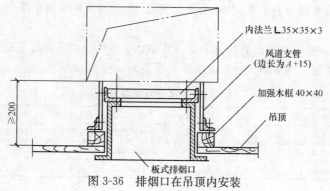

内法兰 L35×35×3

风道支管
（边长为 A+15）

加强木框 40×40

吊顶

板式排烟口

图 3-36　排烟口在吊顶内安装

关键细节 17　分支管风量调节阀安装

分支管风量调节阀是作为各送风口的风量平衡之用的,因为阀板的开启程度靠柔性钢丝绳的弹性来调节,所以在安装时应该特别注意调节阀所处的部位。分支管风量调节阀安装部位如图 3-37 所示。但往往因设计或安装单位对分支管风量调节阀性能不甚了解而错误地安装,使风阀的阀板处于全关状态,如图 3-38 所示。

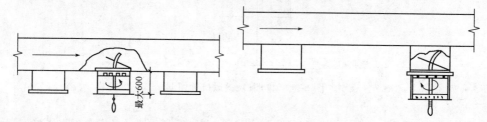

图 3-37　分支管风量调节阀安装部位　　图 3-38　分支管风量调节阀安装的错误部位

三、风帽安装

风帽有伞形、锥形、筒形和三叉形等形式。风帽可在室外沿墙绕过檐口伸出屋面,或在室内直接穿过屋面板伸出屋顶,如图 3-39所示。

（1）穿过屋面板安装的风管,必须完好无损,不能有钻孔或其他创伤,以防止使用时雨水漏入室内。风管安装好后,屋面处应装设防雨罩,防雨罩与接口应紧密。

（2）不连接风管的筒形风帽,可用法兰固定在屋面板上的混凝土或木底座上。当排送湿度较大的空气时,应在底座下设有滴水盘并有排水装置,以避免产生的凝结水滴漏进室内。

（3）风帽装设高度高出屋面 1.5m 时,应用镀锌钢丝或圆钢拉索固定,以免被风吹倒,拉索不应少于三根,以便固定风帽,拉索可加花篮螺栓拉紧并在屋面板上预留的拉索座上固定。

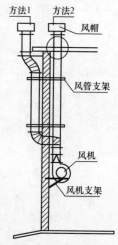

方法1　方法2

风帽

风管支架

风机

风机支架

图 3-39　风帽安装

四、柔性管安装

1. 柔性短管安装

柔性短管常用于风机与空调器、送回风管间的连接,也用在空气洁净系统,用于高效过滤器风口与支风管出口的连接。为隔离或减少系统的机械振动,常设于风机的出入口或其他设备与风管的连接处。

(1)柔性短管除施工现场制作外,还有定型的产品,它是由金属(铝箔、镀锌薄钢板、不锈钢薄板)和涂塑化纤织物,聚酯、聚乙烯、聚氯乙烯薄膜为管壁材料,采用机械缠绕工艺,以金属螺旋线咬接而成。其特点是结构新颖、质轻性柔、耐腐防霉等。

(2)柔性短管的安装应松紧适当,不能扭曲。安装在风机吸入口的柔性短管为防止风机启动被吸入而减小截面尺寸,可装得绷紧一些,不能把柔性短管当成找平找正的连接管或异径管。

2. 柔性风管安装

常用的柔性风管有铝合金薄板带缠绕成形咬口、镀锌薄钢带缠绕成形咬口、薄不锈钢带缠绕成形咬口及玻纤网、聚酯膜铝箔复合料用金属螺旋线咬口、玻纤涂塑布用金属螺旋线咬口缠绕成形。此外,还有带隔热层和微穿孔消声管的特殊用途的柔性风管。

(1)柔性风管作为空调系统的支管与风口连接时,由于受空间位置的限制,可折成一定的弯度,不需要施加拉力而舒展。

(2)柔性风管在水平或垂直安装时,应使管道充分地伸展,以确保柔性风管的直线性。一般应在管道端头施加150N拉力使管道舒展。

(3)柔性风管的直管连接、柔性风管与螺旋风管或薄钢板风管开三通连接,及柔性风管与异形管件连接等,可按图3-40所示的方法进行安装。

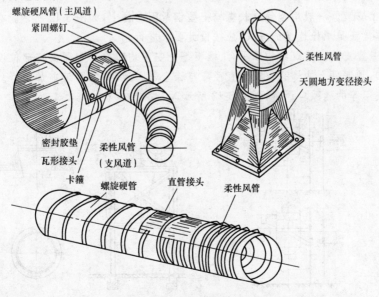

图 3-40　柔性风管的连接

五、除尘器安装

(1)基础验收。除尘器安装前,对设备基础进行全面检查,外形尺寸、标高、坐标应符合设计要求。大型除尘器安装前,尚应对基础进行水平度测定。

(2)运输除尘器时,应保持外包装完好。

(3)除尘器设备整体吊装时,应直接放置在基础上,用垫铁找平、找正。

(4)除尘器设备的进口和出口方向应符合设计要求。人孔盖及检查门应压紧不得漏气。

(5)除尘器的安装方式应按照说明书进行,引风机入口要连接除尘器芯管法兰,引风机出口连接至烟道,通过烟囱将灰尘排入大气中。

关键细节 18　除尘器不同位置安装方法

除尘器安装时需要用支架或其他结构物来固定。支架根据除尘器的类型、安装位置不同,可分为墙上、柱上、砖基座、立架上安装。

(1)墙上安装。如果没有在墙上安装的结构件设计,在砖墙上安装支架之前应首先办理"工程施工变更核定单",由建设、设计单位人员签字盖公章后方可施工。一般需根据墙壁所能承受力的情况来确定,墙厚240mm 及其以上方能设支架,支架的形式如图 3-41 所示。支架应平整牢固,待水泥达到规定的强度后方可安装除尘器。

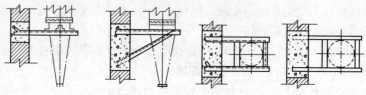

图 3-41　墙上安装支架

(2)柱上安装。一般用抱箍或长螺栓把型钢紧固在柱上,如图 3-42 所示。在钢柱上固定是采用焊接还是螺栓连接的方式,应按设计要求进行。

(3)砖基座安装。建筑结构如平台、楼板等处安装均应在除尘器固定部位设置预埋件(或预埋圈),预埋件上的螺孔位置和直径应与除尘器一致,并在预埋前加工好。砖砌结构支座及除灰门等的缝隙应严密,如图 3-43 所示。

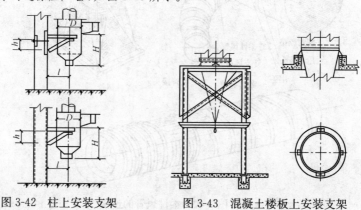

图 3-42　柱上安装支架　　　　图 3-43　混凝土楼板上安装支架

（4）立式支架安装。立式支架一般用于安装在室外的除尘器，支架的设置应便于泄水、泄灰和清理杂物。支架的底脚下面常设有砖砌或混凝土浇筑的基础，支架应用地脚螺栓固定在基础上，如图 3-44 所示。中小型除尘器可整体安装，大型除尘器可以分段组装。

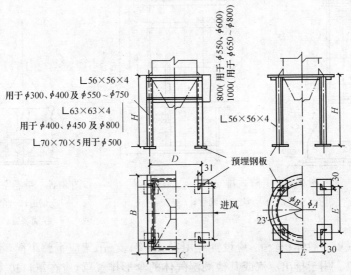

图 3-44　地面上安装钢支架

六、局部排气部件安装

局部排气一般通过排气罩来实现，根据局部排气的工艺要求，有各种形式的排气罩，如图 3-45～图 3-47 所示。

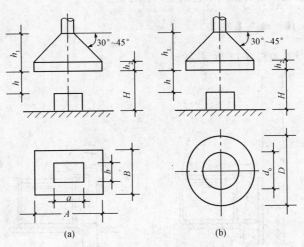

图 3-45　伞形罩

(a)矩形伞形罩；(b)圆形伞形罩

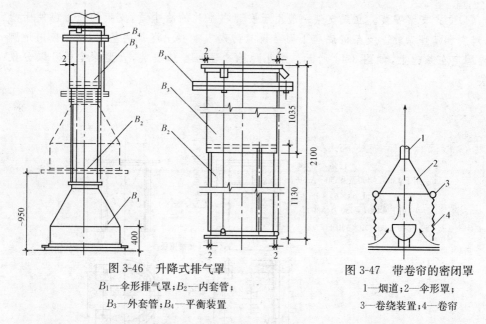

图 3-46　升降式排气罩
B_1—伞形排气罩；B_2—内套管；
B_3—外套管；B_4—平衡装置

图 3-47　带卷帘的密闭罩
1—烟道；2—伞形罩；
3—卷绕装置；4—卷帘

局部排气罩一般体积较大，应设置专用支、吊架；支、吊架应平整牢固，不得设置在影响操作的部位。用于排出蒸汽或其他潮湿气体的伞形排气罩，应在罩口边采取排凝结液体的措施。

局部排气系统的排气柜、排气罩、吸气漏斗及连接管等，为满足工艺的要求，必须在工艺设备就位并安装好以后再进行安装，安装时各排气部件应固定牢固，调整至横平竖直，外形美观，外壳不应有尖锐的边缘。

罩子的安装高度对其实际效果影响很大，如果不按设计要求安装，将不能得到预期的效果。安装的位置应不妨碍生产工艺设备的操作。

关键细节 19　排气罩安装

排气罩布置形式如图 3-48 所示。

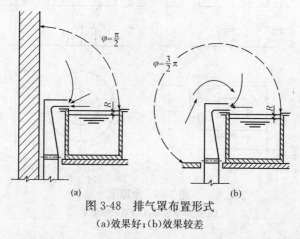

图 3-48　排气罩布置形式
(a)效果好；(b)效果较差

　　安装排气罩时应注意：

　　(1)伞形罩的扩张角 φ 不大于 $60°$。

　　(2)回转式转动应灵活，旋转范围适应局部排风要求，旋转轴、伞形罩及拉杆固定装置牢靠。

　　(3)升降式的内外套管必须圆整，间隙均匀，偏差不大于 3mm。导向滑道平行升降平稳，固定钢丝绳装置应牢固。

　　(4)密闭罩的本体及部件封闭严密，罩与排气框(或其他设备)接口严密。检查口设在便于检查和观察的位置。

第四章　通风与空调设备安装

第一节　通风机安装

一、通风机拆箱和搬运

1. 通风机的拆箱

通风机开箱检查时,应根据设计图纸核对名称、型号、机号、传动方式、旋转方向和风口位置等内容。通风机符合设计要求后,应对通风机进行下列检查:

(1)根据设备装箱清单,核对叶轮、机壳和其他部位的主要尺寸,进风口、出风口的位置等是否与设计相符。

(2)叶轮旋转方向应符合设备技术文件的规定。叶轮(或转子)的平衡品质等级应符合《通风机转子平衡》(JB/T 9101—1999)的规定,皮带轮的平衡品质等级不得超过6.3mm/s。

(3)进风口、出风口应有盖板严密遮盖,以防止尘土和杂物进入。检查各切削加工面、机壳的防锈情况和转子是否发生变形或锈蚀、碰损等,如有以上情况,应会同有关单位研究处理。

(4)检查通风机叶轮和进气短管的间隙,用手盘动叶轮,旋转时叶轮不应和进气短管相碰。

(5)通风机安装所使用的减振器等部件都要有出厂合格证或质量鉴定文件。

2. 通风机的搬运

在搬运和吊装过程中要注意以下几点:

(1)大型风机设备搬运应配有起重工,设专人指挥,使用的工具及绳索必须符合安全要求。

(2)整体安装的通风机,搬运和吊装的绳索不能捆绑在机壳和轴承的吊环上。与机壳边接触的绳索,为防止磨损机壳及绳索被切断,在棱角处应垫好柔软的材料。

(3)解体安装的通风机,绳索捆绑不能损坏主轴、轴衬的表面和机壳、叶轮等部件。

(4)对输送特殊介质的通风机的叶轮和机壳内涂敷的保护层,在搬运吊装过程中不得损坏。

(5)为了使通风机吊装时不与建筑物相碰,应当另绑牵引绳控制方向,以操持平稳。

(6)搬动时不应将叶轮和齿轮轴直接放在地上滚动或移动。

3. 通风机的拆卸、清洗、装配

通风机的拆卸过程中应注意以下几点：

(1)风机安装前,应将机壳和轴承箱拆开并将叶轮卸下清洗,但直联传动的通风机可不拆卸清洗。润滑、密封管路应进行除锈、清洗处理。

(2)风机轴承充填的润滑剂,其黏度应符合设计要求,不应使用变质或含杂质的润滑剂。煤油或汽油清洗轴承时严禁吸烟或用火,以防发生火灾。

(3)清洗和检查调节机构,装配后使其转动、调节灵活。

(4)各部件装配精度应符合产品技术文件的要求。

二、通风机安装程序

1. 基础验收

(1)根据设计图纸、产品样本或风机实物对设备基础的外形尺寸、位置、标高及预留孔洞等进行检查,检查是否符合要求。

(2)风机安装前应在基础表面铲出麻面,以便二次浇注的混凝土或水泥砂浆面层与基础紧密接合。

2. 电动机安装

电动机应水平安装在滑座上或固定在基础上。电动机的找正找平应以装好的通风机为准。当用三角皮带传动时,电动机可在滑轨上进行调整,滑轨的位置应保证通风机和电动机的两轴中心线相互平行,并水平固定在基础上。滑轨的方向不能装反。电动机常用的滑轨外形如图4-1所示,滑轨尺寸见表4-1。安装在室外的排通风机,应装设防雨罩。

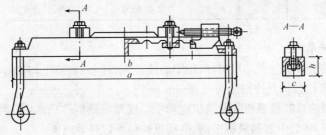

图4-1　电动机滑轨

表 4-1　　　　　　　　　　　　　滑轨尺寸　　　　　　　　　　　　　　mm

代号	a	b	c	h	地脚螺栓	备注
3912—013	440	410	42		36	
3912—014	510	470	50	45	M12×200	
3912—015	670	620	72	55	M16×250	地脚螺栓 2套
3912—016	770	720	75	60	M16×250	
3912—017	930	870	105	70	M20×300	

3. 皮带轮找正

用三角皮带轮传动的通风机,在安装电动机时,为保证电动机和通风机的轴线相互平行,要对电动机上的皮带轮进行找正,使两个皮带轮的中心线相重合,三角皮带被拉紧。其找正方法可按以下顺序进行:

(1)把电动机用螺栓固定在电动机的两根滑轨上,注意不要把滑轨的方向装反。将两根滑轨相互平行并水平放在基础上。

(2)移动滑轨,调整皮带的松紧程度。

(3)两人用细线拉直,使线的一端接触图 4-2 所示通风机皮带轮轮缘的 A、B 两点。调整电动机滑轨,使细线的另一端也接触电动机皮带轮轮缘的 C、D 两点。这样 A、B、C、D 四点同在一条直线上,通风机的主轴中心线和电动机轴的中心线平行。两个皮带轮的中心线亦可重合。

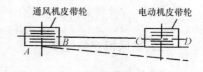

图 4-2　皮带轮找正

(4)电动机可在滑轨上进行调整,使三角皮带松紧程度适宜。一般用手敲打已装好皮带的中间,稍有弹跳,或用手指压在两个皮带上,能压下 2cm 左右就算合格。

皮带轮找正后的允许偏差,必须符合表 4-2 的规定。三角皮带传动的通风机和电动机轴的中心线间距和皮带的规格应符合设计要求。

表 4-2　　　　　　　　　通风机安装允许偏差　　　　　　　　　　　mm

中心线的平面位移	标　高	皮带轮轮宽中心平面位移	传动轴水平度		联轴器同心度	
			纵　向	横　向	径向位移	轴向倾斜
10	±10	1	0.2/1000	0.3/1000	0.05	0.2/1000

4. 联轴器安装

联轴器连接通风机与电动机时,两轴中心线应该在同一直线上,其轴向倾斜允许偏差为 0.2‰,其径向位移的允许偏差为 0.05mm。

找正联轴器的目的是要消除通风机主轴中心线和电动机传动轴中心线的不同心度和不平行度。否则,将会引起通风机振动、电动机和轴承过热等现象。

联轴器在安装过程中可能出现以下几种情况:

(1)两中心线完全重合,这是最理想的情况;

(2)两轴的中心线平行但不同心,有径向位移;

(3)两中心线不平行,有轴向倾斜;

(4)既有径向位移,又有轴倾斜,这是安装中常见的情况。

关键细节 1　小型离心式通风机安装

一般小型的通风机均采用直联式,即通风机的叶轮直接固定在电动机轴上,机壳直接固定在电动机的端头法兰上。小型直联式离心式通风机的安装形式主要有在墙体支架上安装、在柱体上安装、在混凝土基础上安装等。

(1)小型离心式通风机在墙体支架上安装。5 号以下的直联式传动离心式通风机在墙体上的安装有四种形式,如图 4-3 所示。在墙体上安装使用的支架横梁不仅要有足够的强度,而且要有足够的长度尺寸;二者距墙必须保持一定距离以保证安装紧固电动机底座与风机出口法兰螺栓的便利。

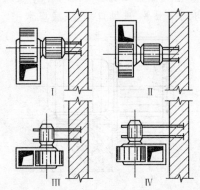

图 4-3　离心式通风机在墙体支架上的安装形式

支架安装牢固后,将减振橡胶板置放在支架横梁上,并使两者螺孔对正。把风机吊起高出横梁平面后,使电动机底座螺孔对正横梁孔徐徐落下,由横梁向上穿出螺栓并戴上螺母,待全部穿入螺栓孔后,按设计选用的防振止退措施,最后将螺母对角拧紧。再次用水平尺检验风机进风口的垂直度、出风口的水平度,并用手盘动风机叶轮,使其转动灵活,并不得擦碰或有卡涩现象。

(2)小型离心式通风机在柱体上安装。常见的柱体有混凝土柱体与砖柱体。安装风机的支架主要靠四根双长头螺栓、螺母锁紧固定,如图 4-4 所示。支架制作前,一定要到现场对实际柱体进行测量,并以实测的尺寸结合设计或标准图集的尺寸,并对各部分尺寸作适当调整。

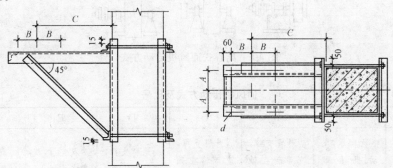

图 4-4　离心式通风机在混凝土柱体支架上的安装

(3)小型离心式通风机在混凝土基础上安装。地脚螺栓预留孔洞清理后,将地脚螺栓置放其中,并在基础平面上放上减振橡胶板条。然后将风机抬起,使电动机底座四个孔对正基础孔洞落下,地脚螺栓穿过橡胶垫,穿过电动机底座孔后,放入平垫与弹簧垫并戴上螺母,使螺纹高出螺母 1~2 扣。

用撬杠将风机拨正,校对轴线后,用水平尺校验风机出风口水平度与进气口的垂直度。风机安装合格后,用 1：2 水泥砂浆并应有适量石块浇筑,捣实地脚螺栓孔洞。待水泥砂浆凝固后将螺母上紧,并再次校验风机垂直度与水平度及叶轮转动情况,如图 4-5 所示。安装后的风机应保持出风口水平、进风口垂直、底座水平。

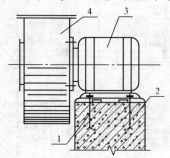

图 4-5　直联风机在基础上的安装
1—地脚螺栓;2—基础;3—电动机;4—风机

关键细节2　大中型离心式通风机安装

大中型离心式通风机有带轮传动和联轴器传动两种方式,如图 4-6 所示。通风机传动方式及代号,见表 4-3。

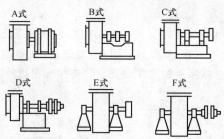

图 4-6　离心式通风机传动方式

表 4-3　　　　　　　　　　通风机传动方式及代号

代号	A	B	C	D	E	F
离心式通风机	无轴承,电动机直联传动	悬臂支撑,皮带轮在轴承中间	悬臂支撑,皮带轮在轴承外侧	悬臂支撑,联轴器传动	双支撑,皮带在外侧	双支撑,联轴器传动
轴流式通风机	无轴承,电动机直联传动	悬臂支撑,皮带轮在轴承中间	悬臂支撑,皮带轮在轴承外侧	悬臂支撑,联轴器传动(有风筒)	悬臂支撑,联轴器传动(无风筒)	齿轮传动

(1)风机组装。较大型的离心式通风机,由于通风机的部件较大,制造厂不能整体供

应,在现场进行机械总装时,要进行拆卸、清洗、轴瓦研刮等多项工作,离心式通风机总装后,其间隙、叶轮、主轴和轴承等都应符合相关规定。安装时要把这些部件和电动机装配成一体。

1)通风机各部件:要由安装钳工进行拆卸、清洗、轴瓦研刮等工作。

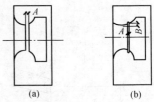

2)间隙:这里指的是叶轮和集流器喇叭口的交接间隙,如图4-7所示。在总装通风机时,只要叶轮和喇叭口不发生摩擦,应尽量减少这个间隙。因为如果这一间隙过大,由于机壳内与进口之间有压力差,机壳内的气流就会通过间隙返回叶轮进口,形成泄漏损失,降低通风机的效率。

图 4-7　离心式通风机的叶轮
与进风口喇叭间隙示意图
(a)对口交接;(b)套口交接

3)叶轮:叶轮装配不好,就会出现运动不平衡,产生振动、噪声并出力减少。

为了确保叶轮的正常运转,叶轮的跳动不应超过表4-4的规定值。

表 4-4　　　　　　　　　　叶轮径向和轴向跳动允许值　　　　　　　　　　mm

叶轮直径	≥200～600	600～1000	1000～1400	1400～2000	2000～2600	2600～3200
后盘、前盘径向跳动	1.5	2.0	3.0	3.5	4.0	5.0
后盘轴向跳动	1.5	2.5	3.5	4.0	5.0	6.0
前盘轴向跳动	2.0	3.0	4.0	5.0	6.0	7.0

4)主轴:通风机的主轴在包装、运输及安装过程中,要避免碰撞和损伤,总装前要仔细检查,要求主轴表面不许有裂纹和凹痕;主轴弯曲的最大挠度不超过轴长的万分之三至万分之五。轴承盖与轴瓦间应保持0.03～0.07mm的过盈(测量轴瓦的外径和轴承座的内径)。

5)轴承:经不少于2h的运转后,滑动轴承温升不超过35℃,最高温度不超过70℃;滚动轴承温升不超过40℃,最高不超过80℃。

(2)安装大型离心式通风机,一般按下列程序进行:

1)先把机壳与轴承座吊放在基础上,穿上地脚螺栓,把机壳摆正,暂不固定。

2)把叶轮、轴承箱和皮带轮的组合体也吊放在基础上,并把叶轮套入机壳内的主轴上,穿上轴承箱地脚螺栓。装好机壳侧面圆孔的盖板,再把电动机吊装在基础上。

3)对轴承箱组合件进行找正找平。找正可用大平尺,检查风机主轴中线与基础中线是否平行,如果偏斜可用撬杠拨正。找平可用方水平放在皮带轮上检查,低的一面可加斜垫铁垫平,应使传动轴保持在允许偏差范围以内。

轴承箱找正找平后作为机壳和电动机找正找平的标准,轴承座的轴心不能低于机壳的中心和电动机中心。轴承座找平找正后就不要再动,最好先灌浆固定。

4)机壳的找平找正以叶轮为标准,要求机壳的壁面和叶轮后盘平面平行,机壳的轴孔中心与叶轮中心重合,机壳的支座法兰面保持水平,如图4-8所示。

机壳找正找平的同时，机壳的集流器喇叭口与叶轮不得摩擦相碰，并且间隙符合要求。通风机的叶轮停止旋转后，每次不应该停留在原来的位置上。

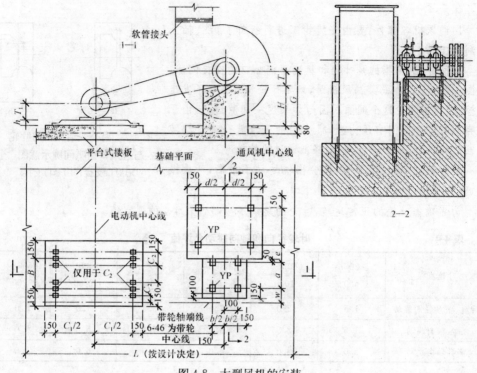

图 4-8　大型风机的安装

5) 当风机采用联轴器传动时，电动机应按已装好的风机进行找正找平，找正找平可利用联轴器来进行，如图 4-9、图 4-10 所示。当采用皮带传动时，电动机可先用螺钉固定在两根滑轨上，两根滑轨应互相平行而且水平固定在基础上。通过拨动电动机、移动滑轨位置来进行皮带轮找正。

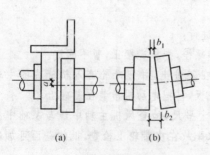

图 4-9　联轴器找正找平
(a)径向偏差；(b)倾斜偏差

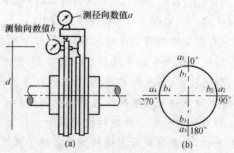

图 4-10　用百分表测量联轴器的不同轴度
(a)专用工具测量；(b)记录形式

6) 风机机壳和叶轮轴承箱接合件及电动机找正找平后，可用水泥砂浆浇筑地脚螺栓孔，并应在机座下填入水泥砂浆。待水泥砂浆凝固后，再上紧地脚螺栓，地脚螺栓应带有垫圈和防松螺母。

7)再次对风机进行平、正度检查,若有不平,一般稍加调整即能满足要求。

关键细节3　离心式通风机进出口接管做法

离心式通风机进、出风口处的动压较大,动压值越大,局部阻力就越大。因此,风机进风与出风口的接管做法对风机效率影响是很明显的。

(1)通风机出风口接管。通风机出风口应顺风机叶片旋转方向接出弯管,如图4-11所示。

在现场条件允许的情况下,最好使风机出口至弯管的距离是风机出口长边的1.5~2.5倍。但在实际工程中受许多现场条件的限制,通常不易做到。可采取在弯管内设置导流叶片的措施予以弥补,如图4-12所示。

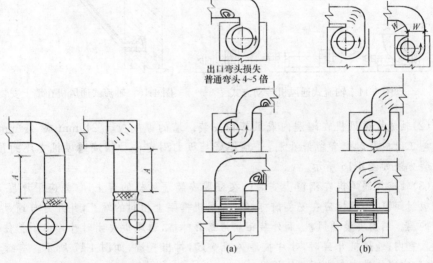

图 4-11　通风机出口接管示意图　　　图 4-12　通风机出风口改进

(a)不良做法;(b)改进做法

(2)通风机进口接管。在实际工程施工中,常因各种具体情况或条件限制,有时会因采用一种不良的接口造成局部涡流区,增加了压力损失。此时为改善涡流区,可在弯管内增设导流叶片,尽可能减少压力损失,如图4-13所示。

(3)通风机的进风口或进风管路直通大气时,应加装保护网或采取其他安全措施。通风机的进风管、出风管等应有单独的支撑,并与基础或其他建筑物连接牢固,风管与风机连接时,法兰面不得硬拉,为防止机壳变形,机壳不应承受其他机件的质量。

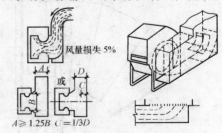

图 4-13　通风机进风口改进做法

关键细节4　轴流式通风机安装

轴流式通风机传动方式如图4-14所示。轴流式通风机分为叶轮与电动机直联式和叶轮与电动机用皮带传动两类。直联式用于局部排气或小的排气系统中,较多的是安装在风管中、墙洞内、窗上或支架上。一般产生的风压很低。

(1)轴流式通风机在墙上安装。如图 4-15 所示,支架的位置和标高应符合设计图纸的要求。支架应用水平尺找平,支架的螺栓孔要与通风机底座的螺孔一致,底座下应垫 3～5mm 厚的橡胶板,以避免刚性接触。

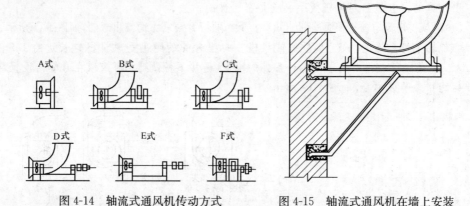

图 4-14　轴流式通风机传动方式　　　　图 4-15　轴流式通风机在墙上安装

(2)轴流式通风机在墙洞内或风管内安装。墙的厚度应为 240mm 或 240mm 以上。土建施工时应及时配合留好孔洞,并预埋好挡板的固定件和轴流通风机支座的预埋件。其安装方法如图 4-16 所示。

(3)轴流式通风机在钢窗上安装。在需要安装通风机的窗上,首先应用厚度为 2mm 的钢板封闭窗口,钢板应在安装前打好与通风机框架上相同的螺孔,并开好与通风机直径相同的洞。洞内安装通风机,洞外装铝质活络百叶格,通风机关闭时叶片向下挡住室外气流进入室内;通风机开启时,叶片被通风机吹起,排出气流,如图 4-17 所示。有遮光要求时,在洞内安装带有遮光百叶的排风口。

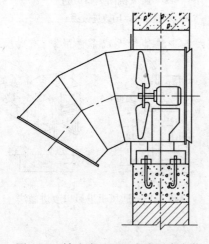

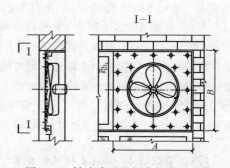

图 4-16　轴流式通风机在墙洞内安装　　　图 4-17　轴流式通风机在钢窗上安装

　　(4)大型轴流式通风机组装间隙允差。大型轴流式通风机组装,叶轮与机壳的间隙应均匀分布,并符合设备技术文件要求。叶轮与进风外壳的间隙见表 4-5。

表 4-5　　　　　　　　　叶轮与主体风筒对应两侧间隙允差　　　　　　　　　　mm

叶轮直径	≤600	>600 ~1200	>1200 ~2000	>2000 ~3000	>3000 ~5000	>5000 ~8000	>8000
对应两侧半径间隙之差不应超过	0.5	1	1.5	2	3.5	5	6.5

三、通风机减振器和减振支架安装

　　通风机在运转过程中,由于叶片离心力的作用,会引起振动并产生噪声。为减小这种振动和噪声带来的不良影响,通常将通风机安装在减振台座上,在台座与楼板或基础之间放置减振器或减振衬垫,如图 4-18 所示。通风机的防振方式有把通风机底座安装在减振装置上和直接安装在基础上两种形式。

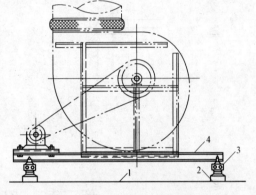

图 4-18　通风机安装在减振台座上
1—支撑结构;2—混凝土支墩;
3—减振器;4—型钢支架

　　1. 布置垫铁

　　通风机底座直接安置在基础上时,安装前应对基础各部尺寸进行检查,合格后方可就位安装。就位后应用成对斜垫铁找平,使安装的通风机达到要求的标高和水平度,以便于二次灌浆。

　　垫铁一般都放在地脚螺栓的两侧。垫铁间的距离一般为 500~1000mm。为了便于调整,垫铁要露出机座外边 25~30mm,垫铁距离地脚螺栓 1~2 倍螺杆直径。垫铁高度一般为 30~60mm。每组垫铁一般不超过 3 或 4 块。厚的放下面,薄的放上面,最薄的夹在中间。同一组垫铁的尺寸要一样,放置必须整齐。设备安好后,同一组垫铁应点焊在一起,以免受力时松动。

　　预留孔灌浆前应清除杂物,用碎石混凝土灌浆。其强度等级应比基础的混凝土高一级,并捣固密实。垫铁组与混凝土表面应平整,贴合良好,接触紧密。

　　2. 减振支架安装

　　(1)减振支、吊架的结构形式和外形尺寸应符合设计要求或设备技术文件规定。

　　(2)减振钢支架焊接应符合现行国家标准《钢结构工程施工质量验收规范》(GB 50205—2001)的有关规定,且焊接后必须校正。减振支架应水平安装于减振器上,各组减振器承受荷载的压缩量应均匀,高度误差应小于 2mm。

　　3. 减振器安装

　　常用的隔振器有弹簧减振器和橡胶减振器,其规格、型号、性能参数应符合设计要求。

（1）减振器安装，除要求地面平整外，各组减振器承受荷载的压缩量应均匀，不得偏心；安装后应采取保护措施，防止损坏。

（2）每组减振器间的压缩量如相差悬殊，通风机启动后将明显失去减振作用。减振器受力不均的原因，主要是减振器位置不当，安装时应按设计要求选择和布置；如安装后各减振器仍有压缩量或受力不均匀，应根据实际情况移动到适当的位置。

（3）弹簧减振器安装时，首先在风机底座的地脚螺栓孔处焊接圆形钢板，钢板下再焊圆钢插入杆，使插入杆中心对准风机地脚螺栓孔并焊接垂直，最后将插入杆插入弹簧减振器安装孔即可，如图 4-19 所示。

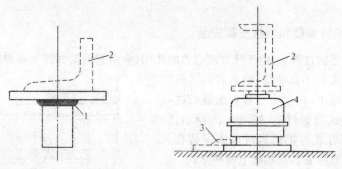

图 4-19　弹簧减振器安装
1—焊接；2—设备底座；3—固定压板；4—减振器

第二节　空调机组安装

空调机组是空调系统的核心设备，负责对空气进行加热、冷却、加温、去湿、净化以及输送。根据空气调节系统的规模大小或空气的处理方式，可分为装配式空调机组、整体式空调机组及组合式空调机组三大类。

一、空调机组安装前准备

1. 设备基础验收

空调机设备就位前，应根据安装图对设备基础的强度、外形尺寸、坐标、标高及减振装置进行认真检查，合格后方能安装，并应将安装地点清理干净。

2. 设备开箱检验

（1）开箱前，检查外包装有无损坏和受潮。开箱后，认真核对设备及各段的名称、规格、型号、技术条件是否符合设计要求。产品说明书、合格证、随机清单和设备技术文件应齐全。逐一检查主机附件、专用工具、备用配件等是否齐全，设备表面应无缺陷、损坏、锈蚀、受潮的现象。

（2）取下风机段活动板或通过检查门进入，用手盘动风机叶轮，检查有无与机壳相碰、风机减震部分是否符合要求。

（3）检查表冷器的凝结水部分是否畅通、有无渗漏，加热器及旁通阀是否严密、可靠，过滤器零部件是否齐全，滤料及过滤形式是否符合设计要求。

3. 设备现场运输

（1）通风与空调工程中，大型、高空或特殊场合的设备吊装是工程施工中一个特殊的工序，应尽量考虑设备在土建塔吊拆除之前进场，由塔吊进行吊装以减少吊装费用。

（2）设备的搬运和吊装必须符合产品说明书的有关规定，并应做好设备的保护工作，以免因搬运或吊装而造成设备损伤。空调设备在水平运输和垂直运输之前尽可能不要开箱，并保留好底座。

（3）吊车吊装用于设备就位位置的楼层相对较低的场合。自制吊装机具用于设备就位位置高的场合。

（4）安装前现场应具备足够的运输空间，并无其他管道和设备妨碍。设备起吊时，应在设备的起吊点着力。吊装无吊点时，起吊点应选在金属空调箱的机座主梁上。

二、装配式空调机组安装

装配式空调器按其空调系统的不同，可分为一般装配式空调机组、新风空调机组和变风量空调系统等三组。

（1）一般装配式空调机组。一般装配式空调器的用途广泛，不仅用于恒温恒湿空调系统，而且能用于舒适性空调系统和空气洁净系统，它包括各种功能段，可根据空气处理的过程来选用。图 4-20 所示的空调器为 ZK 型装配式空调器。

（2）新风空调机组。新风空调器由空气过滤器、冷热交换器、风机等组成，适用于各种采用新风系统的场合，也可用于风机盘管的新风系统。

新风空调器不带冷热源装置。使用时，室外空气经过过滤器，再经冷（热）交换器冷却或加热后送入空调房间。带新风的风机盘管空调系统的组成，如图 4-21 所示。

（3）变风量空调系统。变风量空调系统是指依靠改变送风量的办法来维持各空调房间参数的空调系统。根据其末端装置的不同可分为节流型、旁通型和诱导型三类。

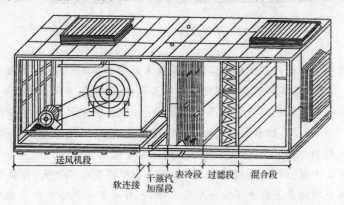

送风机段　软连接　干蒸汽加湿段　表冷段　过滤段　混合段

图 4-20　ZK 型装配式空调器

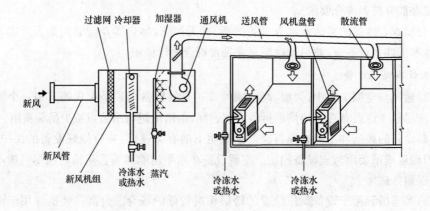

图 4-21　带新风的风机盘管空调系统的组成

关键细节 5　吊顶式新风机组空调机组安装

新风机组空调机组主要由空气过滤器、冷热交换器和送风机组成。常用的新风机组空调器有立式、卧式和吊顶式三种,如图 4-22 所示为吊顶式新风机组。安装时,应符合以下规定:

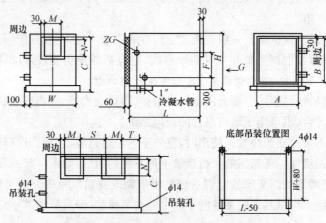

图 4-22　吊顶式新风机组空调器外形图

(1)安装前应阅读生产厂家所提供的产品样本及安装使用说明书,详细了解其结构特点和安装要点。确认楼板的混凝土强度等级是否合格,承重能力是否满足要求。

(2)因吊顶式新通风机组空调器吊装于屋顶上,从承重方面考虑,在一般情况下机组的风量不超过 8000m³/h,如承重建筑物承重强度比较大,并且有保证,也可以吊装较大风量机组,有的达到 20000m³/h,但在安装时必须有保证措施。

(3)确定吊装方案。在一般情况下,如机组风量和质量均不过大,而机组的振动又较小的情况下,吊杆顶部采用膨胀螺栓与屋顶连接,吊杆底部采用螺扣加装橡胶减振垫与吊装孔连接的办法。如果是大风量吊装式新风机组,质量较大,则应采用一定的保证措施,大风量机组吊杆顶部连接图如图4-23所示。

（4）合理选择吊杆直径的大小，以确保吊挂安全。

（5）合理考虑机组的振动，采取适当的减振措施。一般情况下，新风机组空调器内部的送风机与箱体底架之间已加装了减振装置。如果是小规格的机组，可直接将吊杆与机组吊装孔采用螺扣加垫圈连接，如果进行试运转机组本身振动较大，则应考虑加装减振装置。

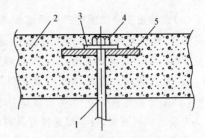

图4-23　大风量机组吊杆顶部连接图

1—吊杆；2—楼板；3—垫圈；4—螺母；5—钢板

（6）在机组安装时应特别注意机组的进出风方向、进出水方向、过滤器的抽出方向是否正确等。安装时应防止管路连接处漏水，同时应保护好机组凝结水盘的保温材料，不要使凝结水盘有裸露等情况，并特别注意保护好进出水管、冷凝水管的连接丝扣，缠好密封材料。

（7）机组安装后应进行调节，以保持机组的水平。

（8）为使冷凝水顺利排出，在连接机组的冷凝水管时应有一定的坡度。机组的送风口与送风管道连接时，应采用帆布软管连接形式。

（9）机组安装完毕后应检查送风机运转的平衡性，风机运转方向是否正确，同时冷热交换器应无渗漏，而且要进行通水试验。进行通水试压时，应通过冷热交换器上部的放气阀将空气排放干净，以保证系统压力和水系统畅通。

关键细节6　风机盘管空调机组安装

风机盘管空调机组由风机和换热盘管、凝结水盘、控制器、过滤器、外壳、出风格栅、吸声和保温材料等组成。风机盘管空调机组有明装立式、明装卧式、暗装立式、暗装卧式、卡式和立柜式等几种形式。立式和卧式的构造图如图4-24所示。

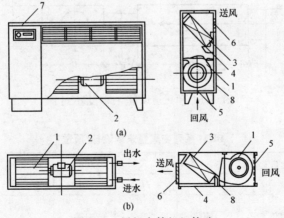

图4-24　风机盘管机组构造

（a）立式明装；（b）卧式暗装（控制器装在机组外）

1—离心式通风机；2—电动机；3—盘管；4—凝水盘；5—空气过滤器；

6—出风格栅；7—控制器（电动阀）；8—箱体

（1）为防止夏季使用时产生凝结水，机组进出水管应加保温层，进出水管的水管螺纹应有一定锥度，螺纹连接处应采取密封措施，进出水管与外接管路连接时必须对准，最好是采用挠性接管（软接头）或铜管连接，且连接时切忌用力过猛或别着劲，以免造成盘管弯扭而漏水。

（2）机组凝结水盘的排水软管不得压扁、折弯，以保证凝结水排出畅通。

（3）在安装时应保护好换热器翅片和弯头，不得倒塌或碰漏。

安装卧式机组时，应合理选择好吊杆和膨胀螺栓，并使机组的冷凝水管保持一定的坡度。

安装明装立式机组时，要求通电侧稍高于通水侧，以便于凝结水的排出。卧式明装机组安装进出水管时，为避免产生冷凝水，可在地面上先将进出水管接出机外，再于吊装后与管道相连接，也可在吊装后将面板和凝结水盘取下，再进行连接，然后将水管保温。立式明装机组安装进出水管时，可将机组的风口面板拆下进行安装并将水管进行保温。

（4）机组回水管备有手动放气阀，运行前需将放气阀打开，待盘管及管路内空气排净后再关闭放气阀。

（5）因各生产厂家所生产的风机盘管空调器的进送风口尺寸不尽相同，因此制作回风格栅和送风口时应注意不要出现差错。

（6）安装时不得损坏机组的保温材料，如有脱落的则应重新粘牢，同时与送回风管及风口的连接处应连接严密。

（7）带温度控制器的机组控制面板上有冬夏转换开关，夏季使用时置于夏季，冬季使用时则置于冬季。

关键细节7　节流型变风量调节水系统安装

采用节流型末端设备的单风道变风量系统，由末端设备，送、回通风机，空气过滤器，冷却器，加热器及风阀组成，回风经过吊顶，在吊顶空间集中后返回空调机房，必要时周边布置热水供暖系统。单风道变风量空调外形尺寸如图4-25所示和表4-6所列。

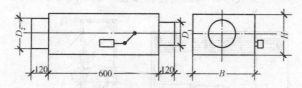

图4-25　单风道风量空调外形尺寸图

表4-6　　　　　　　　　　BDM系列变风量末端设备（顶送）

规　格	额定风量/(m³/h)	外形尺寸/mm				重　量/kg
		B	H	D₁	D₂	
BDM—1	400	340	200	ϕ150	ϕ100×2 ϕ150×1	11
BDM—2	600	340	220	ϕ180	ϕ120×2 ϕ180×1	14

（续）

规　格	额定风量 /(m³/h)	外形尺寸/mm				重　量 /kg
		B	H	D_1	D_2	
BDM—3	800	340	260	$\phi200$	$\phi150\times2$ $\phi200\times1$	17
BDM—4	1000	400	280	$\phi220$	$\phi180\times2$ $\phi220\times1$	20
BDM—5	1200	460	300	$\phi250$	$\phi200\times2$ $\phi250\times1$	23
BDM—6	1400	520	320	$\phi300$	$\phi220\times2$ $\phi300\times1$	26

　　节流型变风量调节水系统的工作原理为：在空调室内负荷减少时，通过送风口的旁通分流来减少实际送入室内的空气量而实现变风量送风。这种装置设有机械式旁通风口，旁通风口与送风口上设有动作相反的风阀，并与电动（或气动）执行机构相连，且受室内温度控制器控制。安装时应注意以下几点：

　　（1）送、回风阀门安装要灵活，动作要准确，阀门不得有扭曲和摩擦现象。

　　（2）温度控制器安装位置要合理，一般装在回流区域，与送回风阀门的动作要协调。

　　（3）末端部分的风道制作应精细，不应有漏风现象，几何尺寸要求严格，安装准确。

▓ 关键细节 8　诱导型变风量空调系统安装

　　诱导型变风量空调系统组成，如图 4-26（a）所示。诱导型变风量送风装置采用诱导送风实现变风量调节，常用的诱导型变风量送风装置，如图 4-26（b）所示。它在诱导器一次风口上装定风量机构，通过室内温度控制器来调节风量。

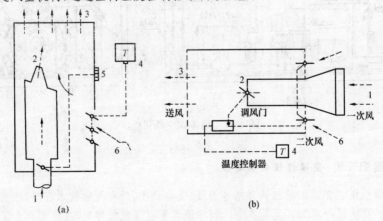

图 4-26　诱导型变风量送风装置

（a）诱导型变风量空调系统；（b）诱导型变风量送风装置

1——一次风；2—诱导器喷嘴；3—混合空气；4—室内温控器；

5——一次风调节旋钮；6—二次风

诱导型变风量空调系统安装时,应符合安装使用说明书的要求。一次风进口与送风管道的连接应紧密,不得有漏风现象。二次风的进风通道应通畅。温度控制器与一次风和二次风的调节阀门动作要协调。吊装应牢固可靠,安装时应避免碰撞设备。阀门动作应灵活准确。

三、整体式空调机组安装

整体式空调机组是将制冷压缩冷凝机组、蒸发器、通风机、加热器、加湿器、空气过滤器及自动调节和电气控制装置等组装在一个箱体内,如图 4-27 所示。整体式空调机组按用途可分为恒温恒湿空调机组(H 型)和一般空调机组(L 型)。恒温恒湿空调机组又可分为一般空调机组和机房专用机组,机房专用空调机组用于电子计算机房、程控电话机房等场合。按照冷凝器冷却介质又可以分为水冷型和风冷型。

制冷量的调节是根据空调房间的温、湿度变化,分别控制制冷压缩机的运行缸数或用电磁阀控制蒸发器制冷剂的流入量。制冷量的范围一般为 6978~116300W。

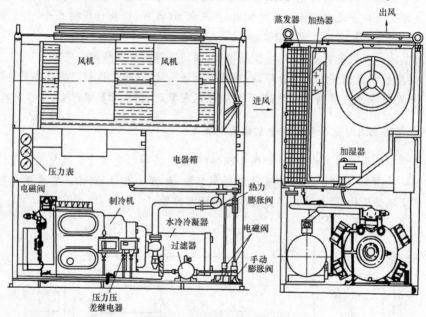

图 4-27　整体式空调机组

关键细节 9　空调机组安装要求

(1)空调机组在实装以前应认真熟悉图纸、设备说明,及有关的技术资料,检查设备零部件、附属材料及随机专用工具是否齐全。制冷设备充有保护气体时,应检查有无泄漏情况。

(2)空调机组安装的位置必须平整,可放置在基座上,一般应高出地面 100~150mm。在设计没有防振要求时,可以放在一般木底座或混凝土基础上。有防振要求时,需按设计要求安装在防振基础上或垫以 10mm 厚的橡皮垫,安装减振器、减振垫等。机组减振器与基础之间出现悬空状态的,应用钢板垫块垫实。

（3）两台以上的柜式空调机并列安装，其沿墙中心线应在同一直线上，凝结水盘也要有坡度，其出水口应设在水盘最低处。电加热器如果安装在风管上，与风管连接的衬垫材料、加热器及加热器前后各800mm风管的保温材料都要使用石棉板或石棉泥等耐热材料。

（4）为防止将换热器水路堵死，必须将外接管路的水路清洗干净后方可与空调机组的进出水管相连，为防止损坏换热器，与机组管路相接时，不能用力过猛。

（5）机组内部一般安装有换热器的放气及泄水口，也可在机组外部的进出水管上安装放气及泄水阀门以便操作。通水时旋开放气阀门排气，然后将阀门旋紧，停机后通过泄水阀门排出换热器水管内的积水。

（6）水冷式的机组，要按设计或设备说明书要求的流程，对冷凝器的冷却水管进行连接。图4-28所示的是LH48型空调机组冷却水管连接方式，图4-28（a）所示的连接方法适用于冷却水温度较低的地区；图4-28（b）所示的连接方法适用于冷却水温度较高的地区。

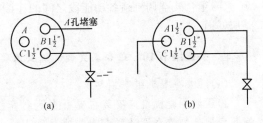

图4-28　冷却水管连接方式
（a）八水程接法；（b）四水程接法

（7）空调机的进出风口与风道间用软接头连接。机组的四周尤其是检查门及外接水管一侧应留有充分空间，以便于维护设备使用。机房内应设地漏，为便于冷凝水排放或清洗机组时排放污水。

（8）为确保冷凝水顺利排放，机组最下部的水管为冷凝水排放管，与外管路正确连接。

（9）机组的电气装置及自动调节仪表的接线，应参照电气、自控平面敷设电管、穿线，并参照设备技术文件接线。

四、组合式空调机组安装

组合式空调机组是由制冷压缩冷凝机和空调器两部分组成，如图4-29所示。

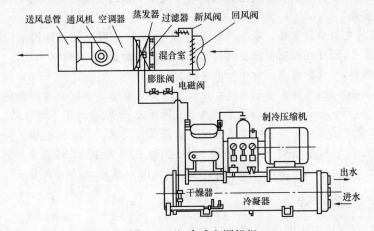

图4-29　组合式空调机组

组合式空调机组与整体式空调机组不同之处在于组合式空调机组是将制冷压缩冷凝机组由箱体内移出,安装在空调器附近。电加热器一般分为三组或四组进行手动或自动调节,安装在送风管道内。电气装置和自动调节元件安装在单独的控制箱内。

组合式空调机组的安装内容有:压缩冷凝机组,空气调节器,风管的电热器、配电箱及控制仪表的安装。安装时应符合下列要求:

(1)组合式空调机组各功能段的组装,应按规定要求顺序进行。

(2)机组应清理干净,箱体内应无杂物。

(3)机组应放置在平整的基础上,基础应高于机房地平面。

(4)机组下部的冷凝水排放管,应有水封,与外管路连接应正确。

(5)组合式空调机组各功能段之间的连接应严密,整体应平直,检查门开启应灵活,水路应畅通。

▓ 关键细节 10　组合式空调机组安装要求

(1)压缩冷凝机组安装要求。

1)压缩冷凝机组应安装在混凝土达到养护强度,表面平整,位置、尺寸、标高、预留孔洞及预埋件等符合设计要求的基础上。

2)设备吊装时,应注意用衬垫将设备垫妥以防止设备变形,在捆扎过程中,主要承力点应高于设备重心,避免起吊时倾斜,还应防止机组底座产生扭曲和变形。吊索的转折处与设备接触部位,为避免设备、管路、仪表、附件等受损和擦伤油漆,应使用软质材料衬垫。

3)设备就位后,应进行找正找平。机身纵横向不水平度不应大于 0.2/1000,测量部位应在立轴外露部分或其他基准面上。对于公共底座的压缩冷凝机组,可在主机结构选择适当位置作基准面。

4)压缩冷凝机组与空气调节器管路的连接,压缩机吸入管可用紫铜管或无缝钢管与空调器引出端的法兰连接;若采用焊接,不得有裂缝、砂眼等渗漏现象。

5)压缩冷凝机组的出液管可用紫铜管与空调器上的蒸发器膨胀阀连接,连接前应将紫铜管套上螺母后,用扩管器制成喇叭形的接口,管内应确保干燥洁净,不得有漏气现象。

(2)空气调节管安装。组合式空调机组的空气调节器的安装与整体式空调机组相同,可参照进行安装。

(3)风管内电加热器安装。采用一台空调器,用来控制两个恒温房间,一般除主风管安装电加热器外,还可在控制恒温房间的支管上安装电加热器,这种电加热器叫微调加热器或收敛加热器,它受恒温房间的干球温度控制。

电加热器安装后,为防止由于系统在运转出现不正常情况下致使过热而引起燃烧,在其电加热器前后 800mm 范围内的风管隔热层应采用石棉板、岩棉等不燃材料。

(4)漏风量测试。现场组装的空调机组应做漏风量测试。空调机组静压为 700Pa 时,通风率不应大于 3%;用于空气净化系统的机组,静压应为 1000Pa,当室内洁净度低于1000 级时,漏风率不应大于 2%;洁净度高于或等于 1000 级时,漏风率不应大于 1%。

五、柜式空调机安装

柜式空调机有冷通风机、冷热通风机或恒温恒湿机。一般的制冷量均比房间的空调器大6970～116270W。其冷凝器的冷却方式有水冷式和风冷式。制冷压缩机有全封闭式、半封闭式和开启式多种。

1. 柜式冷通风机

柜式冷通风机用于房间在夏季降温除湿,调节室温在18～30℃的范围内。

型号表示方法如图4-30所示。某些引进冷风柜系列产品,在L前加字母表示,如BL系列、BLF系列等。

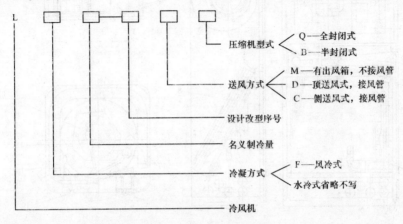

图4-30 柜式冷通风机型号表示方法

柜式冷通风机冷凝器的冷却方式有风冷式和水冷式。

(1)风冷式冷风柜。风冷式冷风柜分为室外机组和室内机组。风冷式冷风柜大多将压缩机设置在室内机组中,而室外机组只设置冷凝器和冷却用轴流风扇。风冷式冷风柜的节流装置多采用热力膨胀阀,并且制冷系统一般都有高低压力保护和热电保护。室内温度由温控器自动控制压缩机的开与停进行调节。这种风冷式冷通风机的运转噪声较将压缩机置于室外机中的柜式分体空调器大些。

(2)水冷式冷风柜。水冷式冷风柜的冷凝器用水冷却。壳管式或套管式冷凝器可置于室内,水冷式冷风柜制冷系统的节流装置采用粗毛细管。室内温度由温控器自动控制压缩机的开停调节。为使冷却水能循环使用,需在室外通风条件较好且远离污染源处设置冷却水塔及冷却水泵。开机顺序为冷却水泵—通风机—冷却塔压缩机;停机顺序相反。

2. 柜式冷热通风机

柜式冷热通风机用于全年作舒适性空调的房间,温度调节范围为18～30℃,湿度调节范围为40%～70%。其加热装置有的采用电热式(D)或蒸汽加热式,有的采用热泵式(R)或热泵辅助电热式。

图4-31所示为热泵辅助电热型柜式冷热通风机的结构示意图。制冷系统的冷凝器采用风冷式,分为室外机组和室内机组,压缩机置于室外机组中,使室内机组运转较为平静。

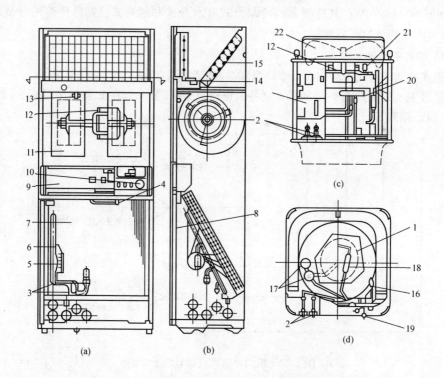

图 4-31 热泵辅助电热型柜式冷热通风机结构示意图
(a)室内机组正剖面视图;(b)室内机组纵剖面视图;
(c)顶排风式室外机组剖视图;(d)室外机组横剖面视图

1—压缩机;2—连接阀门;3—扩口管接头;4—温度传感器;5—分液器;
6—毛细管;7—热交换器;8—空气过滤器;9—控制盒;10—摆动开关;
11—离心式通风机;12—风扇电动机;13—电容器;14—导风片摆动电动机;
15—电加热器;16—检查阀门;17—储液器;18—消声器;19—检查接头;
20—四通换向阀;21—旁通阀;22—轴流风扇

在室内机上部设置的辅助电热器,可供严寒天气热泵供热不足时使用。室内机送风口处设有横向和竖向的导风片,用于调整送风方向。竖向导风片可由摆动电动机控制左右摆动,以形成多方向的送风气流,能使室内气流和温度分布更趋均匀。

关键细节 11 柜式空调安装要求

(1)室内外机组尺寸要求。为保证气流通畅及检修方便,室内机组周围应有足够的空间。图 4-32 所示为室内机组所处位置与四周间距示意图。柜式室内机组为了稳固安装,机顶和机背上的固定板可用螺钉与墙壁进行连接。室外机组可用 M20 地脚螺栓紧固在混凝土地面上。

(2)制冷管道的连接。室内外机组采用扩口接头连接,连接时将两接头本体同心对正,使用两把扳手对拧将其紧固。制冷管道的规格见表 4-7。

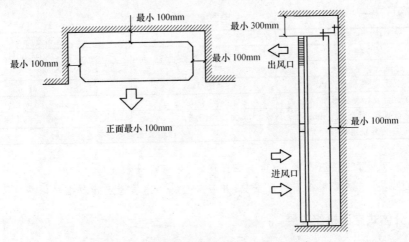

图 4-32　室内机组位置图与四周间距示意

表 4-7　　　　　　　　　　　　　制冷管道规格表

类　别	规　格/mm	管接头	类　别	规　格/mm	管接头
液　管	$\phi16$	$\phi16$	保温管	$\phi28\times10$	$\phi28$
汽　管	$\phi28$	$\phi28$	套　管	$\phi90$	$\phi90$

（3）排水管安装。排水软管接头位于室内机组下部，内径 $DN19\text{mm}$，软管长 2m，若长度不够可选购洗衣机排水软管加长。

（4）室内外机组电气配线。电气接线原理如图 4-33 所示，室内机组电源插头 L 为相线，N 为中性线，插座极性必须与插头极性一致，并且机组要可靠接地。电气配线性能参数见表 4-8。

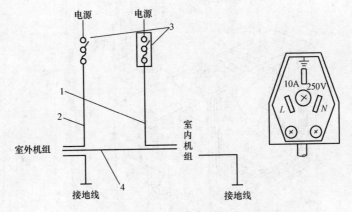

图 4-33　室内外机组电气接线原理图
1—室内机电源；2—室外机电源；3—开关保险；4—控制线

接线时必须先将室外机组的维修板打开，然后将室内机组的电缆序号标志与室外机组接线盒的接线柱用导线连接并紧固。

表 4-8 电气参数表

项 目	室内机组	室外机组
电源	单相,220V,50Hz	三相,380V,50Hz
输入功率/kW	0.6	12
主开关/保险丝/A	15/10	60/60
配线(线芯数及标称截面积)/mm²	3×0.5	3×2.5+1×1.5
接地线直径(截面积)/mm²	2.6(5.5)	2.6(5.5)
室内外机组连接	四芯聚氯乙烯护套连接软线	

(5)冷却水管连接应严密,不得有渗漏现象,并应有排水坡度。

(6)柜式空气调节机组安装应平稳,并应符合冷却水管道连接及维修保养的要求。

六、分体式空调机组安装

分体式空调器主要由室内机组、室外机组和连接管三部分组成。图 4-34 所示为挂墙式分体式空调器的基本结构图。

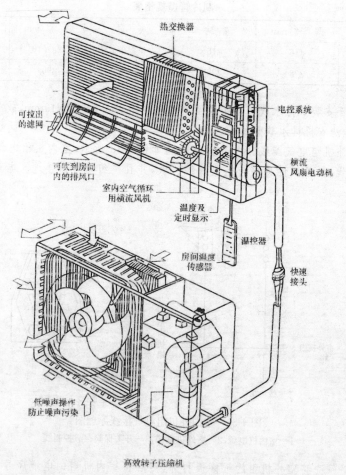

图 4-34 分体式空调器结构示意图

(1)室内机组。室内机组由外壳、室内换热器(冷风型为蒸发器、热泵型夏季为蒸发器、冬季为冷凝器)、贯流式(或称横流式)通风机及电动机、电气控制系统和接水盘组成。贯流式通风机具有径向尺寸小、送风量大、运行噪声低的优点。此外,为便于按需要调整送风方向,送风口设有控制出风角度的导风板和风向片。

(2)室外机组。室外机组包括外壳、底盘、全封闭式压缩机、室外换热器(夏季为冷凝器,冬季为蒸发器)、毛细管和冷却用轴流式通风机、电动机,以及制冷系统的附件如气液分离器、过滤器、电磁继电器、高压开关、低压开关、超温保护器等。热泵型的还有电磁换向阀和除霜温控器等。

(3)连接管道。连接室内、外机组的制冷剂管一根为液管,是高压管,较细;另一根为气管,是低压管,较粗。室内、外机组连接管的管接头,有的用扩口接头(又称喇叭口螺母连接法);有的用专用快速接头,快速接头又分为一次性的和多次性的两种。扩口连接前还需先对连接管及室内机排除空气,较为麻烦。现在为便于安装,中、小型分体式空调器已多采用快速接头。

分体式空调器制冷循环原理如图4-35所示。室内机组和室外机组用连接管连接后,构成制冷系统。通电后,压缩机开始工作,从蒸发器吸入低温低压的制冷剂蒸汽。压缩高温高压的气体,进入冷凝器中经风冷凝结成液体,经节流后,为达到制冷的目的,制冷剂在蒸发器中汽化,吸收热量,再经过吸汽管进入压缩机,而完成制冷循环。

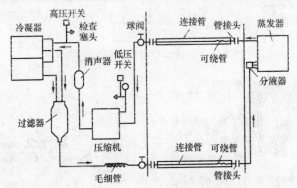

图4-35　分体式空调器制冷循环原理图

分体式空调器安装程序如图4-36所示,安装时应按下列要求进行:

(1)安装位置应选择在室内外机组尽量靠近,便于安装、操作和维修的部位,室内机组位置的选择应使气流组织合理,并考虑装饰效果,室外机组不应受太阳直射,排风通畅,正面不能面向强风,远离热源的地方。

(2)在不影响上述(1)中要求的基础上,安装位置要选在管路短、高差小,且易于操作检修的地方。

(3)安装前必须将连接管慢慢地一次一小段地展开,应防止由于猛拉而将连接管损坏。其展开的方法如图4-37所示。

(4)连接管应尽量减少弯曲,必须弯曲时,应按预定管路走向来弯曲,并将管端对准室内外机组的接头。弯曲时不得折断或弄弯管道,管道弯曲半径应尽量大一些,其弯曲半径不得小于100mm。其管道的弯曲方法如图4-38所示。

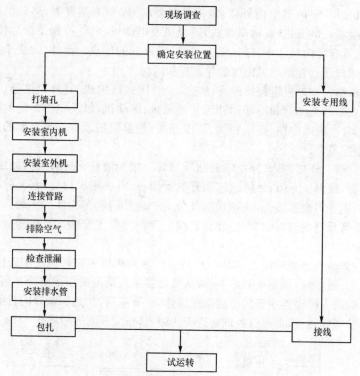

图 4-36　分体式空调器的安装程序图

图 4-37　连接管的展开　　　　　图 4-38　连接管的弯曲

（5）现场操作要按技术要求进行，动作准确、迅速，管的连接要保证接头清洁和密封良好，电气线路要保证连接无误。安装完毕要多次进行检漏和线路复查，确认无误后方可通电试运转。

（6）连接后应排除管道内的空气，排除空气时可利用室内机组或室外机组截止阀上的辅助阀。连接管内的空气排除后，可开足截止阀进行检漏。确认制冷剂无泄漏，再用制冷剂气体检漏仪进行检漏；在无检漏仪的情况下，也可使用肥皂水涂在连接部位处进行检漏。

（7）以上工作完成后即可在管螺母接头处包上保温材料。

关键细节 12　分体式空调器安装要求

（1）配管安装。

1）采用机组原配管时，打开连接管两端护盖后，须立即与机组连接，不应搁置；非原配管,应尽量采用专供空调用管,否则应将自配的紫铜管作退火、酸洗和氮气吹污处理,连接前先排除管中空气。

2)连接室内外机组的制冷剂管的长度要在规定的范围之内,配管长度与室内外机组的安装高差(两机组底面间的高度差)和机组名义制冷量有关。为避免制冷量下降,单程制冷剂管长度超过5m时,应根据机组的制冷量大小和连接管的延长程度,适当补充制冷剂,补充多少参看厂家产品说明。

3)当室外机高于室内机时,低压气管由下往上每10m应设一个存油弯,以利压缩机回油;而液管在上部则应设液杯。

4)安装时,排水管应置于制冷剂管的下方;排水管的高度应低于接水盘的放水口,沿水流方向应有不小于1/100的坡度;接水盘下端的排水弯头和短接管应采用钢管,并采取保温措施。雨天进行室外连管时,应注意防止雨水进入管中。

5)连接管过墙时应加保护套管;墙洞要稍向户外倾斜;安装完毕后,应该用油灰将管与墙洞间的缝隙封死。

(2)管道加工与连接。

1)管道加工过程中切勿压坏铜管,气体管路和液体管路不可接反。

2)管道连接采用快速接头的接法。图4-39为松下公司生产的分体式空调器采用的快速接头结构及连接方法示意图。它的室内机端采用一次性快速接头,即膜片刃具接头;室外机端采用多次性快速接头,又称自封式弹簧接头;两接头间的管子内部充满制冷剂,安装时先接上室内机的接头,然后再接室外机的接头。

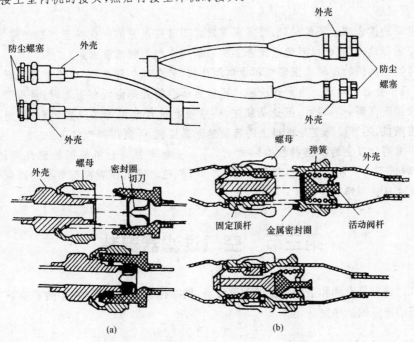

图4-39 快速接头结构及连接方法示意图
(a)室内侧用快速接头;(b)室外侧用快速接头

3)一次性接头有两个接头本体,装在室内机上的一个接头本体内藏薄片密封,焊接在连接管上的一个接头本体内藏锋利刃具。两本体接合时,用两把扳手进行紧固,旋至一定程度,刃具将薄膜片削出一个圆洞,便形成制冷剂的流动通道,继续拧紧接头螺母,直至两本体内的密封圈紧密贴合,便可密封防止制冷剂泄漏。

4)多次性接头是弹簧阀式,两个接头本体未接合前,在各自内藏的弹簧作用下都处于密闭状态。当两个接头本体对接并拧紧接合螺母时,两本体内的弹簧皆被压缩,并且一个本体内的固定顶杆将把另一本体内的移动式托架阀门顶开,从而形成制冷剂的流动通道。拧接合螺母时,动作速度要快,一直把螺纹拧紧为止,务必使接头的金属密封圈压紧,以防制冷剂泄漏。

(3)充填制冷剂。充注氯利昂-22 时要将制冷剂钢瓶直立充入气体,不可将制冷剂钢瓶倒置(充入液体有发生液击的危险)。

切勿用氧气瓶进行抽真空,否则会发生爆炸。用氧气代替氮气进行充压试验也是绝对不允许的,否则将会带来严重的后果。

(4)制冷剂管的保温与包扎。机组原配制冷剂管通常都已用保温套管作好保温层。制作保温层时,宜采用合适的保温套管,高低压管要各自单独保温,然后才可与导线、放水管一起包扎。管子与压缩机、管子与管子之间的接头部分一定要有厚保温毡(垫)加以包裹,然后外面再用胶带包扎。

(5)配电。

1)空调器要专线供电,并装置专用开关及保险熔断器;特别要注意区分电源线和控制线,决不可接错。

2)电源的接线端子不能松脱,要紧固牢靠。不可将电源的电线接至控制线路上,否则会造成空调器故障(当把电源的电闸合上的一瞬间会把控制基板击穿)。

3)房间空调机的旋转式压缩机不能电源反相,若出现电源反相,由于有防止反相保护器,压缩机不会启动运转。当发现压缩机不能启动运转且是由反相引起时,将电源接线板上的两根接线对调一下即可,但是必须注意:在没有进行电源相序调整之前,绝对不许强行启动压缩机,不可按动室外机组上的启动继电器按钮,否则压缩机将烧毁。

4)当有两台以上的机组排放在一起时,每台机组与另一台机组间的配线不能接错。否则,空调器不能正常运转。当有多台室外机时,机组之间的位置应留有余地以保证气流通畅不发生气流短路和干扰。

第三节　空气过滤器安装

空气过滤器是空调和洁净系统的重要设备,按净化率可分为粗效、中效和高效三种过滤器。按洁净室的洁净度选用。

一、粗效、中效过滤器安装

粗效过滤器较为常用,根据使用滤料可分为聚氨酯泡沫塑料过滤器、金属网格浸油过滤器、自动浸油过滤器等,它主要处理空气中的 $10\mu m$ 以上沉降性颗粒和异物。在安装时,应考虑便于拆卸和更换滤料,并使过滤器与框架、空调器之间保持严密。

中效过滤器使用玻璃纤维、棉短绒纤维滤料和无纺布等,它主要处理 $1\sim10\mu m$ 尘埃,中效过滤器的安装与粗效过滤器的安装相同,一般安装在空调器内或特制的过滤器箱内,安装时要严密,并便于拆卸和更换。

箱体与过滤器框架一般采用如图 4-40 所示的形式。箱体与箱体框架的间隙除连接点外,一般保持在 3mm 左右。箱体与过滤器框架必须使上下和左右四根角钢连接严密无缝隙,防止未经过滤器过滤的空气流过。因此箱体与过滤器框架采用螺栓紧固时,其间必须垫上密封垫片。

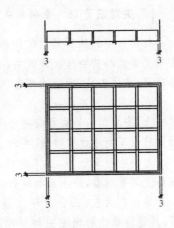

图 4-40　箱体与框架结构形式

关键细节 13　金属网格浸油过滤器安装要求

金属网格浸油过滤器用于普通空调系统,常采用 LWP 型过滤器,主要有垂直、水平、倾斜和人字形等几种安装形式,如图 4-41 所示。

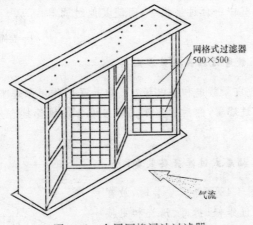

网格式过滤器
500×500

气流

图 4-41　金属网格浸油过滤器

安装前应用热碱水将过滤器表面黏附物清洗干净,干燥后涂上机油,同时要保持空调器里外洁净。安装时,应将空调器内外清扫干净,将金属网格排列好,连接处要严密,气流方向要正确,过滤器大孔网格应朝迎风面安装,不要装反,以提高过滤效果。

关键细节 14　自动浸油过滤器安装要求

自动浸油过滤器用于一般通风空调系统,为防止油雾带入系统中,不能在空气洁净系统中采用。安装时应清除过滤器表面黏附物,并注意装配的转动方向,使转动机构灵活。过滤器与框架或并列安装的过滤器之间应进行封闭,防止从缝隙中将污染的空气带入系统中而形成空气短路的现象,从而降低过滤效果。

关键细节 15　　自动卷绕过滤器安装要求

自动卷绕过滤器是用化纤卷材为过滤滤料,以过滤器前后压差为传感信号进行自动控制更换滤料的空气过滤设备,常用于空调和空气洁净系统。自动卷绕过滤器一般为定型产品,整体安装,大型的可在现场安装,如图 4-42 所示。

自动卷绕过滤器一般是直接安装在地面已预埋的地脚螺栓上,安装前应检查框架是否平整,过滤器支架上所有接触滤材表面处不能有破角、毛边、破口等。

滤料应松紧适当,上下箱应平行,保证滤料可靠运行。滤料安装要规整,防止自动运行时偏离轨道。

单台或两台、三台并联安装时,为使安装得以顺利进行,其地脚螺栓的预埋应按标准图集或实际测量产品地脚螺栓的孔数、孔距进行,务必使预埋尺寸准确。

多台并列安装的过滤器共用一套控制设备时,压差信号来自过滤器前后的平均压差值,这就要求过滤器的高度、卷材轴直径以及所用的滤料规格等有关技术条件一致,以保证过滤器的同步运行。特别应注意的是电路开关必须调整到相同的位置,避免其中一台过早报警,而使其他过滤器的滤料也中途更换。

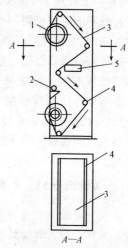

图 4-42　自动卷绕过滤器
1—卷筒;2—电动机;3—无纺布;
4—辊轴;5—控制器

关键细节 16　　静电过滤器安装要求

静电过滤器是通过电晕放电和静电场对荷电粒子的作用原理来过滤空气的。安装静电过滤器时,首先找平过滤器,然后固定牢固。与设备或风管接合处要用柔性接头,且要有良好的接地装置。

关键细节 17　　抽屉式过滤器安装要求

抽屉式过滤器如图 4-43 所示。安装时,放在找正的托架上,并要保证维修、拆卸、清洗和更换的便利,为防止污染空气进入过滤箱内,周围的缝隙要密封。

二、高效过滤器安装

高效过滤器是空气洁净系统的重要部件,目前国内采用的滤料为超细玻璃纤维纸和超细石棉纤维纸。其安装工作作为整个系统安装的工作重点,对工程质量等级的最后评定起决定性作用。

1. 高效过滤器安装形式

(1)在系统风管上安装高效过滤器,如图 4-44 所示。

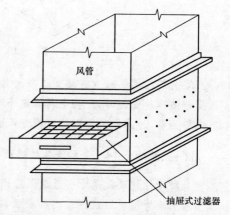

风管

抽屉式过滤器

图 4-43　抽屉式过滤器安装位置

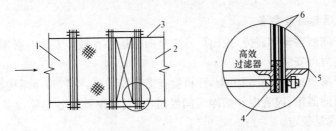

图 4-44　在系统风管上安装高效过滤器

1—送风管；2—接出风口；3—高效过滤器；

4—角钢托架；5—法兰螺栓扁钢框；6—密封垫或密封胶

(2)在水平或垂直层流洁净室安装,如图 4-45 所示。

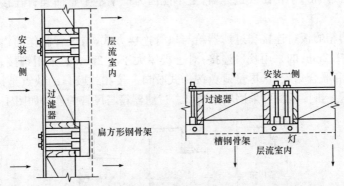

图 4-45　在水平或垂直层流洁净室安装(从室外侧)

(3)在空调房间的顶棚上安装过滤器,有上装式和下装式两种方式,如图 4-46 所示。

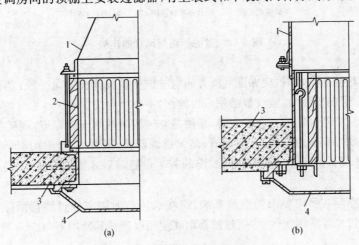

(a)　　　　　　　　　　　　　　(b)

图 4-46　高效过滤器的顶棚上安装

(a)上装式；(b)下装式

1—高压箱壁或风管壁；2—高效过滤器；

3—钢筋混凝土顶板；4—扩散孔板

2. 高效过滤器安装要求

(1)为防止剧烈振动和碰撞,按出厂标志竖向搬运和存放。安装前必须检查过滤器质量,确认无损坏方可安装。

(2)为防止高效过滤器受到污染,开箱检查准备安装前,空气洁净系统必须安装完毕,空调器、高效过滤器箱、风管内及洁净房间经过清扫、空调系统各单体设备试运转后及风管内吹出的灰尘量稳定。

(3)安装前,要检查过滤器框架或边口端面的平直性,端面平整度的允许偏差不应大于 1mm。如端面平整度超过允许偏差,只允许修改或调整过滤器安装的框架端面,不允许修改过滤器本身的外框,否则将会损坏过滤器中的滤料或密封部分,降低过滤效果。

(4)安装时,若发现安装用的过滤器框架尺寸不对或不平整,只能修改框架,使其符合要求以确保连接严密;不得修改过滤器,更不能因为框架不平整而强行连接,导致过滤器的木框损裂。

(5)过滤器箱的板材连接和过滤器箱与风管连接方式,与风管制作的连接方式相同。对于板厚小于 1.2mm 的采用咬口连接;对于板厚大于 1.2mm 的采用铆接。咬口形式可采用转角咬口和联合角咬口,尽量避免按扣式咬口。按扣式咬口的缺点是插接部分不严密,漏风量严重。拼接板材可采用单平咬口。过滤器箱与风管的连接如图 4-47 所示。

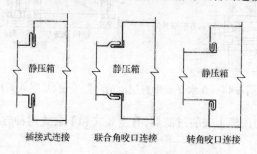

图 4-47　过滤器箱与风管的连接

(6)高效过滤器安装时,应保证气流方向与外框上箭头标志方向一致。用波纹板组装的高效过滤器竖向安装时,波纹板必须垂直地面,不得反向。

(7)高效过滤器开箱检查和安装时,必须在空气洁净系统安装完毕,调试合格,并经运转 12h 以上,吹净系统内的浮尘,空调器、高效过滤器箱、风管内及洁净房间经过清扫、空调系统各单体设备试运转后及风管内吹出的灰尘量稳定后才能进行,以避免高效过滤器受到污染。

(8)对洁净度有严格要求的空调系统,应在送风口前用高效过滤器消除空气中的微尘,常在高效过滤器前用粗效、中效过滤器串联使用以延长其使用寿命。

关键细节 18　高效过滤器与组装高效过滤器的框架密封方法

高效过滤器与组装高效过滤器的框架,其密封一般采用顶紧法和压紧法两种。对于洁净度要求严格的百级、十级洁净系统,有的采用刀架式高效过滤器液槽密封装置。

(1)顶紧法。顶紧法能在洁净室内安装和更换高效过滤器,安装方法如图 4-48 所示。

(2)压紧法。压紧法只能在吊顶内或技术夹层内安装和更换高效过滤器,安装方法如图 4-49 所示。

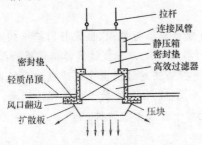

图 4-48 高效过滤器顶紧法安装

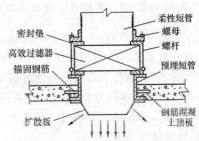

图 4-49 高效过滤器压紧法安装

过滤器与框架的密封,一般采用闭孔海绵橡胶板或氯丁橡胶板,也有用硅橡胶涂抹密封。密封垫料厚度常采用 6～8mm,定位粘贴在过滤器边框上,安装后的压缩率应在 25%～30%。密封垫料的拼接方法与空气洁净系统风管法兰连接垫料拼接方法相同,采用梯形或榫形拼接。

过滤器与框架的密封,采用双环密封时,不要把环腔上的孔眼堵住;双环密封和负压密封都必须保持负压管道畅通。双环密封条如图 4-50 所示。

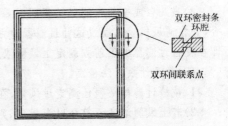

图 4-50 双环密封条密封

(3)液槽密封的安装。液槽密封是提高洁净室洁净度的一种密封方法,它克服了压紧法由于框架端面平整度差而使过滤器密封不严密或密封垫层老化泄漏及更换拆装周期较长等缺点。

用密封胶状的非牛顿密封液密封,适用于垂直单向流洁净室。其安装形式如图 4-51 所示。

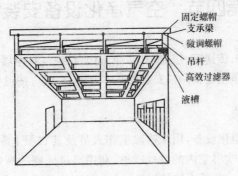

图 4-51 液槽密封装置的安装形式

在安装过程中,骨架构件的连接应尽量做到平整。框架液槽连接后,应用硅橡胶或环氧树脂胶及其他密封胶来密封所有的接缝缝隙。然后将密封液用水浴加温至 80℃左右溶化后,迅速注入槽内达到设计深度,待密封液冷凝之后,即可安装高效过滤器。

▌关键细节 19　高效过滤器的渗漏检查

高效过滤器的渗漏,多是发生在过滤器本身或过滤器与框架、框架与围护结构之间的渗漏。因此过滤器出厂前和安装在 100 级和高于 100 级的洁净室过滤器都需要检漏。

对于安装在送、排风末端的高效过滤器,应用扫描法对过滤器安装边框和全断面进行检漏。扫描法有检漏仪法(浊度计)和采样量最小为 1L/min 的粒子计数器法两种。对于超高效过滤器,扫描法有凝结核计数器法和激光粒子计数器法两种。

(1)检漏仪法检漏。

1)被检漏过滤器必须已测定过风量,在设计风量的 80%～120% 之间进行。

2)在同一送风面上安装有多台过滤器时,在结构允许的情况下,宜用每次只暴露 1 台过滤器的安装方法进行测定。

3)当几台或全部过滤器必须同时暴露在气溶胶中时,为了对所有过滤器造成均匀混合,宜在通风机吸入端或这些过滤器前方支干管中引入检漏用的气溶胶(常说的灰尘),立即在受检过滤器的正前方测定上风侧浓度。

(2)粒子计数器法检漏。

1)被检过滤器必须已测定过风量,在设计风量的 80%～120% 之间进行。

2)若上风侧浓度不符合以上规定,则应引入不经过滤的空气,如果还达不到规定,则不宜用粒子计数器法和凝结核计数器法检漏。

检漏时,将采样口放在下风侧距离过滤器表面 20～30mm 处,以 5～20mm/s 的速度移动,沿过滤器表面、边框和框架接缝处扫描。当仪器读数高于高效过滤器穿透率的 10 倍时,即认为有渗漏。发现有渗漏部位时,可用过氯乙烯胶或 KS 系列密封胶、88 号胶、703 或 704 硅胶堵漏密封。

第四节　空气净化设备安装

空气吹淋室、气闸室、传递窗、层流罩、洁净工作台、空气自净器、新风净化机组及生物安全柜等设备均属空气净化设备。其安装的基本要求,一般应按设备技术文件进行。

一、空气吹淋室安装

空气吹淋室是人身净化设备,用来吹除工作人员及其衣服上附着的尘粒。工作人员在进入洁净室前,先经过吹淋室内的空气吹淋,利用经过处理的高速洁净气流,将身上的灰尘进行吹除,以使洁净室免受尘埃的污染。空气吹淋室安装在洁净室入口处,还能起到气闸作用,防止污染的空气进入洁净室。按进入洁净室工作人员的多少,可分为通道式和小室式两种,通道式可供多人连续吹淋,小室式只容一人吹淋。

空气吹淋室由顶箱、内外门、侧箱、底座、风机、电加热器、高效过滤器、喷嘴、回风口、预滤器及电器控制元件等组成,如图4-52所示。工作人员进入吹淋室前接通控制回路及照明电源,并打开外门后进入吹淋室进行吹淋,这时风机、电加热器启动,吹淋一定时间后,内门可开启。吹淋室的内外门是互锁的,即一门打开时,另一门打不开,防止洁净室与外面直接接通。

在吹淋过程中,两门都打不开,也就是凡进入洁净室的工作人员必须经过吹淋,防止工作人员进入吹淋室直接出来不吹淋。

吹淋室内球状缩口型喷嘴使吹出的气流均匀,并可以进行调整,以使喷嘴射出的气流从两侧沿切线方向吹到全身,保证吹淋效果。吹淋的风速在25~35m/s之间,喷嘴的气流吹淋角度,其顶部向下20°,两侧水平相错10°、向下10°。

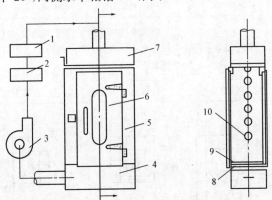

图4-52　空气吹淋室构造
1—高效过滤器;2—电加热器;3—风机;4—底座;
5—侧箱;6—门;7—顶箱;8—预滤器;
9—回风口;10—喷嘴

关键细节 20　空气吹淋室安装注意事项

空气吹淋室的安装应根据设备说明书进行,并应注意下列事项:

(1)根据设计的坐标位置或土建施工预留的位置进行就位。

(2)设备的地面应水平、平整,在设备的底部与地面接触的平面,应根据设计要求垫减振层,使设备保持纵向垂直、横向水平。

(3)设备与围护结构连接的接缝,应配合土建施工做好密封处理。

(4)设备的机械、电气联锁装置应处于正常状态,即风机与电加热、内外门及内门与外门的联锁等。

(5)吹淋室内的喷嘴角度应按要求的角度调整好。

二、洁净工作台安装

洁净工作台是使局部空间形成无尘无菌的操作台,以提高操作环境的洁净要求,其构造原理如图4-53所示。洁净工作台的种类较多,一般按气流组织和排风方式来分类,见表4-9。

表 4-9　　　　　　　　　　　　　　　洁净工作台分类

序号	项目		特点与适用范围
1	按气流组织分类	水平单向流	水平单向流洁净工作台根据气流的特点,对于小物件操作较为理想
		垂直单向流	垂直单向流洁净工作台适合操作较大物件
2	按排风方式分类	无排风的全循环式	无排风的全循环式洁净工作台,适用于工艺不产生或极少产生污染的场合
		全排风的直流式	全排风的直流式洁净工作台采用全新风,适用于工艺产生较多污染的场合
		台面前部排风至室外式	特点为排风量大于、等于送风量,台面前部约 100mm 的范围内设有排风孔眼,吸入台内排出的有害气体,不使有害气体外逸
		台面上排风至室外式	特点是排风量小于送风量,台面上全排风

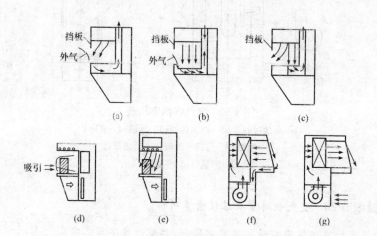

图 4-53　洁净工作台
(a)台面前部排风式;(b)台面上全面排风式;(c)台面上部分排风式
(d)水平平行流;(e)垂直平行;(f)全循环式;(g)直流式

　　洁净工作台安装时应轻运轻放,不能有剧烈的振动,以保护工作台内高效过滤器的完整性。洁净工作台的安放位置应尽量远离振源和声源,以避免环境振动和噪声对它的影响。为确保正常运行,使用过程中应定期检查风机、电动机,定期更换高效过滤器。

三、生物安全柜安装

　　生物安全柜是指为确保操作人员及周围人员安全,将处理病原体时发生的污染源隔离在操作区域内的防御装置。根据英国 NIH 危险病原体的级别,生物安全柜可分为三级,见表 4-10。

表 4-10 生物安全柜的分类

类　别	特　点	图　示
Ⅰ级安全柜	Ⅰ级安全柜供给操作区的空气来自室内,适用于医院做一般的生化和血清检验等场合,如图1所示	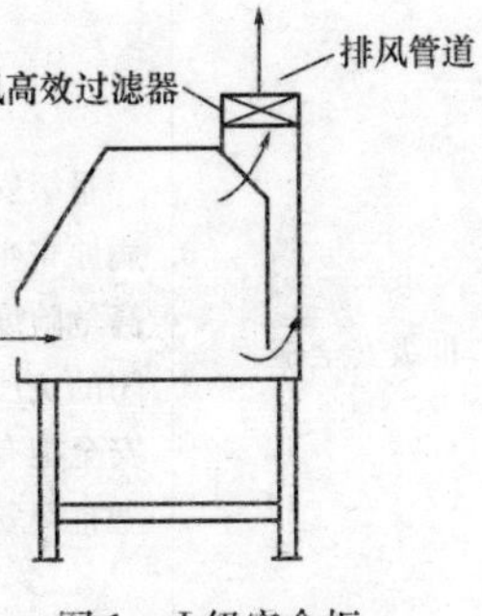 排风高效过滤器　排风管道 图1　Ⅰ级安全柜
Ⅱ级安全柜 Ⅱ-A级安全柜	Ⅱ-A级安全柜和Ⅰ级安全柜相似,所不同的是在操作区内通过高效过滤器送出垂直向下的洁净空气,由于安全柜内有部分循环空气,不适用于操作危险程度高的场合,如图2所示	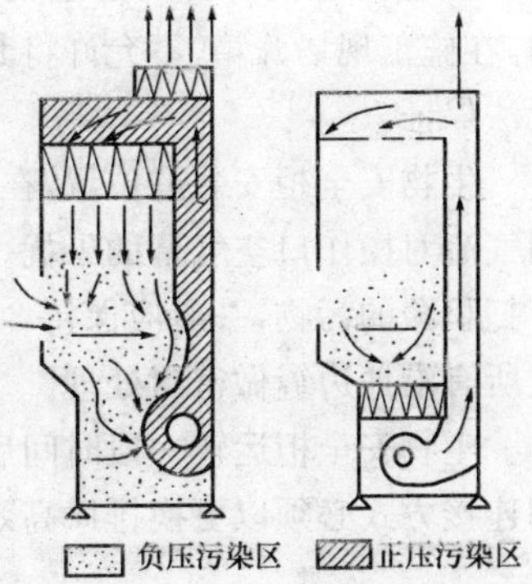 负压污染区　正压污染区 图2　Ⅱ-A级安全柜
Ⅱ-B级安全柜	Ⅱ-B级安全柜前面开口平均风速大于0.5m/s,仅有正压污染区及循环风量减小到30%,甚至减到零。它与Ⅱ-A级相比,有更高的安全度,适用处理更危险的病原体和化学物质,风必须排至室外,排风管道采用密封式连接,如图3所示	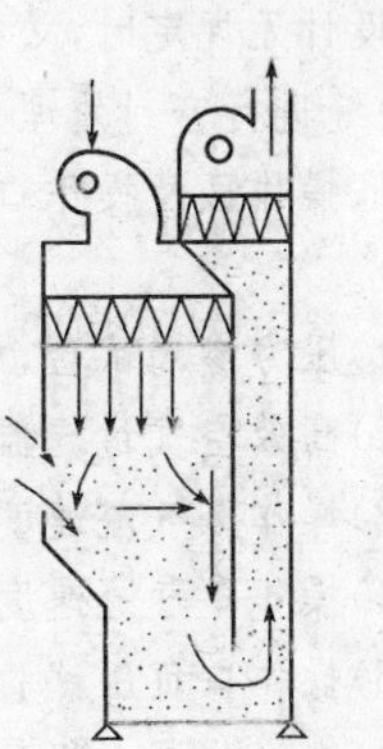 图3　Ⅱ-B级安全柜

（续）

类　别	特　点	图　示
Ⅲ级安全柜	Ⅲ级安全柜适用于病原病毒、病原细菌、病原寄生虫及重组遗传基因等实验具有最高危险度的操作。操作人员是通过完全密闭的负压柜内的长手套(橡胶)进行操作。安全柜有单体和系列形式之分,图 4 为单体型Ⅲ级安全柜的示意图	 图 4　单体型Ⅲ级安全柜

　　生物安全柜的密封是至关重要的问题,在搬运过程中,应将包装箱一同搬入洁净室内,在施工现场开箱,不允许将其横倒放置和拆卸,否则会使设备在复位和组装后的密封无法保证。

　　生物安全柜安装的位置,在施工图纸无明确要求时,应避开人流频繁处,还应避免房间气流对操作口空气幕的干扰。安装生物安全柜应注意背面、侧面离墙壁的距离,为便于打扫积藏的污物,一般应保持 80～300mm 之间。对于底面和底边紧贴地面的安全柜,应对所有沿地边缝做密封处理。

　　生物安全柜运转一段时间后,排风用的高效过滤器需要经常更换,安全柜的排风管道的连接方式必须以更换排风高效过滤器方便为原则。

🖋 关键细节 21　生物安全柜安装或移动之后必须进行的试验

　　生物安全柜安装或移动之后,必须进行有关项目的试验。以保证其技术性能和安全性,当设计无规定时,必须对所有接缝(包括柜与地面接缝)进行密封处理。

　　柜缝进行密封处理后,应进行压力渗漏试验、高效空气过滤器的渗漏试验、操作口负压试验、操作区及操作口气流速度试验、洗涤盆漏水程度试验以及接地装置的接地线路电阻试验。

　　(1)压力渗漏试验,应确认所有接缝的气密性及整个设备没有漏气。

　　(2)高效空气过滤器的渗漏试验,应确认高效过滤器本身及其安装接缝没有渗漏。

　　(3)操作区气流速度试验,应确认整个操作区气流速度均满足规定的要求。

　　(4)操作口气流速度试验,应确认整个操作口的气流速度均满足规定的要求。

　　(5)操作口负压试验,应确认整个操作口的气流流向均指向柜内。

　　(6)洗涤盆漏水程度试验,应确认盛满水的洗涤盆经过 1h 后无漏水现象。

　　(7)接地装置的接地线路电阻试验,应确认接地分支线路在接线及插座处的电阻不超过规定值。

四、风口机组安装

风口机组也叫风口过滤单元,是把高效过滤器和风口做成一个部件,再加上风机而构成过滤单位,有管道型和循环型两种。风口机组方便了设计、安装和使用,特别适用于改建的非单向流洁净室,显得简单易行。

管道型风口机组是与系统末端的管道连接,以弥补系统压头的不足,系统总体安装多组粗、中效过滤器,风口机组只需要安装高效过滤器或亚高效过滤器。

循环型风口机组是直接循环室内空气,为减轻高效过滤器的负担,风口机组的吸入端安装有预过滤器;风口机组压出端安装高效过滤器。

风口机组一般多用于装配式洁净室内,安装前应根据风口在屋顶上的坐标位置来确定吊架的吊杆位置,使风口机组下端与顶棚平齐,为避免风口机组运转过程中增加洁净室内的噪声,风口机组的吸入端与风管的连接应用柔性短管。风口机组连接方式如图 4-54 所示。

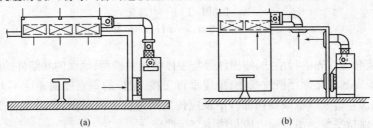

图 4-54　风口机组连接方式
(a)管道型风口机组的连接;(b)循环型风口机组的连接

五、装配式洁净室安装

装配式洁净室由围护结构和净化设备两部分组成。装配式成套洁净设备由围护结构、送风系统、空调机组、空气吹淋室、传递窗、余压阀、控制箱、照明灯具、杀菌系统及安装在空调系统中的多级空气过滤器、消声器等部件组成。装配式洁净室具有设备配套性好、施工机动灵活及方便等优点,但它不适用于洁净度要求较高的场所。

(1)成套设备的开箱,应在清洁的室内进行。组装时,应在室内装修工程完成、空间环境清洁、无积尘的条件下进行,为满足洁净度的要求,要保证组装质量。装配前要严格检查配件、材料的规格和质量。

各种构配件和材料应存放在有围护结构的清洁、干燥的环境中,平整地放置在防潮膜上。开箱启封应在清洁环境中进行,应严格检查其规格性能和完好程度,不合格或已损坏的构配件严禁安装。

(2)地面面层必须干燥、平整,其不平整度不应大于1/1000,在做卷材面层或涂料面层时应考虑与垂直壁板交接处的密封。

(3)洁净室围护结构通常用金属板做成,板厚为 60mm,里外用 1mm 钢板压成,表面烤漆,内层装有聚氯乙烯硬泡沫塑料、岩棉或聚氨酯自熄式泡沫塑料进行保温和隔声。

(4)装配式洁净室的安装,应在装饰工程完成后的室内进行。室内空间必须清洁、无积尘,并在施工安装过程中对零部件和场地随时清扫、擦净。

装配式洁净室安装施工包括地面的铺设、壁板的安装及吊顶天棚的安装等内容,安装示意如图 4-55 所示。

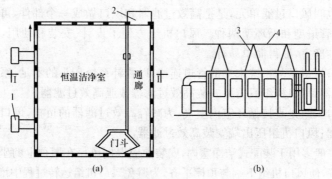

图 4-55　装配式洁净室安装示意图

(a)平面图;(b)Ⅰ－Ⅰ部面

1—空调器;2—吹淋器;3—吊杆;4—10 号工字钢

(5)安装时应首先进行吊挂、锚固件等与主体结构和楼面、地面的联结件的固定。

(6)壁板安装前必须严格放线,墙角应垂直交接,壁板的垂直度偏差应不大于 0.2％,以避免累积误差造成壁板倾斜扭曲。吊顶应按房间宽度方向起拱,使吊顶在受荷载后的使用过程中保持平整。吊顶周边应与墙体交接严密。

(7)为确保粘贴密实避免脱落和积灰,需要粘贴面层的材料,嵌填密封胶的表面和沟槽必须严格清洗,除去杂质和油污。

(8)装配完毕的洁净室所有拼接缝均须采取可靠的密封措施,用密封胶密封,做到不脱落,密封良好。

关键细节 22　装配式洁净室地面铺设安装要求

(1)装配式洁净室地面材料的选择是由气流组织形式决定的。水平单向流和乱流洁净室,采用塑料贴面活动地板或现场铺设的塑料地板。垂直单向流洁净室的地面,采用格栅铝合金活动地板。

(2)塑料地面一般选用抗静电聚氯乙烯卷材,剪裁后要在 37～90℃ 清水中加热 10min 后再冲洗干净,以保证在地面粘结时的质量。

(3)地面面层的铺设应与墙板踢脚板形成密封的整体。地面如有缺陷及不平整处,可用不低于 M10 水泥砂浆修补找平。

(4)铺贴地面的胶粘剂可按设计要求选用,一般常用 88 号胶。铺贴时,先将地面清理干净再放线,然后用 30％的 88 号胶和 70％的稀料混合液在地面上薄薄地刷一层,待干后再均匀地刷一层 88 号胶,其厚度可控制在 1mm 左右,并同样地在塑料卷材上刷一层胶,待胶干至不黏手时将卷材铺贴在地面上,并用压辊赶出里面的空气。

(5)铺贴顺序应从中间向四周进行。每块卷材要预留 1～1.5mm 的间隙用来作焊缝。

(6)铺贴完后即可进行焊接。焊接前为保证焊接强度,可用三角刮刀坡口,并用丙酮或稀料将焊缝内的胶洗掉。焊接时应将导轨调好使焊机在前进过程中的焊嘴对准焊缝。

焊条由输送压辊引出,经焊机的热空气把焊条及焊缝加热呈黏滞流动状态,最终由压辊加压使之成为一个整体。

(7)踢脚板的铺贴须待壁板安装后,将地面靠近墙壁的预留的卷材边反上来铺贴在板壁上,形成弧形的墙角及踢脚板。

🗝 关键细节 23　装配式洁净室壁板安装要求

(1)壁板的安装是根据铺设地面放线尺寸的要求进行的,墙角应垂直交接,先画好底马槽线,并将密封条与底马槽线连接好,马槽与壁板间接缝要相互错开以防累积误差造成壁板歪斜扭曲。

(2)壁板的安装顺序先从转角开始,两边企口处要使用密封条,当安装到一定长度时,应预扣一段顶马槽,以加强其整体性。

(3)壁板(包括夹心材料)应为不燃材料,壁板的封口处要设在开口或转角地方。洁净室壁板装好后,屋角与顶马槽预装,并使其平行和垂直,其接缝与壁板接缝要相互错开。壁板安装方法如图4-56所示。

(4)装配后的壁板间、壁板与顶板间的拼缝应平整严密,壁板垂直度的允许偏差为2/1000,装配后每个单间的几何尺寸与设计要求的允许偏差为2/1000。

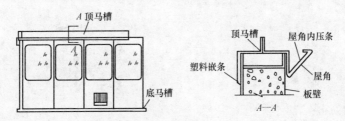

图 4-56　壁板安装方法

🗝 关键细节 24　装配式洁净室顶棚安装要求

洁净室的顶棚通常由顶棚骨架、顶棚块板、吊杆等组成。顶棚结构也是根据空气流动形式来确定的。对于水平平行气流洁净室的顶棚,不需安装高效过滤器;垂直平行气流洁净室的顶棚需要安装高效过滤器而采用密封结构;紊乱气流洁净室顶棚应设有局部送风口。顶棚的安装顺序如下:

(1)根据顶棚骨架施工图,先对骨架进行装配,顶棚的块材、高效过滤器等,要在指定的位置安装到位以使其达到水平、垂直和方正的要求。

(2)为增加稳固性,洁净室套间的工字梁设置的吊点,通过吊杆、吊钳、吊片、螺栓等部件与顶棚骨架相连接。

(3)顶棚的骨架内侧应贴好密封条,同时要将顶棚块材嵌入骨架内且予以固定。安装高效过滤器顶棚时,应在室内和通风系统清理干净达到标准要求后,才准予进行。

(4)顶棚在承受荷载后应保持平直,压条应全部紧贴。若有上、下槽形板时,其接头应整齐、严密。

关键细节 25　洁净室外观检查要求

洁净室各分部工程的外观检查应符合下列要求：

(1)各种管道、自动灭火装置及净化空调设备(空调器、通风机、净化空调机组、高效空气过滤器和空气吹淋室等)的安装应正确、牢固、严密,其偏差符合有关规定。

(2)高、中效空气过滤器与风管连接及风管与设备的连接处应有可靠密封。

(3)各类调节装置应严密、调节灵活、操作方便。

(4)净化空调器、静压箱、风管系统及送、回风口无灰尘。

(5)洁净室的内墙面、吊顶表面和地面,应光滑、平整、色泽均匀,不起灰尘;地板无静电现象。

(6)送、回风口及各类末端装置、各类管道、照明及动力线配管以及工艺设备等穿越洁净室时,穿越处的密封处理应可靠严密。

(7)洁净室内各类配电盘、柜和进入洁净室的电线管线管口应可靠密封。

(8)各种刷涂保温工程应符合有关规定。

第五章 空调制冷系统安装

第一节 制冷设备安装

一、活塞式制冷设备安装

活塞式压缩制冷系统,主要分为氨系统和氟利昂系统两大类。根据制冷量大小和蒸发温度,可以有不同的组成图式。图 5-1 所示为氨制冷系统工作示意图。

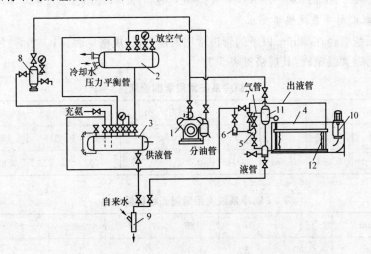

图 5-1　氨制冷系统工作示意图

1—氨压缩机;2—卧式冷凝器;3—贮液器;4—冷水箱;5—氨浮球调节阀;
6—滤氨器;7—手动调节阀;8—集油器;9—紧急泄氨器;10—搅拌器;
11—氨液分离器;12—螺旋管组

1. 活塞式制冷压缩机型号表示方法

(1)单级产品型号表示方法。

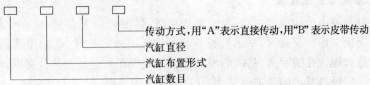

传动方式,用"A"表示直接传动,用"B"表示皮带传动
汽缸直径
汽缸布置形式
汽缸数目

例"6W12.5A"表示 6 缸、汽缸布置形式为 W 形、汽缸直径为 12.5cm、直接传动。

(2)单机双级产品型号表示方法。

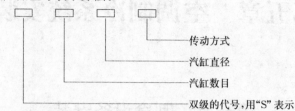

传动方式

汽缸直径

汽缸数目

双级的代号，用"S"表示

例"S8－125A"表示双级、8 缸、汽缸直径为 12.5cm、直接传动。

注:1. 为了表示机器适用何种工质，在缸数后边加"A"或"F"，表示使用工质为氨或氟利昂。例如 "6AW12.5A"表示 6 缸，使用工质为氨，汽缸直径为 12.5cm，直接传动。

2. 对半封闭式压缩机，最后一个字母"B"表示半封闭式，注意勿与表示皮带传动的"B"相混。例如 "4FS7B"表示 4 缸，使用工质为氟利昂，扇形，汽缸直径为 7cm，半封闭式。

3. 压缩机与电动机组成压缩机组时，其型号名一般与压缩机型号名称相同，个别厂另取名称，例如上海 冷气机厂生产的 JZ610 号产品，"JZ"表示机组，6 表示 6 缸，10 表示汽缸直径为 10cm。

2. 活塞式制冷系统规格要求

制冷系统管径在 20mm 以下的管道常用紫铜管，其规格见表 5-1。当管径在 20mm 以上时采用薄壁无缝钢管，其规格见表 5-2。

表 5-1　　　　　　　　　　制冷系统常用紫铜管规格

管外径/mm	3.2	4	6	10	12	16	19	22	25
壁厚/mm	0.8	1	1	1	1	1.5	1.5	1.5	1.5
质量/(kg/m)	0.054	0.084	0.14	0.252	0.307	0.608	0.734	0.859	0.985

表 5-2　　　　　　　　　　制冷系统常用薄壁无缝钢管规格

外径/mm	14	18	25	32	38	45	57
壁厚/mm	3	3	3	3.5	3.5	3.5	3.5
质量/(kg/m)	0.814	1.11	1.63	2.46	2.98	3.58	4.62
外径/mm	76	89	108	133	159	194	210
壁厚/mm	4	4	4	4	4.5	6	6
质量/(kg/m)	7.1	8.38	10.26	12.72	17.15	27.82	31.52

3. 基础验收与放线就位

设备基础一般由土建施工，当混凝土养护期满，强度达到 75% 时，由土建单位提出书面资料进行交接工作。交接时，基础检查验收的内容有外形尺寸、基础平面的水平度、中心线、标高、地脚螺栓孔的距离、基础的埋设件以及模板和木盒是否符合标准，积水是否清除干净等。一般设备基础的各部位尺寸、允许偏差见表 5-3。

表 5-3　　　　　　　　　　　设备基础尺寸和位置的质量要求

项　次	项　目	允许偏差/mm
1	基础坐标位置(纵、横轴线)	±20
2	基础各不同平面的标高	+0 −20
3	基础上平面外形尺寸 凸台上平面外形尺寸 凹穴尺寸	±20 −20 +20
4	基础上平面的水平度(包括地坪上需安装设备的部分)： 每米 全长	5 10
5	竖向偏差： 每米 全高	5 20
6	预埋地脚螺栓： 标高(顶端) 中心距(在根部和顶部两处测量)	+20,−0 ±2
7	预留地脚螺栓孔： 中心位置 深度 孔壁的铅垂度	±10 +20,−0 10
8	预埋活动地脚螺栓锚板： 标高 中心位置 水平度(带槽的锚板) 水平度(带螺纹孔的锚板)	+20,−0 ±5 5 2

　　设备基础检查验收合格后,即可在设备基础上放出纵横中心线。然后将制冷机组或制冷压缩机吊放在基础上,并调整设备使之与中心线相符,再用垫铁粗平设备。对于两台以上的同型号机组,应在同一标高上,其允许偏差为±10mm。

4. 活塞式压缩机安装施工

活塞式压缩机的安装施工规定如下:

(1)现场吊装运输机具、道路要符合施工方案要求。

(2)吊装设备时,钢丝绳与机体的接触处应垫以软木板。吊装过程中应防止受力处低于设备重心而倾斜,设备要捆扎稳固。有公共底座的机组,吊装的受力点位置不应使机组底盘产生变形。吊索与设备接触部位要用软质材料衬垫,防止设备机体、管路、仪表及其他附件受损或擦伤表面油漆。

(3)对于两台以上同型号机组,应在同一标高,允许偏差为±10mm。

(4)设备找平与初平。设备找平是将设备就位到规定的部位,使设备的纵横中心线与基础的中心线对正。设备在找正时,注意设备上的管座等部件方向应符合设备要求。设备初平是在设备就位和找正后,初步将设备的水平度调整到接近要求的程度。

(5)设备精平。精平是设备安装的重要工序,是为达到质量验收规范或设备技术文件要求,在初平基础上对设备水平度的精确调整。

(6)机组找平应在汽缸等加工面上进行找平,应根据具体的情况,参照下列方法进行。

1)有直立汽缸压缩机(如立式或W型)的找平,可在直立汽缸的端面或飞轮外缘上找平,如W型压缩机汽缸直径较大,也可在直立汽缸的内壁上找平。在找平过程中应调换几个测量位置以达到所要求的水平度。

2)无直立汽缸的V形及S形压缩机的找平,可用铅垂线挂于飞轮的外侧,在飞轮外侧正上方选一测点,并用塞尺测出此点与垂线间的间距,这两个间距如不等,再调整垫铁的高度,直至两个间距相等。找平方法如图5-2所示。也可测量飞轮外缘的水平,或用角度水平尺测量。

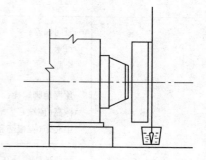

3)对于共同底座的压缩机和电动机,安装时,仅需在公用底座上找水平。这类机组的压缩机与底座的水平度,厂家已在设备出厂前进行过校核。

图5-2 无直立汽缸压缩机的找平

制冷压缩机纵横向水平度的允许偏差为0.2‰。地脚螺栓孔浇灌混凝土后要拧紧各地脚螺栓,并应再找平校核,使之达到允许的偏差范围。

(7)设备拆卸步骤:首先将设备外表擦拭干净,将冷却水管和油管拆下,然后再卸下吸气过滤器;拆开汽缸盖,取出缓冲弹簧及排气阀组;放出油箱内的润滑油,拆下侧盖;拆卸连杆下盖,取出连杆螺栓和大头下轴瓦;取出吸气阀片;用一副吊栓旋入汽缸顶端的螺孔中,取出汽缸套;取出活塞连杆组;拆卸联轴器;卸下油泵盖,取出油泵。

(8)清洗:用油封的活塞式制冷机,如在制造厂技术文件规定期限内,而且外观完好、无损伤和锈蚀时,可只洗缸盖、活塞、汽缸内壁、吸排气阀、曲轴箱等,并检查所有紧固件及油路,更换曲轴箱润滑油。充有保护性气体的机组,在技术文件规定的期限内,压力无变化,且外观完好,可不做内部清洗,严禁混入水分。

关键细节1 活塞式制冷设备装配注意事项

设备装配应注意下列事项:

(1)装配顺序为先拆后装、先内后外、先装成部件后总装。

(2)装配的零部件应涂冷冻油,各部件配合间隙应符合表5-4的要求。装配好后应转动灵活。

表 5-4　　　　　　　　　　　　各主要部位配合间隙

序　号	部　位	允许间隙/mm
1	活塞与汽缸配合	0.30～0.45
2	活塞环、油杯、锁口	0.40～0.60
3	活塞环与环槽轴间隙配合	0.05～0.095
4	连杆大头瓦与曲轴径配合	0.10～0.18 根据轴径
5	活塞上死点(用垫片调整后)	0.70～1.60
6	连杆小头轴承孔与销配合	0.04～0.066

(3)各部位间隙的测量,可用千分尺、千分表(百分表)、塞尺等量具直接测得,也可用透光、着色等方法间接测得。

(4)所有紧固件应均匀紧固,所有锁紧件应锁紧。开口销、弹簧卡、石棉垫片,均应按原规格更换。螺纹连接可用氧化铅、甘油或聚四氟乙烯带、密封胶等密封。

(5)供液阀、电磁阀、膨胀阀部件应清洁干净,开启灵活可靠,各种指标调节仪表应经过校验。油箱内注入符合设备技术文件上所要求的冷冻油。

(6)设有减振基础的机组,冷却水管、冷冻水管及电气管路也必须设置减振装置。

(7)机组组装完毕后,应盘动灵活,油、气、水路畅通。

关键细节 2　活塞式制冷设备安装气密性试验

(1)当制冷机组区别试验压力为高低压系统有困难时,可统一按低压系统试验压力进行系统气密性试验。

(2)在规定压力下保持 24h,然后充气 6h 后开始记录压力表读数,再经 18h,其压力不应超过按下式计算的计算值。如超过计算值,应进行检漏,查明后对泄漏部位进行处理,并应重新试验,直至合格。

$$\Delta P=P_1-P_2(1-\frac{273+t_2}{273+t_1})$$

式中　ΔP——压力降(MPa);
　　　P_1——试验开始时系统中的气体压力(MPa);
　　　P_2——试验结束时系统中的气体压力(MPa);
　　　t_1——试验开始时系统中的气体温度(℃);
　　　t_2——试验结束时系统中的气体温度(℃)。

(3)气密性试验中应采用氮气或干燥空气进行系统升压。

二、离心压缩机安装

(1)拆箱应按自上而下的顺序进行。拆箱时应注意保护机组的管路、仪表及电器设备不受损,拆箱后清点附件的数量及机组充气有无泄漏等现象。机组充气内压应符合设备技术文件规定的压力。

(2)拆箱后应连同原有底排子,拖运到安装地点,吊装的钢丝绳应设于蒸发器筒体支座外侧，并注意钢丝绳不要使仪表板、油水管路等受力，钢丝绳与设备接触点应垫以软木板，如图 5-3 所示。

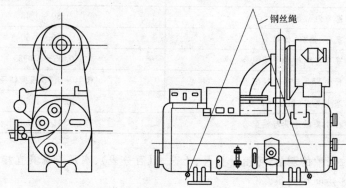

钢丝绳

图 5-3　离心式冷水机组吊装示意图

（3）机组在连接压缩机进气管前，应从吸气口观察导向叶片和执行机构、叶片开度与指示位置，按设备技术文件的要求调整一致并定位，最后连接电动执行机构。

（4）机组法兰连接处应使用高压耐油石棉橡胶垫片。

（5）机组吊装就位后，中心应与基础轴线重合。两台以上并列的机组，应在同一基准标高线上，允许偏差±10mm。

（6）机组找平。

1）制冷机组应在与压缩机底面平行的其他加工平面上找正水平，其纵、横向不水平度均不应超过 0.1‰。

2）离心式制冷压缩机应在主轴上找正纵向水平，其不水平度不应超过 0.03‰；在机壳中分面上找正横向水平，其不水平度不应超过 0.1‰。

（7）清洗：半封闭离心压缩机，一般可不解体清洗，但应把油箱、油路清洗干净，保持油路畅通。如需清洗，可按以下程序进行：

1）拆掉与机组串联的仪表管路。

2）拆卸吸气弯管、执行机构、蜗壳盖、导叶机构，松开螺母，拆下叶轮、蜗壳。

3）拆开增速器、齿轮、轴、挡、油杯、油封、联轴器等。

4）拆开油箱盖、电机轴承盖。

5）打开筒体下部阀门、法兰，清理蒸发器内杂物，并吹扫干净。

6）零星部件全部解体后，应彻底清洗，使油孔畅通。对每个零部件要认真检查测量。清洗后，应涂以冷冻油，妥为保管，所有密封衬垫均应按原材料的材质、尺寸制作新的衬垫。

（8）装配：

1）装配顺序为先拆后装、先内后外、先装成部件后总装。

2）装配的零部件应涂冷冻油，各部件配合间隙应符合表 5-4 的要求。装配好后应转动灵活。

3）装配转动部分，应装一件，盘动一下，再装一件，经检查测量无疑后，再继续装配。

主要装配间隙要求见表 5-5。

表 5-5 离心式压缩机安装间隙

序　号	间隙部位	允许偏差/mm
1	叶轮与蜗壳轴向间隙	1.20～1.30
2	叶轮外径与蜗壳径向间隙	2
3	叶轮轴向位移	0.20～0.40
4	齿轮轴与轴承的径向间隙	$\phi80$～$\phi100$ 为 0.10～0.18 $\phi55$～$\phi70$ 为 0.08～0.14 $\phi40$ 以下为 0.08～0.12
5	油封与轴的径向间隙	0.25～0.35
6	浮环密封径向间隙	0.07～0.09
7	联轴器同心度(FLZ－1000 型)	0.02

4)机组本体组装好后,组装仪表、安全保护、自控管路、水冷却管路及其他零部件。紧固件应均匀紧固,锁紧止推件应能起作用。

5)连接压缩机进气管前,应通过收气口观察导向叶片和执行机构,以及叶片开度和仪表指示位置,并应按有关设备技术文件的要求调整一致、定位,然后连接电动执行机构。

6)向油箱内注油至油面,油质应符合说明书的规定。

(9)控制设备安装。安装前对单体调节设备进行调试工作;就地安装的一次仪表,应安装在光线充足、测量方便的位置,直接安装在冷却水和冷冻水管道上的仪表,应在管道吹扫后试压前安装,保证接口的严密性,接线处应注明线号。

关键细节 3　离心式压缩机的清洗方法

如已超过技术文件的规定期限,或外观检查有损伤和锈蚀时应全面检查并解体清洗,并按技术文件规定,调整各部间隙。一般清洗步骤如下:

(1)拆卸之前应备齐所需机具及材料,如铜棒、垫木、煤油、开口销、垫片等;拆洗时,应做好定位、方向等记号。

(2)放净曲轴箱内存油,打开曲轴箱盖;同时拆下仪表、水冷却管道等零部件。

(3)打开缸盖,取出阀组,松开连杆大瓦螺栓,抽出活塞。

(4)把拆下的部件解体,进行检查、清洗、测量。

(5)所有油孔应畅通、干净,滤油器完整、清洁。吸排气阀组应做透油试验,以每分钟不超过 5 滴为合格。高低压阀门应做密封试验。

(6)检查转动部件的磨合、接触情况。

三、溴化锂吸收式制冷设备安装

溴化锂吸收式制冷设备是利用溴化锂水溶液在常温下(特别是在温度较低时)吸收水蒸气的能力很强,而在高温下又能将所吸收的水分释放出来的特征,以及利用制冷剂水在低压下汽化时要吸收周围介质的热量这一特性来实现制冷的。溴化锂吸收式制冷装置有整体设备和组装设备两种。整体设备可进行整体吊装，再找平找正，其方法和离心式制冷机组基本相同。组装式设备的安装，应按下列顺序：

下筒体(蒸发器与吸收器)→上筒体→热交换器→屏蔽泵→真空泵→与设备连接的各种管道和部件。

具体安装步骤如下：

(1)根据设计要求，设备应安放在垫有硬橡胶板的基础上，硬橡胶板可按地脚位置分布安放，其厚度为 10mm 为宜。

(2)机组安装前，设备的内压应符合设备技术文件规定的出厂压力。

(3)设备就位后，应按设备技术文件规定的基准面(如管板上的测量标记孔或其他加工面)找正水平，其纵向、横向不水平度均不应超过 1‰；双筒吸收式制冷机应分别找正上下筒的水平，以确保水盘和发生器加热管簇浸入溶液中，使蒸发器、吸收器、热交换器外表面保持良好流态。

(4)真空泵就位后，应找正水平。抽气连接管应采用金属管，其直径应与真空泵的进口直径相同；如果必须采用橡胶管作吸气管，应采用真空胶管，并对管接头处采取密封措施。

(5)屏蔽泵应找正水平。电线接头处应做防水密封。

(6)制冷系统安装后，应对设备内部进行清洗。清洗时，将清洁水加入设备内，开动发生器泵、吸收器泵和蒸发器泵，使水在系统内循环，反复多次，并观察水的颜色直至设备内部清洁为止。

(7)热交换器安装时，应使装有放液阀的一端比另一端低 20～30mm，以保证排放溶液时易于排尽。

(8)蒸汽管和冷媒水管应隔热保温，保温层厚度和材料应符合设计规定。

关键细节 4　溴化锂吸收式制冷设备机组供汽系统配管注意事项

供汽系统蒸汽型溴化锂吸收式冷水机组，必须保持蒸汽压力稳定和蒸汽凝结水的畅通，以保证机组的技术性能和使用寿命。供汽系统的配管工艺与一般蒸汽管道相同，但应注意如下事项：

(1)为保证供汽压力的稳定，蒸汽表压高于 0.8MPa 时，应在机组的蒸汽调节阀与过滤器之间安装减压阀，其位置应设在距机组 3m 之内。减压阀前后的压差一般应大于0.2MPa，压比≤0.8，才能起到有效的减压作用。

(2)蒸汽调节阀与温度传感器、温度调节器等组成自动调节系统。其调节阀应距离机组的蒸汽入口处 1.2m 为宜，以使蒸汽均匀分配至各传热管。

(3)如蒸汽的干度低于 0.95 或蒸汽锅炉容量较小，应在管路入口处装设汽水分离器，以保证发生器的传热效果。

(4)为观测运行中各部位蒸汽压力，应在减压阀两侧及蒸汽调节阀后装设压力表。

(5)减压阀和蒸汽调节阀处应安装截止阀的旁通管路，便于检修时可手动调节。

(6)蒸汽凝结水管应使机组的备压保持在表压 0.05～0.25MPa，为防止在低负荷或停运时凝结水反流回高压发生器管束,可在机组的蒸汽凝结水的出口处安装止回阀或排水阀。

(7)在双效吸收式冷水机组中,为充分利用蒸汽和提高热效率,一般应装设凝结水回热器。经凝结水回热器的凝水温度一般为 90～95℃。

四、螺杆式制冷压缩机安装

螺杆式制冷压缩机是新型制冷设备,有风冷式和水冷式两种,其主机有全封闭立式螺杆压缩机和半封闭卧式螺杆压缩机。

(1)螺杆式制冷压缩机通过弹性联轴器与电动机直联,它与油分离器及油冷凝器等部件设置在同一支架上,出厂时即为螺杆式制冷压缩机组,如图 5-4 所示。

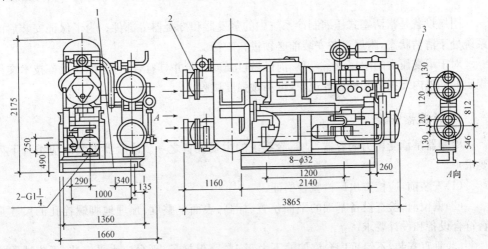

图 5-4　螺杆式冷水机组图
1—主电动机与控制箱线源处;2—冷凝器;3—蒸发器

(2)螺杆式制冷压缩机安装时,应对基础进行找平、找正,其纵、横向不水平度不应超过 1‰。

(3)设备地脚螺栓孔的灌浆强度达到要求后,应对设备进行精平,利用百分表在联轴器的端面和圆周上进行测量、找正,其允许偏差应符合设备技术文件的规定。

(4)螺杆式制冷压缩机接管前应先清洗吸、排气管道;管道应作必要的支承。连接时应注意不要使机组变形而影响电动机和螺杆式制冷压缩机的对中。

(5)机组就位后,应将联轴器孔内橡胶传动芯子拆卸,使电动机与压缩机脱离,安装电器部分并接通电动机的电源,点动电动机,确认电动机的旋转方向与机组技术文件相吻合。

关键细节 5　螺杆式制冷压缩机使用条件

压缩机与电动机直联,装在同一机架上。为保证机组安全运行,机组下部设有油分离器、油冷却器、油泵及油过滤器等,机组旁设有安全保护装置,螺杆制冷压缩机的使用条件见表 5-6。

表 5-6　　　　　　　　　　　　　螺杆制冷压缩机使用条件

冷凝温度	≤40℃	蒸发温度	+5～－40℃
排气温度	≤100℃	油压	高于排气压力 0.15～0.3MPa
油　温	≤60℃		

第二节　制冷系统附属设备安装

附属设备是指活塞式压缩制冷系统中的蒸发器和冷凝器等部件。为了保证安装后的系统处于清洁状态,附属设备安装前必须进行吹污。

对于承受压力的附属设备,出厂前已做过强度试验并具有合格证,如在设备技术文件规定的期限内无损伤和锈蚀等现象,可不做强度试验。

一、冷凝器安装

冷凝器是承受压力的容器,是制冷系统的主要设备之一。冷凝器安装时应符合下列要求:

(1)安装前,应检查出厂检验合格证。

(2)就位前,检查设备基础的平面位置、标高、表面平整度、预埋地脚螺栓孔的尺寸是否符合设备和设计要求。

(3)垂直安装,不铅垂度允许偏差不大于 1‰。但梯子、平台应水平安装,无集油器的不水平度不应超过 1‰;集油器在一端的以 1‰坡度坡向集油器;集油器如在中间时,同水平安装的要求。

(4)冷凝器在安装以前应做严密性试验,合格后才能安装。

(5)基础孔中的杂物应清理干净,在基础上放好纵、横中心线,但应检查冷凝器与贮液器基础的相对标高是否符合工艺流程的要求。

(6)冷凝器的就位吊装,应根据施工现场的具体条件选用吊装设备。吊装时,不允许将索具绑扎在连接管上,应绑扎在壳体上,按已放好的中心线进行找平找正。

(7)设备如在两台以上时,应统一同时放好纵、横中心线,确保排列整齐、标高一致。

(8)冷凝器安装后应进行气密性试验,试验压力根据制冷剂的种类而定,R12、R22 为 2.0MPa,R12 为 1.6MPa。

关键细节 6　立式冷凝器安装方法

(1)一般立式冷凝器安装在混凝土的水池上,可分为单台或多台安装。立式冷凝器安装在浇筑的钢筋混凝土集水池顶部时,可在预埋螺栓的位置预埋套管,待吊装冷凝器后,将地脚螺栓和垫圈穿入套管中以防止预埋的螺栓与冷凝器底座螺孔偏差过大而影响安装。

(2)立式冷凝器找正方法,如图5-5所示。测量上、中、下三点,a、b位置各测一次,a_1、a_2、a_3的值差不大于1/1000。

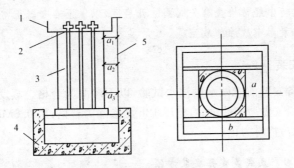

图 5-5　立式冷凝器找正
1—水槽;2—导流器;3—冷凝器;4—水池;5—垂线

(3)冷凝器找平找正后,再拧紧螺母定位。

(4)立式冷凝器安装在集水池顶的工字钢或槽钢上时,先将工字钢或槽钢与集水池顶预埋的螺栓固定在一起,然后将冷凝器吊装安放在工字钢或槽钢上。

(5)立式冷凝器安装在集水池顶部钢板上时,钢板与钢筋混凝土池顶的钢筋应焊接在一起。安装冷凝器时,先按冷凝器底座螺孔位置将工字钢或槽钢置于预埋的钢板上。待冷凝器找平找正后,将工字钢或槽钢与预埋的钢板焊牢。

(6)在焊接冷凝器的平台和钢梯时,应注意不能损伤冷凝器本体,焊接后应检验有无损伤的现象。

关键细节 7　卧式冷凝器安装方法

(1)卧式冷凝器一般在室内安装。为使冷凝器的冷却水系统正常运转,便于冷却水系统运转时排除空气,应在封头盖顶部装设排气阀。为了在设备检修时能将冷却水排出,应在封头盖底部设排水阀门。

(2)卧式冷凝器找正方法是用水平仪在壳体顶部测量三点(因壳体不是机加工面),取其平均值,用垫铁调整到允许偏差范围内即可。

(3)卧式冷凝器在机房内布置时,为便于更换或检修管束,应留出相当于冷凝器内管束尺度的空间,若机房的面积较小,也可在冷凝器端面对应位置的墙上开设门窗,利用门窗室外空间更换装入管束。

(4)卧式冷凝器的安装基础,应根据厂家提供的技术文件进行。卧式冷凝器可安装在贮液器之上,以节省设备占地面积。

关键细节 8　冷凝器试运转与调整

(1)冷凝器的运转首先应根据压缩机的制冷能力和冷凝器的热负荷,确定投入运转的冷凝器的台数。

(2)冷凝器的运转首先要检查管路及各阀门的开闭状态,冷凝器在运行中其出入水管路、进气、出液、均压安全阀门等必须全开,放油阀和放空气阀应关闭。

(3)冷凝器运转时,冷凝水不可间断。

(4)冷凝器运转中经常检查有关阀门的开启度,以保证冷凝器正常运转。

(5)定期从冷凝器中放油和放空气。

二、蒸发器安装

蒸发器在准备安装前应做水槽注水试验,以不渗漏为合格。蒸发器组用 1.2MPa 压力的压缩空气或氮气做严密性试验,稳压 12h 无渗漏为合格;用 0.6MPa 压力的压缩空气做排污工作,到无污物时为止。

✎ 关键细节 9   立式蒸发器安装方法

立式蒸发器用于制冷系统中,使氨液蒸发造成低温。为便于运行维护,立式蒸发器的平面布置方式如图 5-6 所示。

(1)检查基础表面,清理平整后,将尘土污物清理干净,刷一道沥青底漆,用热沥青油毡铺在基础上,在油毡上放好经防腐处理的枕木,间距一般为 1.2m 左右,厚度与保温层相同,以 1‰的坡度坡向泄水口,在枕木之间铺好保温层,用油毡热沥青封面,将水槽就位找正。

(2)立式蒸发器的平面布置过程中三台及少于三台的蒸发器可靠墙布置,多于三台时,可连成一片或分组安装以便于运行维护。

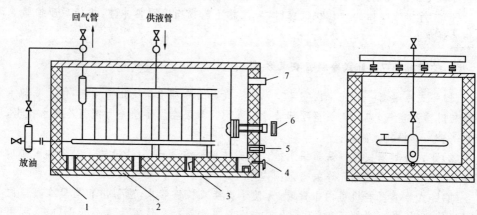

图 5-6   立式蒸发器的平面布置方式
1—基础;2—保温层;3—枕木;4—放水管;
5—出水管;6—搅拌机;7—溢水管

(3)立式蒸发器安装前应对水箱进行渗漏试验,盛满水保持 8~12h 以不渗漏为合格。

(4)立式蒸发器安装时先将水箱吊装到预先做好的上部垫有绝热层的基础上,再将蒸发器管组放入箱内。蒸发器管组应垂直并略倾斜于放油端。各管组的间距应相等。基础绝缘层中应放置在与保温材料厚度相同、宽 200mm 经防腐处理的木梁上。蒸发器管组组装后,且在气密性试验合格后,即可对水箱保温。

(5)将蒸发器组作严密试验合格后,除锈刷油漆,然后将蒸发器吊入水槽中,将各小组用集气管连接成一个大组,间距均匀,将蒸发器垫实固定,以1‰的坡度坡向集油器。

(6)搅拌机安装前应清洗检查,将润滑油加好、填料并调整好,转动轻便不碰外壳,纵向不水平度允许偏差为0.1/1000。立式搅拌器安装时应将刚性联轴器分开,清除内孔中的铁锈及污物,使孔与轴能正确地配合,再进行连接。搅拌机安装好后,应注水检查法兰和填料处,以无渗漏为合格。

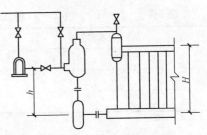

图5-7 浮球调节阀安装示意图

(7)浮球阀安装:浮球阀安装前应清洗调整好,并加好冷冻油。浮球阀与蒸发器的相对标高由蒸发温度而定,其安装如图5-7所示,安装高度见表5-7。

表5-7 立式蒸发器浮球阀安装高度

蒸发温度/℃	浮球阀中心高度
0	0.6H
−15	0.7H
−28	0.8H

(8)全部附件安装完毕后,经试验合格后进行冷水槽的保温工作。

关键细节10 卧式蒸发器安装方法

卧式蒸发器一般安装于室内的混凝土基础上,用地脚螺栓与基础连接。图5-8为卧式蒸发器安装示意图。

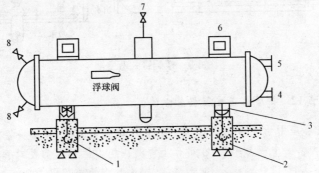

图5-8 卧式蒸发器安装示意图

1—地脚螺栓;2—混凝土基础;3—垫木;4—冷水进;
5—冷水出;6—水平尺;7—回气;8—放气

(1)找平找正后,紧固地脚螺栓。先做气压试验,后做水压试验。

(2)为避免冷桥的产生,蒸发器支座与基础之间应垫以50mm厚的防腐垫木,垫木的面积不得小于蒸发器支座的面积。

（3）浮球阀应清洗调整好、加好冷冻油方可进行安装，浮球阀与蒸发器的相对标高由蒸发温度而定。其安装高度见表 5-8。

表 5-8　　　　　　　　　　　卧式蒸发器浮球阀安装高度

蒸发温度/℃	浮球阀中心高度 h
0	0.50D
−15	0.62D
−28	0.75D

（4）卧式蒸发器的水平度要求与卧式冷凝器相同，可用水平仪在筒体上直接测量。

关键细节 11　螺旋管式蒸发器安装方法

螺旋管式蒸发器的构造如图 5-9 所示，其有单头和双头两种类型。这种蒸发器的优点是传热系数高，并具有载冷剂贮蓄量大、冷量贮存较多、热稳定性好和操作管理方便等特点，因此，广泛应用于制冷系统中。其安装方法可参考立式和卧式蒸发器的安装。

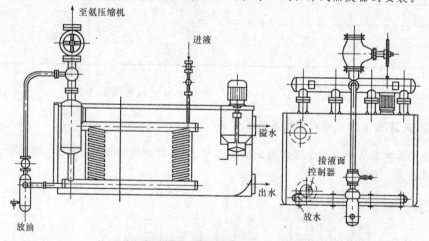

图 5-9　螺旋管式蒸发器

关键细节 12　排管式蒸发器安装方法

排管式蒸发器多用于冷库，有顶排管、墙排管、阁架排管等，具体安装方法如下：

（1）在库房内搭一个简易平台，在平台上焊制成组。但组焊前要对管道进行内外除锈至露出金属光泽，将管段外刷漆，为便于焊接，刷漆时将管端留出 100mm 不刷漆。组焊好后，用 1.2MPa 的压缩空气或氮气做严密性试验，稳压 12h 无渗漏为合格。为方便检查泄漏，如有条件可在水槽中试验。

（2）试压合格后，将焊口部分补刷油漆。

（3）用起吊方法将排管吊装在支架上，墙排管可就地立起，靠墙与固定支架连接。图架排管可先将架子组装好,然后在架子上组对排管。

(4)试压前,要对排管进行排污清扫,将管内杂物吹净后再做严密性试验。

(5)在冬季,蒸发器做严密性试验时,为避免肥皂水冻结影响检漏,可在肥皂水中加入一定比例的酒精或白酒。试压介质不宜用水。

⚒ 关键细节 13　蒸发器试运转与调整

(1)蒸发器运转前应先启动搅拌器,缓慢开启蒸发器回汽阀,然后再相应开启供液阀以调整供液量。

(2)当蒸发器内冷冻水符合生产要求时,开启冷冻水进出口阀门,启动冷冻水泵。

(3)蒸发器放油每半月进行一次,放油时应关闭进液阀和出汽阀。

(4)蒸发器正常工作时,各蒸发排管表面应布满均匀的干霜,不得有不结霜或结霜不均匀的现象。

三、贮液器安装

贮液器在制冷设备中用来贮存和调节液态制冷剂的循环量,保证正常供液量及压缩机的可靠运行。根据功能不同,贮液器可分为两大类,即高压贮液器和低压贮液器,它们结构大致相同,都是用钢板卷制焊成的圆柱形容器。

(1)就位前,检查设备基础的平面位置、标高、表面平整度、预埋地脚螺栓的尺寸是否符合设备和设计要求,并清理基孔中的杂物。

(2)设备吊装就位后,应找平找正,如图5-10所示。在壳体上最少测量三点,用以确定贮液桶的水平度。无集油器和集油器在中间的贮液桶,应水平安装,不水平度允许偏差为1/1000;集油器在一端的,应以1/1000的坡度坡向集油器。

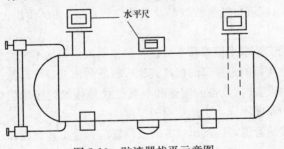

图5-10　贮液器找平示意图

(3)将地脚螺栓灌好混凝土,待混凝土强度达到75%后,进行精平并紧固地脚螺栓。

(4)两台以上时,为保证排列整齐、标高一致,应同时放好纵横中心线。

(5)为避免不能供液,进、出液管不得装错(进液管是焊在壳体表面的,出液管是插入桶内的)。

⚒ 关键细节 14　高压贮液器试运转与调整

(1)高压贮液器在运行前应把放油阀和放空气阀关严,打开压力计、液位计、安全阀及均压管的阀门后,再打开进液阀和出液阀。

(2)高压贮液器在正常工作时,贮液量应在 30%～80% 之间,并且输出和输入的液体量应平衡,液面不应有忽高忽低现象。

(3)高压贮液器内压力一般不应超过 1.5MPa 且应和冷凝压力相一致。

(4)高压贮液器放油时要切断其与工作系统的联系,即关闭进液阀、出液阀和均压管。

四、集油器安装

集油器又名贮油器,用于收集氨油分离器及其他设备放出的润滑油,并将油中的制冷剂回收,以减少制冷剂的损失,同时保证工作人员的安全。

集油器安装方法如下:

(1)检查核对基础孔的尺寸与设备尺寸是否相符。集油器一般安装在地面上,为便于收集各设备中排放出的润滑油,应低于系统中各设备。

(2)设备就位,集油器应垂直安装,并装在便于操作的地方,如图 5-11 所示。

(3)对设备进行找正,地脚螺栓灌好混凝土,待达到强度后再安装附件。

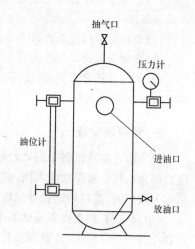

图 5-11　集油器安装

五、分离器安装

分离器安装就位前,应检查管口的方向与位置、地脚螺栓孔与基础的位置,并应符合设计要求。

(1)分离器安装,应进行气密性试验及单体吹扫;气密性试验压力应符合设计和设备技术文件的规定。

(2)卧式设备的安装水平偏差和立式设备的铅垂度偏差均不宜大于 1/1000。

(3)洗涤式油分离器的进液口的标高宜比冷凝器的出液口标高低。

(4)当安装低温设备时,设备的支撑和与其他设备接触处应增设垫木,垫木应预先进行防腐处理,垫木的厚度不应小于绝热层的厚度。

(5)与设备连接的管道,其进、出口方向及位置应符合工艺流程和设计的要求。

关键细节 15　空气分离器安装方法

空气分离器将制冷系统中不凝缩气体和氨气分离开后,将不凝缩气体排出制冷系统外,以提高制冷效果和安全运转。目前常用的空气分离器有立式和卧式两种形式,一般安装在距离地面 1.2m 左右墙壁上,用螺栓与支架固定,如图 5-12 所示。

(1)在安装位置放好线,按设备的支座尺寸安装好支架。

(2)待支架混凝土达到强度后,将设备固定于支架上。

(3)对设备进行找平、找正。卧式空气分离器应以 1‰ 坡度高于另一端。立式空气分离器氨液进口端向下,高度一般为 1.2m。

（4）配管：按图5-12标明的管口进行接管，不得接错，以避免接错管口使空气分离器起不到分离空气的作用。

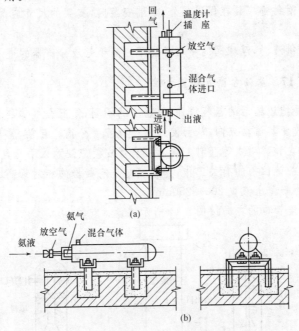

图 5-12　空气分离器安装
(a)立式空气分离器安装；(b)卧式空气分离器安装

关键细节 16　液氨分离器安装方法

液氨分离器是用于分离自蒸发器产生的氨气中所夹带的液氨，以防止液氨进到氨压缩机产生液力冲击造成事故。液氨分离器安装应注意以下几点：

（1）安装支架。将支架安装在墙上，标高按设计规定安装；如设计无规定，其标高应使设备底部高于排管顶部1～2m为宜，如图5-13所示。

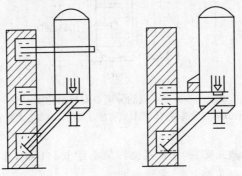

图 5-13　立式液氨分离器安装示意图

(2)找平找正。立式液氨分离器应垂直安装,铅垂度允许偏差为 1.5/1000。设备支腿与支架接触处应加防腐绝缘垫木,厚度为 50～100mm,面积不小于支腿面积。

(3)设备上的附件都应装在保温层外,靠墙安装时,支架的尺寸应加上保温层的厚度,连接管口不应靠墙。

(4)用浮球阀供液时,浮球阀的中心标高不应高于氨液分离器的进液管。

⚒ 关键细节 17　氨油分离器安装方法

氨油分离器是把压缩后的氨气借油、氨密度的不同,使混合气体经过直径较大的容器时,降低其流速,改变其流动方向,从而使油从中沉降并分离。目前,常用的氨油分离器主要有洗涤式、填料式和离心式等几种。氨油分离器安装应注意以下几点:

(1)应做好设备就位前的有关工作,并且核对与冷凝器的相对标高。一般氨油分离器的进液口应低于冷凝器出液口 200～250mm。

(2)确定好连接管口的方向按图 5-14 所示将设备就位。

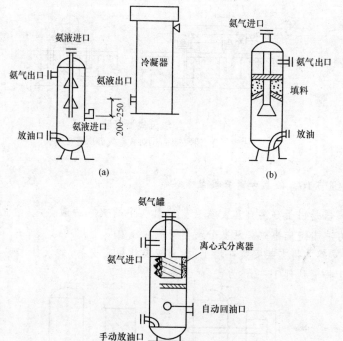

图 5-14　氨油分离器安装示意图
(a)洗涤式氨油分离器;(b)填料式氨油分离器;(c)离心式氨油分离器

(3)氨油分离器应垂直安装,铅垂度允许偏差为 1.5/1000,进出口不得接错,洗涤式、填料式为上进旁出,离心式为上进、旁进上出。

(4)浮球阀应清洗检查加油后进行安装。

(5)填料式氨油分离器的冷却水管,下口为进水口,上口为出水口,不能接错。

六、紧急泄氨器安装

制冷系统中有大量液氨存在的容器（如贮氨器、蒸发器）管路与紧急泄氨器连接，当情况紧急时，可将紧急泄氨器的液氨排出阀和通往紧急泄氨器的自来水阀打开排出。

XA—100 型紧急泄氨器的外形尺寸如图 5-15 所示；其设计压力和试验压力见表 5-9。

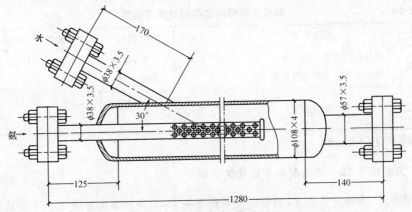

图 5-15 XA—100 型紧急泄氨器的外形尺寸

表 5-9   XA—100 型紧急泄氨器的设计压力与试验压力

1	试验压力	水压试验	2.35MPa(24kgf/cm^2)
		气密性试验	1.57MPa(16kgf/cm^2)
2	设计压力		1.57MPa(16kgf/cm^2)

紧急泄氨器一般垂直安装于机房门口便于操作的外墙上，用螺栓、支架与墙壁连接。其安装方法与立式空气分离器相同，但应注意阀门高度一般不要超过 1.4m，待支架的埋设混凝土强度达到后，将设备安装在支架上。进氨管、进水管、排出管均不得小于设备的接管直径，排出管必须直接通入下水道中。

第三节 制冷系统管道安装

制冷管道是将制冷压缩机、冷凝器、节流阀和蒸发器等设备及阀门、仪表等连接成一个封闭循环的制冷系统，使制冷剂不间断循环流动，起到制冷作用。

一、制冷管道清洗

制冷管道与压缩机、冷凝器、蒸发器等连接后形成一密闭的循环制冷系统。如果管道系统内有细小杂物存在，会被带入压缩机汽缸内，磨损活塞和汽缸壁，因此，在安装前要将管道内外壁的铁锈、污物清除干净。

在管道清洗后应进行干燥处理。一般在安装前，除了用钢丝刷在管道内拉刷外，还应用干燥棉布拉过,必要时还可以进行烘干处理,然后管子两端用木塞塞严,以待安装。制冷管路安装完毕后,还应选择干燥天气,用干燥空气进行吹洗。

　　管道除锈、污物清除干净以后应该刷漆。刷漆时应保持金属面干燥、洁净,漆膜附着良好。制冷系统管道油漆的种类、遍数、颜色和标记等应符合设计要求。如设计无要求,制冷管道(有色金属管道除外)所用油漆类别及油漆遍数等可参照表 5-10。

表 5-10　　　　　　　　　制冷管道用油漆类别及油漆遍数

管道种类		油漆类别	油漆遍数	颜色标记
低压系统	绝热层以沥青为胶粘剂	沥青漆	2	蓝色
	绝热层不以沥青为胶粘剂	防锈底漆	2	
高压系统		防锈底漆	2	红色
		色漆	2	

注:镀锌钢管可不涂底漆。

关键细节 18　空调制冷管道清洗方法

　　管道清污、除锈方法较多,根据制冷系统的特点,不同材质的管道采用不同的方法,具体可参见表 5-11。

表 5-11　　　　　　　　　　　　　　管道清洗方法

类　别	清　洗　方　法
钢管清洗	(1)对于一般钢管,可用人工方法用钢丝刷子在管道内部拖拉数十次,直到将管内污物及铁锈等物彻底清除,再用干净的抹布蘸煤油擦净。然后用干燥的压缩空气吹洗管道内部,直到管口喷出的空气在白纸上无污物时为合格。对清洗后的干净管子,必须将管口封闭好,待安装时启用。 (2)对小口径的管道、弯头或弯管,可用干净的抹布浸蘸煤油将管道内壁擦净。 (3)对大直径的钢管可用化学清洗法。可灌入四氯化碳溶液处理,经 15~20min 后,倒出四氯化碳溶液(以后再用),再按以上方法将管内擦净、吹干,然后封存。 (4)对钢管内残留的氧化皮等污染物用上法不能完全清除时,可以用 20%的硫酸溶液使其在温度40~50℃的情况下进行酸洗,一直酸洗到氧化皮完全清除为止,一般情况所需时间为10~15min。 (5)酸洗后管道进行光泽处理。光泽处理溶液成分如下: 　　铬干——100g;硫酸——50g;水——150g。 　　溶液的温度不应低于 15℃,处理时间一般为 0.5~1min。 (6)光泽处理后的管道,必须先进行冷水冲洗,再用 3%~5%的碳酸钠溶液中和,然后再用冷水冲洗干净。最后对管道进行加热、吹干和封存
紫铜管清洗	紫铜管在揻弯时应烧红退火。退火后铜管内壁产生的氧化皮要酸洗或用纱头拉洗。 (1)酸洗。把紫铜管放在浓度为 98%的硝酸(占 30%)和水(占 70%)的混合液中浸泡数分钟,取出后再用碱中和,并用清水洗净烘干。 (2)用纱头拉洗。将纱布绑扎在铁丝上,浸上汽油,从管子一端穿入再由另一端拉出,纱头要在管内进行多次拉洗,每拉一次都要将纱头在汽油中清洗过,这样直到洗净为止,最后用干纱头再拉净一次

（续）

类　别	清　洗　方　法
氟利昂制冷管道清洗	氟利昂制冷管道在揻弯时，最好不要采用填砂的方法；如果必须填砂揻弯，就要采用下述步骤将砂清除干净： （1）铜管。先用喷击速度为 10～15m/s 的压缩空气吹扫，再用浓度为 15%～20% 的氟氢酸灌入管内，停留 3h，砂粒就被腐蚀。接着用 10%～15% 的苏打水中和，以干净热水冲洗后，并在 120～150℃ 的温度下烘烤 3～4h 即可。为除掉水蒸气，管内用干燥空气吹干。 （2）钢管。可向管内灌入浓度为 5% 的硫酸溶液，静置 1.5～2h，再用 10% 的无水碳酸钠溶液中和，并以清水冲洗干净，用干燥空气吹干，最后用 20% 的亚硝酸钠钝化
管道干燥处理	在管道清洗后应进行干燥处理。一般在安装前，除了用钢丝刷在管道内拉刷外，还应用干燥棉布拉过，必要时还可以进行烘干处理，然后管子两端用木塞塞严，以待安装。制冷管路安装完毕后，还应选择干燥天气，用干燥空气进行吹洗

二、制冷管道敷设

制冷管道的敷设分为架空敷设和地下敷设两种方式。

1. 架空敷设

（1）架空管道敷设除设置专用支架外，一般应沿墙、柱、梁布置。制冷系统的吸气管与排气管布置在同一支架，吸气管应布置在排气管的下部。多根平行的管道间应留有一定的间距，一般间距不小于 200mm。

（2）在管道与支架间设置用油浸处理过的木块以防止吸气管道与支架接触产生"冷桥"现象。

（3）敷设制冷剂的液体管道，为防止产生"气囊"和"液囊"增加管路阻力，影响系统正常运转，不能有局部向上凸起的管段，气体管道不能有局部向下凹陷的管段，从液体主管接出支管时，一般应从主管的上部接出。

（4）制冷管道的三通接口不能使用 T 形三通，应制成顺流三通。如支管与主管的管径相同且 DN<50mm，主管应局部加大一个规格制成扩大管后，再开顺流三通。

（5）为防止热揻弯生成氧化皮或嵌在管壁上的砂子增加系统的污物，制冷管道弯道应采用冷揻弯。弯管的曲率半径一般不小于管子外径的 3.5 倍。制冷管道不得采用焊接弯管、皱褶弯管及压制弯管。

2. 地下敷设

地下敷设分为通行地沟敷设、半通行地沟敷设及不通行地沟敷设。通行地沟一般净高不小于 1.8m。如地沟为多管敷设时，低温管道应敷设在远离其他管道并在其下部位置。半通行地沟净高一般为 1.2m，不能冷热管同沟敷设。不通行地沟常采用活动式地沟盖板，低温管道单独敷设。

三、阀门安装

（1）氨制冷系统制冷管道用的各种阀门（截止阀、节流阀、止回阀、浮球阀和电磁阀等）

必须采用专用产品。

(2)制冷剂阀门安装前应进行强度和严密性试验。强度试验压力为阀门公称压力的 1.5 倍,时间不得少于 5min。严密性试验压力为阀门公称压力的 1.1 倍,持续 30s 不漏为合格。合格后应保持阀体内干燥。如阀门进、出口封闭破损或阀体锈蚀的还应进行解体清洗。

(3)安装前阀门应逐个拆卸清洗,除去油污和铁锈并应检查密封效果,必要时应作研磨,并检查填料密封是否良好,对密封性不好的填料应更换或修理。阀门清洗装配好后,应启闭 4 或 5 次,然后关闭阀门注入煤油进行试漏,经过 2h 后如无渗漏现象认为合格。

(4)阀门的安装位置、方向、高度应符合设计要求。应注意各种阀门的进出口和介质流向,切勿装错。如阀门上有流向标记则应按标记方向安装,如无标记则以"低进高出"的原则安装。安装时,阀门不得歪斜。禁止将阀门手轮朝下或置于不易操作的部位。

(5)水平管道上的阀门的手柄不应朝下;垂直管道上的阀门手柄应朝向便于操作的地方。电磁阀、调节阀、热力膨胀阀、升降式止回阀等的阀头均应向上竖直安装。

(6)热力膨胀阀的安装位置应高于感温包。感温包应安装在蒸发器末端的回气管上,与管道接触良好、绑扎紧密,并用隔热材料密封包扎,其厚度与保温层相同。

(7)安全阀安装前,应检查阀门铅封情况和出厂合格证件,不得随意拆启。若其规定压力与设计要求不符时,应按有关规程进行调整,做出记录,然后再行铅封。

安全阀放空管末端宜做成 S 形或 Z 形,排放口应朝向安全地带。安全阀与设备间若设关断阀门,在运转中必须处于全开位置,并予以铅封。

安全阀应垂直安装在便于检修的位置,其排气管的出口应朝向安全地带,排液管应装在泄水管上。

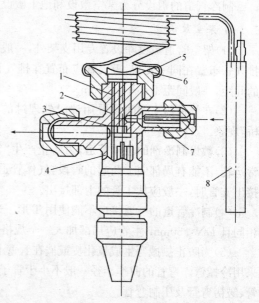

图 5-16　热力膨胀阀示意图
1—阀体;2—传动杆;3—阀座;4—阀针;
5—气箱盖;6—波纹薄膜;7—过滤网;8—感温包

关键细节 19　热力膨胀阀安装方法

热力膨胀阀是制冷系统中重要阀件之一,不仅起减压节流和隔断作用,而且还是制冷系统中不可缺少的调节装置,如图 5-16 所示。

热力膨胀阀安装方法如下:

(1)安装前的检查。安装前要首先检查阀门各部分是否完好,感温包有无泄漏,密封盖是否严密,若无异常现象才能安装。否则,要先进行修理、试压、校验,合格后方能安装,并将这部分资料归入竣工资料中。

(2)阀体安装。热力膨胀阀应安装在蒸发器进液口的供液管段上,它的感温包应紧贴在蒸发器出气口的回气管段上,并和管道一起保温,不能隔开,以减少环境温度的影响,保证足够的灵敏度。热力膨胀阀的装设部位如图 5-17 所示。

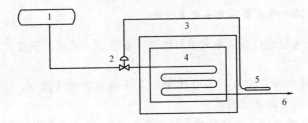

图 5-17　热力膨胀阀的装设部位
1—高压贮液器；2—热力膨胀阀；3—冷间；
4—蒸发器；5—感温包；6—回气管

膨胀阀在管道中安装时应使液体制冷剂从装有过滤网的接口一端进入阀体。膨胀阀的调节杆应垂直向下，在可能发生振动时，阀体应固定在支架上。阀体不得倒装。

(3)感温包安装。安装时，感温包的位置应低于热力膨胀阀本体，感温包所感受的过热度饱和压力可以通过毛细管传递到膜片上方。如感温包高于膨胀阀，会使感温包内的流体倒流入膨胀阀的薄膜上方，则薄膜上方承受的力是液体质量，而感温包内液体减少，就不能正确反映回气管过热度的变化，因此热力膨胀阀的位置应高于感温包。

膨胀阀是靠感温包的温度变化来调节供液量的，空调系统感温包一般是扎在蒸发器出口水平及平直的回气管段口，不得放在有集液的吸气管处，否则会引起膨胀阀的误操作，且应尽可能接近蒸发器。此感温包用金属片固定在吸气管上以后，用不吸水的隔热材料将两管扎紧，使之与环境隔热以提高感温包灵敏度。

感温包安装在水平管道上，当管道外径大于 22mm 时，可将感温包装于管中心水平线以下 30°处，如图 5-18 所示。

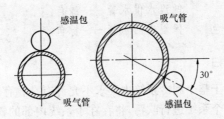

图 5-18　膨胀阀感温包的安装位置

四、仪表安装

所有测量仪表，按设计要求均需采用专用产品。压力测量仪表须用标准压力表作校正，温度测量仪表须用标准温度计校正，校正时均应做好记录。所有仪表应安装在照明良好并便于观察且不妨碍操作检修的部位。装在室外的仪表为避免日光暴晒和雨淋，应增设保护罩。压力继电器和温度继电器应装在不受振动的地方。

关键细节 20 弹簧管压力表安装方法

弹簧管压力表应经过校验并带有铅封才允许安装。安装应便于观察、维护,并力求避免振动和高温影响。

(1)为确保测值准确应安装在与介质流向呈平行方向的管道上,不得安装在管道弯曲、拐角、死角和流线呈漩涡状态处。

(2)取压管与管道或设备连接处的内壁应保持平齐,不应有凸出物或毛刺。

(3)压力表与被测介质之间应装有盘管或 U 形管,以此起缓冲作用。在压力表与盘管之间应安装三通旋塞,以便与大气通断。

(4)对有腐蚀性的介质,应加装有中性介质的隔离罐及切断阀,并根据介质的不同性质采取相应的防热、防腐、防冻、防堵等措施。

(5)为保证孔边无毛刺、光滑、平整,应在管通试压、吹洗前将压力表安装孔钻好。

五、制冷管道涂色

制冷管道试漏合格后,可对系统低压侧管道和设备进行保温施工。在蒸发压力下工作的管道及冷冻水或盐水管道均须保温。保温厚度如设计无规定,所有低压管宜采用50mm。为了便于操作管理,应在所有管道外表面或保温层外表面涂上不同颜色,或画上表明介质流向的箭头,以便于区别。

关键细节 21 氨制冷管道涂色要求

对于氨制冷管道,涂色应符合下列要求:

氨排气管——深红色	冷却水给水管——天蓝色
氨吸气管——蓝色	冷却水排水管——淡紫色
高压氨液管——黄色	低温水供水管——绿色
放油管——黑色或棕色	保温水回水管——棕色

六、制冷管道系统吹扫

吹扫也称为吹污。由于整个制冷系统内要求不允许有杂物存在,因此,在安装工作完成后必须用压缩空气对整个系统进行吹污,将存在于系统内部的铁屑、炭渣、泥砂、浮尘等吹出。吹污过程中应注意:

(1)吹污前,应选择在系统的最低点设排污口,采用压力 0.6MPa 的干燥压缩空气或氮气进行吹扫,如系统较长,可采用几个排污口进行分段排污,此项工作应按次序连续反复地进行多次。

(2)系统吹污气体可用阀门控制,也可采用木塞塞紧排污管口的方法控制。当采用木塞塞紧管口方法时,在气体压力达到 0.6MPa 时能将木塞吹掉,所以,应防止木塞冲出伤人。

(3)各类阀门在吹污时均处于开启状态(安全阀除外),少量杂物会滞留在阀门里,吹污结束后取出阀芯清洗,以保持系统内的清洁。

(4)系统吹扫干净后,应将系统中阀门的阀芯拆下清洗干净。

关键细节 22 氨、氟利昂系统吹扫要求

(1)氨系统吹污最好用空气压缩机进行,若空气压缩机无法解决,可指定一台制冷压缩机代用,但使用时应注意排气温度不得超过 145℃,否则会使润滑油黏度降低而结炭,进而损坏压缩机的零部件。吹污前,应选择系统的最低点为排污口,吹污压力为 0.6MPa。系统较长时可用几个排污口分段排污。

(2)氟利昂系统可用惰性气体(如氮气)吹污。吹污后的检查可用白布,放置在离排污口 300~500mm 处进行观察,5min 内如白布上无吹出物,则认为合格。

七、制冷系统检漏

制冷系统是由制冷设备、阀门和管道组成的封闭系统,为保证其密封性,必须对系统进行检漏。制冷系统检漏包括系统气密性试验和系统真空试验等方法。

1. 系统气密性试验

制冷系统的污物吹净后,应对整个系统(包括制冷设备、阀门)进行气密性试验。

2. 系统真空试验

系统气密性试验合格后,在加注氟利昂前还必须将系统内的气体抽空,否则,制冷系统将无法正常工作。抽真空的另一作用是检漏,如果系统内的气体一直抽不完,或抽空后压力回升很快,就说明系统还有渗漏点存在,应进一步进行压力检漏。

关键细节 23 氟利昂制冷系统检漏方法

(1)氟利昂制冷系统气密性试验。

1)对于制冷剂为氟利昂的系统多采用钢瓶装的压缩氮气进行。无钢瓶装氮气时,也可用压缩空气,但必须经过干燥处理后再充入制冷系统。系统气密试验压力,见表 5-12。瓶装的高压氮气要经过压力表减压阀减压后方可充入,同时可以控制充气压力。

表 5-12 系统气密性试验压力(绝对压力) MPa

系统压力	R717 R502	R22	R12 R134a	R11 R123
低压系统	1.8	1.8	1.2	0.3
高压系统	2.0	2.5	1.6	0.3

注:1. 低压系统指自节流阀起,经蒸发器到压缩机吸入口的试验压力;
2. 高压系统指自压缩机排出口起,经冷凝器到节流阀止的试验压力。

2)以 R12 为制冷剂的制冷系统充气试验的原理,如图 5-19 所示。首先将氮气从压缩机排气截止阀的旁通孔充入制冷系统,待系统内充足 0.91MPa 的氮气后,关闭贮液器的出液阀,出液阀前的高压侧升压到 1.57MPa,稍待片刻就停止充气。

3)检漏法与氨系统相同。待充气 24~48h 后,观察压力值未下降就认为合格。

(2)氟利昂制冷系统真空试验。

1)小型氟利昂制冷系统的真空试验,如用本身的压缩机进行,可利用图 5-19 所示的系统,将氮气瓶改为油杯。在抽气工作开始前,可将排气截止阀向上关闭,充气管作排气管,插入盛冷冻机油的油杯中,观察管口冒气泡的情况。若在 5min 内无气泡冒出,则可认为系统内气体已基本抽完。

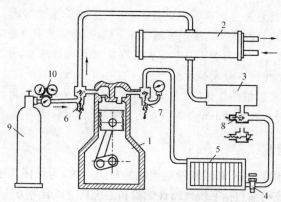

图 5-19   氟利昂制冷系统充气试验操作示意图

1—压缩机;2—冷凝器;3—贮液器;4—热力膨胀阀;
5—蒸发器;6—排气截止阀;7—吸气截止阀;
8—出液阀;9—氮气瓶;10—减压阀

2)对于全封闭、半封闭压缩机和以大型压缩机所组成的氟利昂制冷系统,则不能以本身的压缩机抽真空,而应将图 5-19 中所示的氮气瓶改换为真空泵进行系统抽真空作业。

关键细节 24   氨制冷系统检漏方法

(1)氨制冷系统气密性试验。

1)对氨制冷系统,用压缩空气进行试压。气密性试验压力应符合相关规定。

气压试验需保持 24h,前 6h 检查压力下降不应大于 3kPa,后 18h 除去因环境温度变化而引起的误差外,压力无变化为合格。

如室内温度有变化,应每隔 1h 记录一次室温和压力数值,但试验终了时的压力值应符合计算值:

$$P_2 = P_1 \frac{273 + t_2}{273 + t_1}$$

式中 P_1,t_1——试验起始的压力和温度(MPa,℃);

P_2,t_2——试验终了的压力和温度(MPa,℃)。

2)在试验过程中,以肥皂水涂在各焊口、接口和阀盖接合缝处,检查有无泄漏;发现泄漏处应做出标记,待泄压后修补。修整后再重新试压,直到合格为止。

3)试验如使用制冷系统压缩机本身,为避免灰尘进入汽缸则在压缩机入口过滤网处包上白布。运转试压时需间歇进行,排气温度不得超过 140℃。

4)为缩短试压时间,可先将整个系统以低压端试验压力 1.18MPa 试漏,待低压试验合格后,再关闭节流阀将高、低压系统隔开。然后将低压管系统的空气抽到高压系统,使高压系统升至试验压力 1.77MPa,再进行检查。

(2)氨制冷系统真空试验。

氨制冷系统的真空试验应用真空泵进行。如无真空泵时也可用制冷压缩机,方法是:将压缩机的专用排气阀(或排气口)打开,抽空时将气体排至大气,通过压缩机的吸气管道使整个系统抽空。

制冷系统的真空度应比当地大气压力值低 2.67~4kPa 以下。在上述真空条件下,整个系统的真空度在 18h 内无变化即为合格。试验结果用 U 形水银压差计检查。

🔩 关键细节 25　不同渗漏点的堵漏要求

对检漏时查出的渗漏点要区别不同情况进行堵漏,具体包括:

(1)焊缝渗漏或设备、管材本身有漏点要进行补焊,补焊时应将系统内的压缩气体全部放空,不能带压堵漏。

(2)丝扣接头处渗漏可再进一步旋紧螺母。

(3)若因喇叭口损坏而渗漏要重新制作喇叭口。

(4)法兰接头处渗漏,可再旋紧螺栓。

(5)阀门螺杆处渗漏可旋紧填料压盖。

(6)堵漏完毕要再次充气进行检查,直至整个系统不漏为止。

八、系统充液试验

在系统正式充灌制冷剂前,为验证系统能否耐受制冷剂的渗透性,必须进行一次充液试验。

🔩 关键细节 26　氟利昂制冷系统充液试验

对于氟利昂制冷系统,待充液后系统内压力达到 0.2~0.3MPa 时就可进行检漏试验。检漏时可以用肥皂水、烧红的铜丝、卤素喷灯或卤素检漏仪。试验中应注意:

(1)当将烧红的铜丝接触到氟利昂—12(F—12)蒸气时则呈青绿色。

(2)检漏时,只要将卤素喷灯的吸气软管的管口靠近制冷系统各个管接头的焊缝处,如有渗漏,吸气软管就吸入氟利昂蒸气,燃烧时火焰就会发出绿色或蓝色的亮光。颜色越深则说明氟利昂渗漏得越多。

(3)氟利昂燃烧产生的光气对人体有毒,如发现火焰呈现紫绿色和亮蓝色,宜改用肥皂水做进一步试漏。

(4)发现渗漏时,将氟利昂排尽,再用压缩空气吹扫后,不可进行补漏作业。

🔩 关键细节 27　氨制冷系统充液试验

对氨制冷系统则应在真空试验进行过后,在真空条件下将制冷剂充入系统,使系统压力达到 0.2MPa 后,停止充液,进行检漏。试验过程中应特别注意:

(1)操作者要戴上防毒面具、橡皮手套并准备急救药品。充氨现场严禁吸烟和进行电、气焊作业。充氨装置如图 5-20 所示。

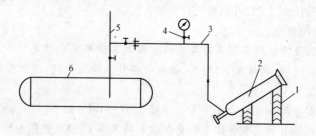

图 5-20   充氨示意图
1—瓶架；2—氨瓶；3—连接管；4—压力表；5—出液管；6—贮液器

(2)充氨时，首先将氨瓶称量后出口向下成 30°角倒置于瓶架上。充氨的操作方法如下：

1)开始时，将连接管活接头松开，开启瓶阀，顶出管内空气，然后再上紧活接头，氨液靠氨瓶与系统内压力差而充入，当氨瓶底部出现白霜时，表示瓶内氨液已完，关闭瓶阀及进液阀，用相同的方法换瓶再充。换下空瓶过秤，算出充氨量。

2)当系统内液氨压力达到 0.4MPa 时，将出液阀关闭，开启冷却水泵，启动压缩机，使系统氨气冷凝成氨液，贮入贮液器中。

3)当贮液器中氨液达到 60% 时，应检查各设备中的氨液量，调整各个阀门，使系统试运行。

(3)检查方法是将酚酞试纸放到各个焊口、法兰及阀门垫片等接合部位。如酚酞试纸呈现玫瑰红色，就可查明渗漏处。

(4)已查明的渗漏处应做好标记，待将有漏氨部位的局部抽空，用压缩空气吹净，经检查无氨后才允许更换附件。

(5)需修焊的附件应将系统内的氨和空气中的氨排尽后再做焊接，否则应在制冷机房外面进行修焊。

第六章　空调水系统设备与管道安装

第一节　空调水系统设备和附件安装

空调水系统安装包括冷(热)源、水泵、冷水塔、管道以及附属设备的安装。

一、水泵安装

空调、洁净系统常用小型整体式离心水泵作为空气冷热处理、热湿交换及冷冻水、冷却循环用;小型整体式离心水泵有卧式泵和立式(管道)泵。空调水系统中,一般使用小型整体式离心水泵。

1. 水泵校平找正

水泵就位后应进行找正。水泵找正包括中心线找正、水平找正和标高找正。

(1) 中心线找正。水泵中心线找正的目的是使水泵摆放的位置正确,不歪斜。找正时,用墨线在基础表面弹出水泵的纵横中心线,然后在水泵的进水口中心和轴的中心分别用线坠吊垂线,移动水泵,使线锤尖和基础表面的纵横中心线相交。

(2) 水平找正。水平找正可用水准仪或 0.1～0.3mm/m 精度的水平尺测量。小型水泵一般用水平尺测量。操作时,把水平尺放在水泵轴上测其轴向水平,调整水泵的轴向位置,使水平尺气泡居中,误差不应超过 0.1mm/m,然后把水平尺平行靠在水泵进出水口法兰的垂直面上,测其径向水平。

大型水泵找水平可用水准仪或吊垂线法进行测量。吊垂线法是将垂线从水泵进出口吊下,如用钢板尺测出法兰面距垂线的距离上下相等,即为水平;若不相等,说明水泵不水平,应进行调整,直到上下相等为止。

(3) 标高找正。标高找正的目的是检查水泵轴中心线的高程是否与设计要求的安装高程相符,以保证水泵能在允许的吸水高度内工作。标高找正可用水准仪测量;小型水泵也可用钢板尺直接测量。

水泵找正找平后,方可向地脚螺栓孔和基础与水泵底座之间的空隙内灌注水泥砂浆。待水泥砂浆凝固后再拧紧地脚螺栓,并对水泵的位置和水平进行复查,以免水泵在二次灌浆或拧紧地脚螺栓过程中发生移动。

2. 整体水泵安装

空调工程中使用的水泵大多是整体出厂。因此,安装单位不需对泵体的各个组成部分再进行组合,经外观检查未发现异常时,一般不需进行解体检查。如果发现明显与订货合同不符之处,需进行检查时,应通知供货单位,由其进行现场处理。如果安装原存的旧水泵时,则应先对水泵进行检查,必要时进行解体检修。

整体水泵的安装程序如下:

(1)定位。在水泵基础上和水泵底座面上画出水泵中心线。

(2)吊装。使用起吊设备将水泵整体吊起,平衡地落放在水泵基础上。

(3)位置调整。

1)水泵就位时,将地脚螺栓和垫片螺母套在水泵基座上,并调整底座位置,使底座中心线与基础的中心线相重合。

2)在水泵的进水口和轴的中心处分别用线锤吊垂线,同时移动水泵,使机座中心线和基础表面的纵横中心线相重合。将 0.1~0.3mm/m 精度的水平尺放在水泵的加工面上测量轴向水平,并调整水泵的轴线位置,使水平尺中的水泡居中,然后将水平尺平行靠在水泵进出口法兰的垂直面上,测量其径向水平。

3)为确保水泵能在允许的吸水高度内工作,使用水准仪或钢板尺检查水泵轴中心的标高,主动轴与从动轴以联轴器连接时,两轴的不同轴度、两半联轴器端面的间隙应符合设备技术文件的规定。在主动轴与从动轴找正、连接后应盘车以检查转动是否灵活。

(4)二次灌浆。当水泵的水平、垂直及中心线调整结束后,可向水泵的地脚螺栓孔和基础与水泵底座之间的空隙内浇混凝土,待浇灌的混凝土凝固后方可拧紧地脚螺栓,同时对水泵的位置及水平度进行复查。

(5)水泵在进行二次灌浆和管路配置后,为避免在二次灌浆或管路配置时由于不慎而造成错位、倾斜等情况,应再进行一次水泵的找正检查,当发现由于二次灌浆或管路配置等原因引起的错位,应再次进行调正。

3. 组装水泵安装

较大的水泵是由生产厂出厂时按泵体、电动机和水泵底座等部件分别包装成箱的。

(1)设备进入现场进行安装时,先在基础上面和底座面上画出水泵中心线,然后将其底座吊装在基础上,并套上地脚螺栓螺母,调整底座的位置,以使底座中心线与基础中心线一致。

(2)用水准仪在底座的加工面上检查水泵底座的水平度。不平时须用垫铁的方式进行找平。

(3)垫铁应放在水泵底座的四个角下部,每处的垫铁数不宜多于三块。

(4)待底座垫平后再把水泵吊装在底座上,并对水泵的轴线、进出口中心线和水泵的水平度进行检查和调整,直至达到要求。

4. 无底座水泵安装

大型的水泵是无底座的,即指由生产厂提供分别包装的水泵和电动机。其安装程序为:

(1)首先在泵的混凝土基础上画出泵、电动机的中心线。

(2)在预先制作的已固化且达到强度的混凝土基础上安装水泵,调平调整。

(3)将电动机吊装在混凝土基础上进行安装,并将电动机的中心线与泵轴的中心线调整至相重合。一般是通过调整水泵和电动机间的联轴器来实现的,即将两个联轴器调整到既同心又相互平行。调整时,对于吸入口径小于 300mm 的水泵,其间隙应为 2~4mm,在电动机找平后,可上紧地脚螺栓和联轴器的连接螺母。

5. 水泵管路配置

在水泵二次灌浆混凝土强度达到 75％，水泵经过精校后，即可进行配管安装。

（1）配管时，管道与泵体不得强行组合连接，且管道质量不能附加在泵体上。

（2）水泵吸水管安装不当时，对水泵的效率及功率影响很大，轻者会影响水泵流量，严重时会造成水泵不上水，致使水泵不能正常工作。因此，对水平吸水管有以下几点要求：

1）水泵的吸水管变径时，为防止产生"气囊"应采用偏心大小头，并使平面朝上，带斜度的一段朝下。

2）吸水管应具有沿水流方向连续上升的坡度接至水泵入口，坡度应不小于 0.005，以防止吸水管中积存空气而影响水泵运转。

3）吸水管靠近水泵进水口处，应有一段长为 2～3 倍管道直径的直管段，避免直接安装弯头，否则水泵进水口处流速分布不均匀，易使流量减少。吸水管应设有支撑件。

4）吸水管段要短，配管及弯头要少，力求减少管道压力损失。

5）水泵底阀与水底距离，一般不小于底阀或吸水喇叭口的外径；水泵出水管安装止回阀和阀门，止回阀应安装在靠近水泵一侧。

6. 水泵试运转

水泵在安装结束后，应进行试运转。操作方法如下：

（1）首先启动水泵，检查水泵是否有振动，声音是否异常。然后观察水泵启动和运转时其电流是否稳定和正常，并检查水泵在运转时填料密封的泄漏量是否正常。

（2）按照《风机、压缩机、泵安装工程施工及验收规范》（GB 50275—2010）中的要求测定水泵在规定的转速、流量和工作压力及工况稳定下应进行振动速度的有效值。测定振动的仪器一般应采用测振仪及配套的传感器、放大器或阻抗变换器等。测量仪器的频率响应特性宜为 2～10000Hz，其转速宜为 10～200r/s，并能直接测出振动速度的有效值，且测量仪器应经计量部门标定过。

（3）振动速度有效值的测定点和测量位置应在轴承体外壳、机壳、机座等振动较大的部位。每一个测定位置均应在轴向、水平和垂直三个方向上进行测量。振动速度的有效值应为各测点中读数最大值。

⚒ 关键细节 1　卧式离心泵安装要求

（1）水泵安装牢固，不能有明显的偏斜。安装前应在基础平面上弹线定位，泵体的横向水平度＜0.2‰；纵向水平度＜0.1‰。解体安装的水泵纵、横向水平度＜0.05‰。

（2）水泵找平应以水平中分面、轴的外伸部分、底座的水平加工面为基准进行测量。

（3）水泵的联轴器应保持同轴度，轴向倾斜＜0.2‰，径向位移＜0.05‰。

（4）主动轴与从动轴找正、连接后，应盘车检查是否灵活。

（5）水泵与管道连接后应复核找正，如与管道连接不正常，应调整管道。

⚒ 关键细节 2　立式离心泵安装要求

立式离心泵的安装方法与卧式离心泵基本相同。小型整体安装的管道水泵不应有明显的偏斜。立式离心泵安装有硬性连接和柔性连接。

(1)水泵的硬性连接。水泵的硬性连接有直接安装和配连接板安装,连接方式如图 6-1所示。硬性连接要求混凝土基础应预留地脚螺栓孔洞,并保持基础平面平整。

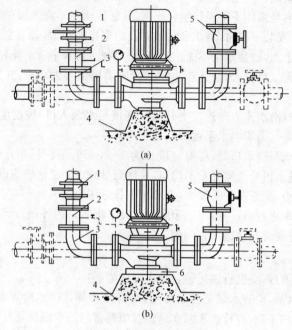

图 6-1　水泵的硬性连接

(a)直接连接;(b)配连接板连接

1—吸入端阀门;2—直管;3—弯管;4—混凝土基础;5—压出端阀门;6—连接板

(2)水泵的柔性连接。水泵的柔性连接是在连接板下设有橡胶隔振器或垫上橡胶隔振垫,其连接如图 6-2所示。水泵柔性连接的特点为,混凝土基础仅要求平面平整,不预留地脚螺栓的孔洞,其连接采用膨胀螺栓,施工更为简便。

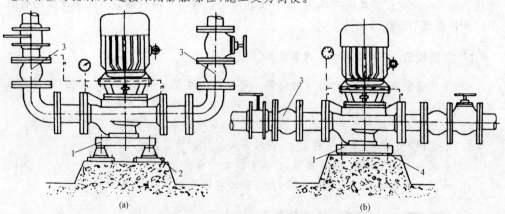

图 6-2　水泵柔性连接

(a)配连接板和减振安装;(b)配连接板和隔振垫安装

1—连接板;2—减振器;3—挠性接头;4—隔振垫

二、冷却塔安装

冷却塔的冷却原理是利用空气将水中的一部分热量带走而使水温下降。空调制冷系统所用的冷却塔多为逆流式和横流式(图6-3),其淋水装置采用落膜式。一般单座塔和小型塔多采用逆流圆形冷却塔,而多空塔和大型塔多采用横流式冷却塔。

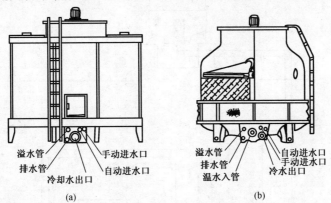

图 6-3　冷却塔
(a)横流式;(b)逆流式

(1)冷却塔的安装应根据设备的各种条件,考虑其安装位置的地面及其荷载能力,同时也必须考虑所必备的外界条件。

(2)冷却塔的安装,应特别注意其中心线应垂直于地面,以免影响布水器及电动机通风机的正常工作。还要特别注意通风机叶片与风筒部分的间隙要一致,不允许相差过大。以上两项必须有施工测试记录存档。

(3)安装时应注意冷却塔的基础按规定的尺寸预埋好水平钢板,各基础点的标高应在同一标高的水平面上。

(4)安装填料前应在布水器下面与塔体用三根拉绳固定住,以防安装填料时,离开中心位置。

(5)布水管按名义流量开孔,如使用的冷却水量与名义流量相差较大,在现场通过扩孔或堵孔的办法解决。要达到布水器转速合适、布水均匀、塔下各点的冷却后水温接近即可。

(7)水塔在施工安装时,为防止压坏底盘,施工人员应踏在底盘的加强筋上,在安装塔外壳、底盘等纤维件时,为防止外壳底盘等变形可先穿螺钉,而后依次逐渐紧固,在确认底盘不变形,附近干净、干燥的条件下,为避免使用时漏水可在接触处铺设纤维毡及涂树脂。

⚒关键细节 3　冷却塔本体安装要求

(1)冷却塔塔体应放置水平。

(2)冷却塔必须安装在通风良好的场所,以提高冷却塔的冷却能力。冷却塔一般安装在冷冻站的屋顶上,以形成高压头,用以克服冷凝器的阻力损失。水泵将需要处理的冷却水从水池抽出送至冷却塔,经冷却降温后从塔底集水盘向下自流压入冷凝器中,并继而靠水头压差自流入水池,如此循环。冷却塔高位安装流程如图 6-4 所示。

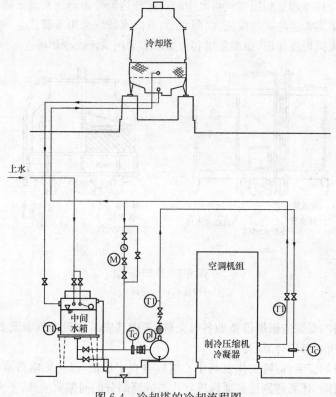

图 6-4　冷却塔的冷却流程图

(3)安装时,应根据施工图指明的坐标位置就位,并应找平找正,设备要稳定牢固,冷却塔的出水管口及喷嘴方向、位置应正确。

关键细节 4　冷却塔各部件安装要求

(1)薄膜式淋水装置安装。薄膜式淋水装置有膜板式、纸蜂窝式、点波式和斜坡纹式等不同形式。

1)膜板式淋水装置一般为木材、石棉水泥板或塑料板等材料制成。石棉水泥板膜板式淋水装置以波形板为好,安装在支架梁上,每四片联成一组,板间用塑料管及橡胶垫圈隔成一定间隙,中间用镀锌螺栓固定。

2)纸蜂窝式淋水装置可直接架于角钢或扁钢支架上,亦可直接架于混凝土小支架上。

3)点波式淋水装置的单元高度为 150～600mm,小点波一般为 250mm。其安装总高度为:当采用逆流塔时为 500～1200mm,采用横流塔时为 1000～1500mm。

其常用的安装方法有框架穿针法和粘结法两种:

①框架穿针法用 ϕ4mm 的铜丝或镀锌铅丝正反穿连点波片,组成一整体,装入∟ 25×4 角钢制成的框架内,并以框架为一安装单元。

②粘结法是采用 G52-2 过氯乙烯清漆,粘结 40～50 片后,用重物体压 1～1.5h 即可。点波的框架单元或粘结单元直接架设于支撑架或支撑梁上。

4)斜波纹式淋水装置的单元高度为 300～400mm,其安装总高度为 800～1200mm。其安装方法与点波淋水装置相同。

(2)配水装置安装。冷却塔配水装置有槽式和池式两种,其安装要求如下:

1)槽式配水装置的水槽高度一般为 350～450mm;宽度为 100～120mm。槽内正常水深为 120～150mm。配水槽中的管嘴直径不小于 15mm。管嘴布置成梅花形或方格形,管嘴水平间距为:

大型冷却塔　　　　　　800～1000mm

中小型冷却塔　　　　　500～700mm

管嘴与塔壁间距　　　　>500mm

槽形配水装置的管嘴,在安装时应与下方的溅水碟对准。

2)池式配水装置只用于横流冷却塔。管嘴在配水池上做梅花形或方格形布置,在管嘴顶部以上的最小水深为 80～100mm。配水池的高度应大于计算最大负荷时的水深,并留出保护高度 100～150mm。

(3)布水装置安装。布水装置有固定管式布水器和旋转管式布水器两种。

1)固定管式布水器的喷嘴按梅花形或方格形向下布置,具体的形式应符合设备技术条件或设计要求。一般喷嘴间的距离按喷水角度和安装的高度来确定,要使每个喷嘴的水滴相互交叉,做到向淋水装置均匀布水。常用的喷嘴在不同压力下的喷水角度见表 6-1。

表 6-1　　　　　　　　　布水器常用的喷嘴喷水角度

序号	喷嘴出口直径(接管直径)/mm	不同压力下的喷水角度/(°)			喷嘴质量/kg
		3m	5m	7m	
1	瓶式 $d=\dfrac{16}{32}$	36	40	44	0.88
2	瓶式 $d=\dfrac{25}{50}$	30	33	36	2.09
3	杯式 $d=\dfrac{18}{40}$	58	63	69	1.34
4	杯式 $d=\dfrac{20}{40}$	59	64	70	1.69

2)旋转管式布水器喷水口的安装可采用装配开有条缝的配水管,条缝宽一般为 2～3mm,条缝水平布置;或装配开圆孔的配水管,其孔径为 3～6mm,孔距 8～16mm。单排安装时,孔与水平方向的夹角为 60°,双排安装时,上排孔与水平方向夹角为 60°,下排孔与水平方向夹角为 45°。开孔面积为配水管总截面积的 50%～60%。

(4)通风设备安装。通风设备根据冷却塔的形式不同有抽风式和鼓风式两种。

1)采用抽风式冷却塔,电动机盖及转子应有良好的防水措施。通常采用封闭式鼠笼型电动机,而且接线端子用松香或其他密封绝缘材料密封。

2)采用鼓风式冷却塔,为防止风机溅上水滴,风机与冷却塔体距离一般不小于2m。

(5)收水器安装。收水器一般装在配水管上、配水槽中或槽的上方,阻留排出塔外空气中的水滴,起到水滴与空气分离的作用。在抽风式冷却塔中,为防止产生涡流而增大阻力,降低冷却效果,收水器与风机应保持一定距离。

🔧 关键细节5 防止冷却塔冷却效果不良问题的措施

冷却塔的冷却效果不良表现为冷却水温度偏高,空调制冷系统的冷凝温度和冷凝压力上升。防止措施如下:

(1)冷却塔的轴流排通风机运转前,必须对电动机的单体性能进行试验,确认电动机能否运转,并调整电动机的电流相序,使电动机旋转方向正确。

(2)冷却塔的布水器是用来将温度较高的水均匀分布到冷却塔的整个淋水面积上的重要部件。如果布水器的布水管堵塞,致使需要冷却的水量减少,而且喷出的水不能均匀分布,对冷却效果影响很大。因此,在通水试验或试运转中,应检查布水管是否畅通,如有堵塞现象,必须进行疏通处理。

(3)旋转布水器(图6-5)由布水管和旋转体组成。布水管用不生锈的塑料管或铝合金管制成,布水管上开孔,水从孔中喷出。旋转体由外壳和芯子组成,其芯子固定在进水管上不转动,而在外壳上固定布水管并随布水管一起转动。布水管旋转是利用布水管孔喷出水的压力作用于空气后产生的反作用力而转动。旋转的快慢与进水管水压及布水管眼安装的角度有关,以调整进水压力和布水管孔眼安装的角度来改变布水器的旋转速度,提高冷却塔的冷却能力。

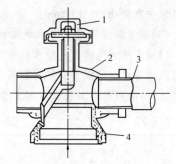

图6-5 旋转布水器
1—盖帽;2—外壳;3—布水管;4—芯子

(4)冷却塔的填料是用来将配水系统洒布下来的热水分散成水滴或水膜,以增加空气和水的接触面积,并延长接触时间,以增加冷却塔的散热效果。因此,冷却塔在安装时应避免将杂物带入,并在试车前进行清洗,将填料上附有的泥垢等杂物清除掉。

(5)冷却塔上的轴流式排通风机压头较小,不允许在排风孔上安装短管或其他安装部件,否则将增加阻力而减少通风机的排风量,降低冷却塔的冷却效果。

三、水处理设备安装

在冬季,空调系统中循环的热水必须是经过处理达标后的软化水。因此,在空调系统中,要设置处理设备来去除钙镁等盐类。同时,水处理设备还要去除水中悬浮物、油类、有机物和气体等杂质。水处理设备安装要点如下:

(1)水处理设备的各种罐安装在地坪或混凝土基础上,混凝土基础制作要根据设备的尺寸浇筑。浇筑基础时可按罐的支腿立柱埋设地脚螺栓,也可埋设钢板。基础表面要求平整,同类罐的基础高度要一致,基础混凝土达到强度的75%以上时再安装。

（2）水处理设备的吊装应注意保护设备的仪表和玻璃观察孔等部位。设备就位找平台拧紧地脚螺栓进行固定。

（3）与水处理设备连接的管道，应在试压、冲洗完毕后再连接。

（4）冬期施工时，为防止设备冻坏，应将设备内的水放空。

关键细节6　DH系列设备的水处理流程

DH系列设备的水处理过程主要是通过水质稳定剂进行，其水处理设备与溴化锂吸收式冷水机组的连接流程如图6-6所示。

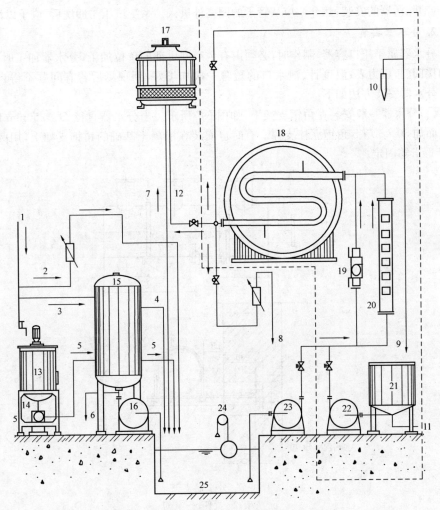

图6-6　DH系列设备与冷水机组的循环流程图

1—水源水；2—补充水；3—反洗水；4—旁滤水；5—加药；6—反洗排水；7—循环回水；
8—排污水；9—清洗回水；10—清洗取样；11—清洗放空；12—上冷却塔；13—溶药槽；
14—计量泵；15—旁滤装置；16—旁滤水泵；17—冷却塔；18—热交换器；19—电磁流量计；
20—挂片装置；21—清洗药罐；22—清洗泵；23—循环水泵；24—液位计量；25—集水池

四、附件安装

空调水系统附件一般包括除污器、分水器、水箱、换热器等。

1. 除污器安装

除污器安装应注意如下事项：

(1)为便于系统运行时对除污器进行必要检修,除污器应装有旁通管(绕行管)。

(2)由于除污质量较大,应安装在专用支架上,但安装的支架不应妨碍除污器排污工作的进行。

(3)除污器的安装,热介质应从管子的网格外进入。系统试压与冲洗后,应予以清扫。

2. 分水器安装

分水器属于压口容器,制作时,必须由有生产许可证的单位加工,分水器加工时,须开口和接阀门,压力表、温度计、泄水口的短管一次加工好,到现场后若有问题不得自行改制。分水器安装方法如下：

(1)分水器一般安装在角钢支架上,如图 6-7 所示。当分水器直径 $D \geq 350\text{mm}$ 时,应从地面加 $50 \times 50 \times 5$ 角钢立柱支撑。有时也安装在混凝土基础的角钢支架上,用圆钢制的 V 形卡箍固定。

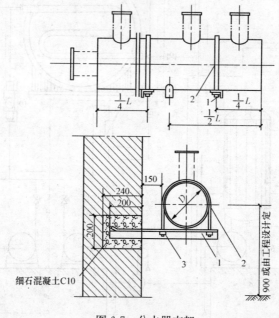

图 6-7　分水器支架

1—支架;2—夹环;3—螺母

(2)分水器安装时,坡度保持在 1% 左右,且应坡向排污管一端。安装完成后,应和管道系统一起试压。

(3)分水器支架高度不得大于 1m。

(4)分水器保温施工时,应先除锈,然后刷两道樟丹并包扎铁丝网,接着再将石棉灰和成泥状均匀抹在钢丝网上,厚度约50mm。最外部抹10mm厚的石棉水泥保护壳,压光抹实,厚度均匀。

3.水箱安装

带补水箱的膨胀水箱安装如图6-8所示。

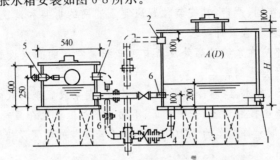

图6-8　带补水箱的膨胀水箱安装示意图
1—循环管;2—溢水管;3—膨胀管;4—排污管;
5—检查管;6—给水管;7—溢水管

(1)水箱安装前,首先应作好设备检查,并填写《设备开箱记录》。水箱如在现场制作,应按设计图纸或标准图进行。采用水箱整体安装时,可将设备吊装就位,并进行校平找正工作。

(2)水箱按设计要求制成后,须做盛水试验或煤油渗透试验。

(3)整体安装或现场制作的水箱,按设计要求其内表面再刷汽包漆两遍;外表面如不作保温再刷油性调和漆两遍;水箱底部刷沥青漆两遍。

(4)水箱校平找正后,可按图纸安装进水管、出水管、溢流管、排污管、水位信号管等,然后按系统进行水压试验。

(5)对需要绝热的水箱应进行保温处理。水箱保温适用泡沫混凝土及泡沫珍珠岩的板状保温材料。一般水箱的表面积大,受热膨胀的影响,保温层易与设备脱离,所以,在设备或水箱外部焊上钩钉以固定保温层;钩钉间距一般为200～250mm,钩钉高度等于保温层厚度,外部抹保护壳。冷水箱也可采用泡沫塑料聚苯板或软木板用热沥青贴在水箱上,外包塑料布。

4.换热器安装

(1)换热器安装时,首先要制作混凝土基础,要保证基础的水平,基础的表面要平整;换热器底部支座要与基础紧密接触,地脚螺栓固定要牢靠。

(2)核对设备尺寸与基础尺寸一致,再进行吊装就位,吊装时要将起吊点放在设备的重心上,且应注意保护好换热器仪表、阀门、支座等。就位后用薄垫铁找正找平,拧紧地脚螺栓固定。

(3)为防止焊渣、杂质进入换热器内部,与换热器连接的管道在与换热器接口前必须做好打压、冲洗工作。

关键细节 7　空调水系统附件安装注意事项

（1）集气罐、自动排气装置、除污器（水过滤器）等管道部件的安装应符合设计要求，并应符合下列规定：

1）冷冻水和冷却水的除污器（水过滤器）应安装在进机组前的管道上，方向正确且便于清污；与管道连接牢固、严密，其安装位置应便于滤网的拆装和清洗。过滤器滤网的材质、规格和包扎方法应符合设计要求。

2）闭式系统管路应在系统最高处及所有可能积聚空气的高点设置排气阀，在管路最低点应设置排水管及排水阀。

（2）水箱、集水器、分水器、储冷罐等设备的安装，支架或底座的尺寸、位置符合设计要求。设备与支架或底座接触紧密，安装平正、牢固。平面位置允许偏差为 15mm，标高允许偏差为 ±5mm，垂直度允许偏差为 1/1000。膨胀水箱安装的位置及接管的连接，应符合设计文件的要求。

（3）水箱、集水器、分水器、储冷罐的满水试验或水压试验必须符合设计要求。储冷罐内壁防腐涂层的材质、涂抹质量、厚度必须符合设计或产品技术文件要求，储冷罐与底座必须进行绝热处理。

关键细节 8　现场制作水箱盛水试验要求

现场制作的水箱，按设计要求制作成水箱后须作盛水试验或煤油渗透试验。

（1）盛水试验：将水箱完全充满水，经 2～3h 后用锤（一般为 0.5～15kg）沿焊缝两侧约 150mm 的部位轻敲，不得有漏水现象；若发现漏水部位须铲去重新焊接，再进行试验。

（2）煤油渗漏试验：在水箱外表面的焊缝上涂满白垩粉或白粉，晾干后在水箱内焊缝上涂煤油，在试验时间内涂 2 或 3 次，使焊缝表面能得到充分浸润，如在白垩粉或白粉上没有发现油迹，则为合格。试验要求时间为：对垂直焊缝或煤油由下往上渗透的水平焊缝为 35min；对煤油由上往下渗透的水平焊缝为 25min。

（3）敞口箱、罐安装前，应做满水试验，以不漏为合格。密闭箱、罐如设计无要求，应以工作压力的 1.5 倍作水压试验，但不得小于 0.4MPa。

（4）盛水试验后，内外表面除锈，刷红丹两遍。

第二节　空调水系统管道安装

一、管道支、吊架制作安装

1. 金属管道支、吊架制作与安装

支、吊架制作时，型钢下料须用专用工具切割，不得用电气焊。吊杆不得弯曲，且下端套丝长度应留有一定的调节余量，其套丝长度一般大于 100mm。吊杆长度不够搭接使用时，其搭接长度一般是吊杆直径（d）的 8～10 倍。搭接处要双面满焊。支、吊架焊缝避免

产生漏焊、欠焊、裂纹、咬肉等缺陷,焊接变形应予矫正。

支架安装时,一般采用预留孔洞、膨胀螺栓、射钉顶板打透眼等方法。

墙上有预留孔洞的,可将支架横梁埋入墙内,如图6-9所示。钢筋混凝土构件上的支架,浇筑时要在各支架的位置预埋钢板,然后将支架横梁焊接在预埋钢板上,如图6-10所示。在没有预留孔洞和预埋钢板的砖或混凝土构件上,可以用射钉或膨胀螺栓安装支架,但不宜安装推力较大的固定支架。如图6-11、图6-12所示。

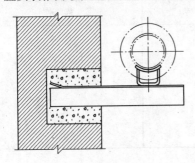

图 6-9 埋入墙内的支架

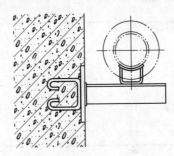

图 6-10 焊接到预埋钢板上的支架

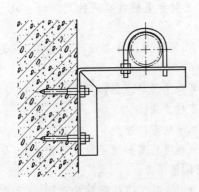

图 6-11 用射钉安装的支架

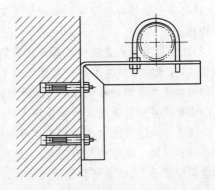

图 6-12 用膨胀螺栓安装的支架

支、吊架安装的位置、标高要准确,支、吊架生根前要测量放线,生根固定点不仅要符合图纸坐标位置而且要考虑管道的施工操作距离、绝热距离,以及其他专业或其他管道交叉规定的距离。支、吊架在安装前要做防锈处理,一般在除锈后刷两道防锈漆。

空调水系统管道要做绝热,在支、吊架处必须设置隔离木托,木托须经防腐处理。木托的厚度与保温层厚度相同。

2. 非金属管道支架制作与安装

由于非金属管道刚性小于金属管道刚性,且线膨胀系数比金属管道大,因此,要减小支、吊架的间距,增加支吊架数量。

采用金属管卡或金属支、吊架时,卡箍与管道之间应垫有软塑料垫,不可直接接触。当非金属管道与金属管连接,其管卡或支、吊架应设在金属管配件一端。热水管还应加宽管卡及横梁的接触面积。

　　由于硬聚氯乙烯强度低、刚度小,支撑管子的支、吊架间距要小。管径小、工作温度或大气温度较高时,为防止管子向下挠曲,应在管子全长上用角钢支托,并要注意防振。

　　支架间距在设计未规定时,可参考表 6-2 的规定敷设。

表 6-2　　　　　　　　　　　　硬聚氯乙烯管支架间距

管路外径/mm	最大支撑间距/m	
	立　管	横　管
40		0.4
50	1.5	0.5
75	2.0	0.75
110	2.0	1.10
160	2.0	1.6

关键细节 9　空调水系统管道支、吊架选用注意事项

　　(1)有较大位移的管段应设置固定支架。固定支架要生根在牢固的厂房结构或专设的结构物上。

　　(2)在管道上无垂直位移或垂直位移很小的地方,可装活动支架或刚性支架。活动支架的型式,应根据管道对摩擦作用要求的不同来选择:

　　1)对由于摩擦而产生的作用力无严格限制时,可采用滑动支架。

　　2)当要求减少管道轴向摩擦作用力时,可采用滚柱支架。

　　3)当要求减少管道水平位移的摩擦作用力时,可采用滚珠支架。

　　滚柱和滚珠支架结构较为复杂,一般只用于介质温度较高和管径较大的管道上。

　　在架空管道上,当不便装设活动支架时,可采用刚性吊架。

　　(3)在水平管道上只允许管道单向水平位移的地方,应在铸铁阀件的两侧,兀形补偿器两侧适当距离的地方,装设导向支架。

　　(4)在管道具有垂直位移的地方应装设弹簧吊架,在不便装设弹簧吊架时,也可采用弹簧支架,在同时具有水平位移时,应采用滚珠弹簧支架。

　　(5)垂直管道通过楼板或屋顶时,应设套管,套管不应限制管道位移和承受管道垂直负荷。

　　(6)对于室外架空敷设的大直径管道的独立活动支架,为减少摩擦力,应设计为挠性的、双铰接的支架或采用滚动支架,避免采用刚性支架。

　　1)对于要求沿管道轴线方向有位移和横向有刚度时,采用挠性支架,一般布置在管道沿轴向膨胀的直线管段。补偿器应用两个挠性支架支承,以承受补偿器质量和使管道膨胀收缩时不扭曲,此两个支架跨距一般为 3～4m,车间内部最大不超过 6m。

　　2)仅承受垂直力,允许管道在平面上任何方向移动时,可采用双铰接支架。一般布置在自由膨胀的转弯点处。

二、管道连接

1. 金属管道连接

（1）焊接连接。钢管焊接时一般是采用电焊和气焊，钢管大多数采用电焊，只有当管壁厚度小于 4mm 时，才采用气焊连接。

气焊连接一般采用对口焊型式，焊口一般焊两层，每层尽量一次焊完以减少接头。施焊中为防止产生焊接缺陷，注意排除焊接熔池中的气体。

（2）金属管道螺纹连接。管道螺纹使用套丝机或套丝板加工。手工套丝应用力均匀，机械套丝时，应避免"爆牙"或管端变形。镀锌钢管应采用螺纹连接，不得采用焊接。

螺纹连接的管道，螺纹应清洁、规整，断扣或缺扣不大于螺纹全扣数的 10%，连接牢固；接口处根部外露螺纹为 2~3 扣，无外露填料。镀锌管道的镀锌层应注意保护，对局部的破损处应做防腐处理。

在有外螺纹的管头或管件上缠好麻线或密封带，用手将其拧入带内螺纹管件内 2~3 个螺距。

所用管钳的钳口尺寸应与管子规格相适应。螺纹拧紧后，密封填料不得挤入管内，露出螺纹层以 1~2 扣为宜，挤出的密封填料应清除干净，管道螺纹连接处填料的选用参见表 6-3。

表 6-3　　　　　　　　　　　　管螺纹连接接头处填料选用表

填料名称	适用介质
白厚漆	水、煤气、压缩空气
白厚漆+麻丝	水、压缩空气
黄粉（一氧化铅）+甘油	煤气、压缩空气、乙炔、氨
黄粉（一氧化铅）+蒸馏水	氧气
聚四氟乙烯生料带	<250℃蒸汽、煤气、压缩空气、氧气、乙炔、氨，也可用于腐蚀介质

（3）金属管道法兰连接。法兰连接的管道，法兰面应与管道中心线垂直并同心。法兰对接应平行，其偏差不应大于其外径的 1.5/1000，且不得大于 2mm；连接螺栓长度应一致、螺母在同侧均匀拧紧。螺栓紧固后不应低于螺母平面。法兰的衬垫规格、品种与厚度应符合设计的要求。

管道上除在连接设备、阀件及仪表处采用法兰外，不得在管道中任意增设和取消设计的法兰连接处。

1）平焊法兰。将法兰套入管端，使管口进入法兰密封面以内 1.5 倍管壁厚度，并在法兰内圆周上均匀地分出四点。

首先在圆周上方将法兰与管子点焊住，然后用 90°角尺沿上下方向校正法兰位置，使其密封面垂直于管子中心线，如图 6-13 所示。

随后在法兰下方点焊第二点，用 90°角尺

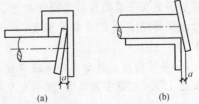

图 6-13　检查法兰垂直度

(a)用法兰尺检查平直度；(b)用角尺检查垂直度

沿左右方向校正法兰位置,合格后再点焊左右第三、四点。

对于成对法兰点焊,应使其螺栓孔眼间对位准确,使用吊线法。

经过两次检查表明点焊合格后,方可进行法兰和管子间的角焊连接,焊完后应将管内外焊缝清扫干净,并不得在法兰密封面上留下任何杂物。

2)对焊法兰。对焊法兰与管子的连接采用对焊。法兰密封面与管子中心线的垂直度的检查、找正方法及螺孔对位与平焊法兰基本相同。

3)活套法兰。对焊活套法兰(图 6-14)由凸凹肩圈及法兰组成。连接时,将法兰套入肩圈内,肩圈与管子以同一中心线焊接。当螺栓拧紧时,肩圈凸凹受力而将垫圈挤严密封。组合安装时,先把法兰套在管子上,再将焊环套在管端,然后进行点焊、调整位置和焊接。

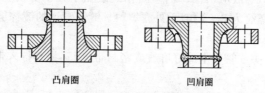

凸肩圈　　　　　凹肩圈

图 6-14　对焊活套法兰

4)金属管道沟槽连接。首先应检查加工好的钢管端部,安装过程中要使用润滑剂或肥皂水均匀涂在垫圈边缘及外侧。把密封圈套在钢管末端,并保证密封圈边缘不超出管道末端。将两管和管件对接在一条直线上,两端对接,然后移动密封圈,使之到两沟槽间的中心位置不能盖住或挡住沟槽,密封圈不应偏向任何一边。然后将管箍合在密封圈上并确保接头边缘在沟槽内。插上螺栓,然后套上螺母,均匀地拧紧两边螺母,使接头两端口紧密接合在一起。

关键细节 10　金属管道转动焊接连接操作要求

(1)点焊。点焊时,对于管径小的管子($\phi \leqslant 70$mm),只需在管子对称的两侧点焊定位。管径大的可点焊三点或更多的焊点定位。点焊焊肉的尺寸应适宜,通常当管壁厚度小于或等于 5mm 时,点焊焊肉厚度约为 5mm,点焊长度为 20~30mm。点焊焊肉的两个端都必须修成缓坡形,以便于接头熔透。

(2)根部焊接。不带垫圈的管子转动焊,运条范围选择在立焊部位。宜采用直线形或稍加摆动的小月牙形。对口间隙较大时,可采用灭弧方法焊接。对于厚壁管子,在对口前应将管子放在平整的转动台或滚杠上。焊接时最好每一焊段焊接两层后方可转动一次,同时点焊焊缝必须有足够的强度;靠近焊口的两个支点距离最好不大于管径的 1.5~2 倍。

(3)多层焊接。转动焊的多层焊接,运条范围应选择在平焊部位,即焊条在垂直中心线两边 15°~20°范围内运条,焊条应与垂直中心线成 30°角。

关键细节 11　金属管道水平固定焊接连接操作要求

(1)钢管在沟槽内对口,点焊合格管道定位后不得转动,此时接口焊接称为固定焊接,俗称固定口焊接。这种焊接的特点是通常以平、仰焊点为界,将环形焊口分成对称的两个半圆形焊口,按照仰→立→平的焊接顺序焊接。这种焊接,焊条位置变化很大,操作比较困难。

(2)熔化铁水在仰焊位置有向下(向焊道外)坠落的趋势,而在立焊及过渡到平焊位置时,则有向管子内部滴落倾向,因而常会出现穿透度不匀及外观不整齐的现象。

(3)仰焊时,为了使铁水能熔化到坡口中去,并与基本金属很好地接合在一起,主要依赖于电弧吹力。若电弧吹力不够,则熔滴输送到熔池的力量会减弱。因此,只有增大电流强度才能使电弧吹力增加;但电流过大,熔池面积增加,铁水容易下坠。所以必须使用合适的电流。

(4)焊接根部时,仰焊及平焊部位比较难于操作,通常仰焊部位背面出现焊不透或容易产生凹陷,表面因铁水下坠出现焊瘤、咬口、夹渣等缺陷。平焊部位容易产生焊不透以及因铁水下坠而形成的焊瘤。

(5)自立焊部位至平焊部位这一段焊缝,往往由于操作不当等原因,常产生气孔、裂纹等缺陷。

关键细节 12　金属管道垂直固定管焊接连接操作要求

(1)当对口两侧管径不等时,可以将直径较小的管子置于下方,并且保证沿圆周方向的错口数值均等;否则在根部必然产生咬口缺陷。当错口大于 2mm 时必须加工,使其内径相同,其加工坡度为 1:5。

(2)为了使焊口对正,管子端面应垂直于管子轴线。焊接之前,坡口及其两侧 10mm 范围内应清除锈污,直至显露金属光泽为止。

(3)当焊接直径较大的管道时,如果沿着圆周连续运条,则变形量较大,必须应用"逆向分段跳焊法"来焊接。

(4)多层焊时,每层焊道的接头应错开 20~30mm。

关键细节 13　金属管道倾斜固定管焊接连接操作要求

(1)多层焊时,若管子倾斜角小于 45°,可运用垂直固定管焊接的方法,当倾角大于 45°时,也可用水平固定管焊接方法。

(2)根部施焊可分成两半焊成,施焊时焊条应该偏于垂直位置。

(3)当管子倾角小于 45°时,可运用多层多道焊,分两半焊成。每道焊缝运条方式与根部焊接相似,但可略作水平方向的横向摆动。

(4)管子倾角大于 45°,则可与水平固定管焊接相似,运用单道焊法。但焊条于坡口下侧停留时间比上侧略长。

2.非金属管道连接

(1)管道焊接连接。非金属管道焊接连接有对焊连接、带套管对焊连接和硬聚氯乙烯管承插连接三种形式。

(2)管道法兰连接。非金属管道法兰连接有焊环活套法兰连接、扩口活套法兰连接、平焊塑料法兰连接三种连接形式。

(3)螺纹连接。对硬聚氯乙烯来说,螺纹连接一般只能用于连接阀件、仪表或设备上。密封填料宜用聚四氟乙烯密封带,拧紧螺纹用力应适度。不可拧得过紧,螺纹加工应由制品生产厂家完成,不得在现场进行。

关键细节 14　非金属管道对焊连接操作要求

(1)对焊连接是将管子两端对起来焊成一体,适用于直径较大(200mm 以上)的管子连接。

(2)焊接时的加热温度一般为 200～240℃,由于热空气到达焊接表面时,温度还要降低,所以从焊嘴喷出的热空气温度还要高些,一般为 230～270℃。操作时,要注意掌握焊条与焊件的夹角。

(3)在焊接过程中,向焊条施加压力应均匀;施力方向应使焊条和焊件基本上保持垂直。焊条切勿向后倾斜。

(4)焊接喷嘴和焊件夹角一般保持 30°～45°。焊条粗、焊件薄的应多加热焊条,即夹角应小些;反之焊条细、焊件厚时,应多加热焊件,即夹角应大些。焊枪应上下左右抖动以使焊条加热均匀。

关键细节 15　非金属管道带套管对焊连接操作要求

(1)管子对焊连接后,将焊缝铲平,铲去主管外表面上对接焊缝的高出部分,使其与主管外壁面齐平。

(2)制作套管。套管可用板材加热卷制,长度应为主管公称直径的 2.2 倍,壁厚应与主管壁厚相同。

(3)加装套管。先用酒精或丙酮将主管外壁和套管内壁擦洗干净,并涂上 PVC 塑料胶,再将套管套在主管对接缝处,使套管两端与焊缝保持等距,套管与主管间隙不大于 0.3mm。

(4)封口。封口应采用热空气熔化焊接,先焊接套管的纵缝,再完成套管两端主管的封口焊。

关键细节 16　非金属管道承插连接操作要求

直径小于 200mm 的挤压管多采用承插连接。

(1)承口加工。首先将要扩胀为承口的管子端部加工成 45°坡口,将作为插口的一端加工成 45°外坡口。再将有内坡口端置于 140～150℃甘油内加热,并均匀地转动管子。取出后将有外坡口的管子插入已加热变软的管内,插入深度为管子外径的 1～1.5 倍,成型后取出插入的管子。

(2)接口清洗。用酒精或丙酮将承口内壁和插口外壁清洗干净。

（3）涂胶。在清洗干净的承口内壁和插口外壁涂上 PVC 塑料胶（601 胶），涂层应均匀。

（4）插接。将插口插入承口内，应一次插足，承插间隙不大于 0.3mm。

（5）封口。承插口外部应采用硬聚氯乙烯塑料焊条进行热空气熔化焊接封口。其焊接方法和要求同上条。直径大于 100mm 的管子，为便于承插接口，可用木制或钢制冲模在插口端部预先扩口。

三、管道安装

（1）管道安装应以有压管让无压管、小管让大管的原则，按先装上后装下、先装里后装外的程序进行。

（2）一般较大管径时可采用焊接钢管，连接方式为焊接。较小管径可采用镀锌钢管丝扣连接。

（3）各种管材和阀件应具备检验合格证；外观检查不得有砂眼、裂纹、重皮、夹层、严重锈蚀等缺陷。

（4）对于洁净性要求较高的管道，安装前应进行清洗；对于忌油管道安装前应进行脱脂处理。

（5）管道下料尺寸应是现场测量的实际尺寸。切断的方法有手工切割、氧-乙炔焰切割和机械切割。公称直径小于或等于 50mm 的管子用手工或割刀切割，公称直径大于50mm 的管子可用氧-乙炔焰切割或机械切割。

（6）管子切口表面应平整，不得有裂纹、重皮；毛刺、凸凹、缩口、熔渣、氧化铁、铁屑等应予以清除；切口表面倾斜偏差为管子直径的 1%，但不得超过 3mm。

（7）钢制管道的安装应符合下列规定：

1）管道和管件在安装前，应将其内、外壁的污物和锈蚀清除干净。当管道安装间断时，应及时封闭敞开的管口。

2）管道弯制弯管的弯曲半径，热弯不应小于管道外径的 3.5 倍、冷弯不应小于 4 倍；焊接弯管不应小于 1.5 倍；冲压弯管不应小于 1 倍。弯管的最大外径与最小外径的差不应大于管道外径的 8/100，管壁减薄率不应大于 15%。

3）冷凝水排水管管坡度应符合设计文件的规定。当设计无规定时，其坡度宜大于或等于 8‰；软管连接的长度，不宜大于 150mm。

4）冷热水管道与支、吊架之间，应有绝热衬垫（承压强度能满足管道质量的不燃、难燃硬质绝热材料或经防腐处理的木衬垫），其厚度不应小于绝热层厚度，宽度应大于支、吊架支承面的宽度。衬垫的表面应平整，衬垫接合面的空隙应填实。

（8）钢塑复合管道的安装，当系统工作压力不大于 1.0MPa 时，可采用涂（衬）塑焊接钢管螺纹连接，与管道配件的连接深度和扭矩应符合表 6-4 的规定；当系统工作压力为1.0～2.5MPa 时，可采用涂（衬）塑无缝钢管法兰连接或沟槽式连接，管道配件均为无缝钢管涂（衬）塑管件。

沟槽式连接的管道，其沟槽与橡胶密封圈和卡箍套必须为配套合格产品；支、吊架的

间距应符合表 6-5 的规定。

表 6-4　　　　　　　　　钢塑复合管螺纹连接深度及紧固扭矩

公称直径/mm		15	20	25	32	40	50	65	80	100
螺纹连接	深度/mm	11	13	15	17	18	20	23	27	33
	牙数	6.0	6.5	7.0	7.5	8.0	9.0	10.0	11.5	13.5
扭矩/(N·m)		40	60	100	120	150	200	250	300	400

表 6-5　　　　　　　沟槽式连接管道的沟槽及支、吊架的间距

公称直径 /mm	沟槽深度 /mm	允许偏差 /mm	支、吊架的间距 /m	端面垂直度 允许偏差/mm
65～100	2.20	0～+0.3	3.5	1.0
125～150	2.20	0～+0.3	4.2	
200	2.50	0～+0.3	4.2	1.5
225～250	2.50	0～+0.3	5.0	
300	3.0	0～+0.5	5.0	

注:1. 连接管端面应平整光滑、无毛刺;沟槽过深,应作为废品,不得使用。
　　2. 支、吊架不得支承在连接头上,水平管的任意两个连接头之间必须有支、吊架。

关键细节 17　空调水系统干管安装要求

(1)干管若为吊卡固定时,在安装管子前,必须先把地沟或顶棚内的吊卡按坡向顺序依次穿在型钢上,安装管路时先把吊卡按卡距套在管子上,把吊卡子抬起将吊卡长度按坡度调整好,再穿上螺栓螺母,将管子安装好。在托架上安管时,把管子先架在托架上,上管前先把第一节管戴上 U 形卡,然后安装第二节管子,各节管段照此进行。

(2)管道安装应从进户处或分支点开始,安装前要检查管内有无杂物。在丝头处将铅油抹上,并缠好麻丝,一人在末端找平管子,一人在接口处把第一节管相对固定,对准丝扣,依丝扣自然锥度,慢慢转动丝扣,到用手转不动时,再用管钳咬住管件,用另一管钳上管,松紧度适宜,外露 2～3 扣为好,最后清除麻头。

(3)焊接连接管道的安装程序与丝接管道相同,从第一节管开始,把管扶正找平,使甩口方向一致,对准管口,调直后即可用点焊固定,然后正式施焊。

(4)管道安装完,首先检查坐标、标高、坡度、变径、三通的位置等是否正确。用水平尺核对、复核调整坡度,合格后将管道固定牢固。

关键细节 18　空调水系统支管、立管安装要求

支管安装前核对各设备的安装位置及立管预留口的标高、位置是否准确,做好记录。风机盘管、诱导器应采用柔性连接,柔性短管自带活套连接时,可不采用活接头,否则,应增加活接头。安装活接头时,子口一头安装在来水方向,母口一头安装在去水方向。丝头抹油缠麻,用手托平管子,随丝扣自然锥度入扣,手拧不动时,用管钳子将管子拧到松紧适

度,丝扣外露2～3扣为宜。然后对准活接头,把麻垫抹上铅油套在活接口上,对正子母口,带上锁母,用管钳拧到松紧适度,清净麻头。用钢尺、水平尺、线坠校核支管的坡度和距墙尺寸,复查立管及设备有无移动。合格后固定管道和堵抹墙洞缝隙。

立管安装时,首先检查和复核各层预留孔洞、套管是否在同一垂直线上。安装前,应按编号从第一节管开始安装,由上向下,一般以两人操作为宜,进行预安装,待确认支管三通的标高、位置无误后,卸下管道抹油缠麻,将立管对准接口的丝扣扶正角度慢慢转动入扣,直至手拧不动为止,用管钳咬住管件,用另一把管钳上管,松紧适宜,以外露2～3扣为宜。检查立管的每个预留口的标高、角度是否准确、平正。确认后将管子放入立管管卡内紧固,然后填塞套管缝隙或预留孔洞。预留管口暂不施工时,要做好保护措施。

四、设备配管安装

1. 水处理设备配管安装

(1)水处理设备配管应符合设计要求,有材质证明或出厂合格证,并应按规范进行检验。

(2)衬里设备、管道或管件在搬运就位时应避免强烈振动及碰撞。衬里管道及管件安装前,应将内部清理干净,并逐件检查衬里情况,衬里不得有破损和缺陷。

(3)衬里管道安装时应按预制加工时的标记依次进行,不得混淆或颠倒。

(4)安装的管道要与支(托)架紧密接触,连接的法兰径向同心,密封面接合均匀严密,紧固螺栓的力度适宜,且不得损伤衬里。

2. 水泵配管安装

(1)为避免管道质量压在水泵上,与水泵进、出连接的管道都应设有独立、牢固的支、吊点,其支撑位置应不影响泵的运行和维修。

(2)管道应在试压、冲洗完毕后再与水泵接口。管道与水泵连接后,若需在水泵的上方进行气割或焊接工作,为避免造成水泵叶轮等零件的损伤,应防止焊渣掉入水泵。

(3)与水泵入口相连的管路上应设置过滤器或过滤网,滤网的总过流面积不得小于吸入管口面积的2～3倍。与水泵出、入口相连接的管路直径均应大于水泵的入口和出口直径。

(4)水泵入口前的直管段长度应大于水泵入口直径的三倍。管路内不应有窝气的地方。

3. 风机盘管配管安装

风机盘管配管系统内的配件,除了截止阀、水过滤器、柔性接头之外,对于有室温恒定要求的还设有电动二通调节阀或电动三通调节阀;与风机盘管连接的冷冻水或热水管,应采用"下送上回"的连接方式。

(1)水过滤器。水过滤器一般安装在风机盘管冷冻水或热水管道的入口处,安装时应水平并注意水流方向,排污盖应朝下,不能倒置,以发挥过滤器除污效果。

(2)柔性接头。常用的柔性接头有特制的橡胶柔性接头和退火的紫铜管两种形式。用于管道与风机盘管的连接处,以消除由于硬连接的漏水现象,同时可避免在连接过程中损坏风机盘管等弊病。

（3）电动调节阀。电动调节阀应安装在便于维修的部位。在高层建筑中，处于较低层的楼层里，为确保电动调节阀正常使用，应安装减压阀。

1）电动调节阀安装时，应使阀体处于水平状态，电机在阀体的上方，并应防止潮湿和水袭。

2）安装电动二通调节阀时，应按阀体标志的方向连接管路，安装三通调节阀时，应注意供水管在调节阀的底部，调节阀水平端的一端为常闭状态连接回水管主管道，另一端为常通状态连接旁通管道。

3）电动调节阀安装以后应对阀体进行保温并做好外壳接地处理以确保其安全运转。

第三节　管道试压冲洗

一、管道试压

空调水管道安装完毕后，在保温前应进行压力试验，按试验的目的，可分为检查管道的机械性能的强度试验和检查管道连接情况的严密性试验。按试验使用的介质可分为用水作介质的水压试验和用气体作介质的气压试验。

（1）根据水源位置和管路系统情况，制定出试压方案和技术措施。

（2）管道试压前为便于对管道进行外观检查，不得进行涂漆和保温。所有法兰连接处的垫片应符合要求，螺栓应全部拧紧。管道与设备之间加上盲板，试压结束后拆除。按空管计算支架及跨距的管道，进行水压试验应加临时支撑。

（3）水压试验宜分段进行，压力表应安装在试验管段的最低处。

（4）冷热水、冷却水系统的试验压力，当工作压力小于等于 1.0MPa 时，为 1.5 倍工作压力，但最低不小于 0.6MPa；当工作压力大于 1.0MPa 时，为工作压力加 0.5MPa。

（5）对于大型或高层建筑垂直位差较大的冷（热）媒水、冷却水管道系统宜采用分区、分层试压和系统试压相结合的方法。

（6）管道系统试验前，应与运行中的管道设置隔离盲板。对水或蒸汽管道如以阀门隔离，阀门两侧温度差不应超过 100℃。试验前应将不能参加试验的系统、设备、仪表及管道附件等加以隔离。加置盲板的部位应有明显标记和记录。

（7）压力试验用的压力表和温度计必须是经过检验的合格品。工作压力在 0.07MPa 以下的管道进行气压试验时，可采用充水银或水的 U 形玻璃压力计，但刻度必须准确。

（8）有冷脆倾向的管道，应根据管材的冷脆温度，确定试验介质的最低温度。

（9）系统试压达到合格验收标准后，放掉管道内的全部存水。

关键细节 19　空调水系统管道水压试验

管道水压试验应采用清洁的水作介质，氧气管道应采用无油质的水，其试验压力和要求如下：

（1）向管内灌水时，应打开管道各高处的排气阀，待水灌满后，关闭排气阀和进水阀。

（2）用手摇式水泵或电动水泵进行加压,压力应逐渐升高,加压到一定数值时,应停下来对管道进行检查,确认无问题时再继续加压,一般为 2 或 3 次升至试验压力。

（3）管道液压试验的压力应按表 6-6 规定进行。

表 6-6		液压试验压力		MPa
管道级别		设计压力 P	强度试验压力	严密性试验压力
真　空		—	0.2	0.1
中、低压	地上管道	—	1.25P	P
	埋地管道　钢	—	1.25P 且不小于 0.4	P
	埋地管道　铸铁　≤5	≤5	2P	P
	>5	>5	P+0.5	P
高　压		—	1.5P	P

（表中"强度试验压力"栏埋地管道铸铁部分注有："不大于系统内阀门的单体试验压力"）

对位差较大的管道系统,应考虑试验介质的静压影响。液体管道以最高点的压力为准,但最低点的压力不得超过管道附件及阀门的承受能力。当碳素钢管道的设计温度高于 200℃或合金钢管道的设计温度高于 350℃时,其强度试验压力应按下式计算:

$$P_S = K \cdot P_C \frac{[\sigma_1]}{[\sigma_2]}$$

式中　K——系数,中低压取 1.25,高压取 1.5;

P_S——常温时试验压力(MPa);

$[\sigma_1]$——常温时材料的许用应力;

P_C——工作压力(MPa);

$[\sigma_2]$——工作温度时材料的许用应力。

（4）当压力达到试验压力时,停止加压,一般动力管道在试验压力下保持 5min,化工工艺管道在试验压力下保持 20min。在试验压力下保持的时间内,若管道未发生异常现象,压力表指针不下降,即确定为强度试验合格。

（5）管道强度试验合格后,可将压力降至工作压力进行严密性试验。在工作压力下对管道进行全面检查,并用质量 1.5kg 以下的圆头小锤在距焊缝 10~20mm 处沿焊缝方向轻轻敲击。到检查完毕时,如压力表指针没有下降,管道焊缝及法兰连接处未发现渗漏现象,即可认为试验合格。

（6）在气温低于 0℃时,可采用特殊防冻措施后,用 50℃左右的热水进行试验。试验完毕,应立即将管内存水放净,氧气管道和乙炔管道必须用无油的压缩空气或氧气吹干。

关键细节 20　空调水系统管道气压试验

管道气压试验一般用空气进行,也可用氧气或其他惰性气体进行。氧气管道试验用的气体,应是无油质的。

（1）气压试验前,应对管道及管件的耐压强度进行验算,验算时采用的安全系数不得小于 2.5。

（2）管道系统强度与严密性试验一般采用液压方式进行。如果因设计结构或其他原因,液压强度试验确有困难,可用气压试验代替,但必须采取有效的安全措施,并报请主管部门批准。试验压力一般应符合表 6-7 的规定。

表 6-7　　　　　　　　　　　　气压代替液压试验的压力规定

公称直径/mm	试验压力/MPa
≤300	1.6
>300	0.6

(3)试验时,压力应逐渐升高,达到试验压力时停止升高。在焊缝和法兰连接处涂上肥皂水,检查是否有气体泄漏。如发现有泄漏的地方,应做上记号,卸压后进行修理。消除缺陷后再升压至试验压力,在试验压力下保持 30min,如压力不下降,即认为强度试验合格。

(4)强度试验合格后,降至设计压力,用涂肥皂水的方法检查,如无泄漏,稳压半小时,压力不降,则严密性试验为合格。

二、管道冲洗

(1)管道试压工作完成后,应对系统进行冲洗。冲洗前应将系统内的仪表加以保护,并将孔板、喷嘴、滤网、节流阀及止回阀的阀芯等拆除,妥善保管,待冲洗合格后复位。根据系统的具体情况制定冲洗方案,对不允许冲洗的设备及管道应进行隔离。

(2)管道冲洗进水口及排水口应选择适当位置,并能保证将管道系统内的杂物冲洗干净为宜。排水管应接至排水井或排水沟内。冲洗时,管道内的水流速度应不小于 1.5m/s。蒸汽系统宜采用蒸汽吹扫,也可以采用压缩空气进行。采用蒸汽吹扫时,应先进行暖管,恒温 1h 后方可进行,然后自然降温至环境温度,再进行升温暖管,恒温进行吹扫,如此反复一般不少于三次。

(3)当管道出水口的水不含有泥砂、铁屑等杂质,且目测颜色不混浊,出水口和进水口的水色和透明度一致时为合格。

(4)管道冲洗后要将水排净,在冬期试压要注意防冻,必要时用压缩空气吹干或使用其他保护措施。

第七章　通风空调设备及管道防腐与绝热

第一节　通风空调设备及管道防腐

通风空调工程中所用设备及管道采用镀锌或普通钢板制成,所处的环境基本都是湿空气,尤其是空气处理室中的喷水室、表面式空气冷却器的空气处理室、喷蒸汽加湿空气处理室以及送风管道中的空气相对湿度都较大,如不采取防腐措施,很快会被大气腐蚀,因此,对空调系统中的设备、风管进行防腐处理是非常重要的。

一、防腐涂料基本要求

1. 设备内壁防腐涂料要求

(1)选择的涂料对所接触的介质必须具有较高的耐腐蚀程度。

(2)涂层应密实无孔并具有良好的物理机械强度,设备内壁如用涂料保护,除了设备结构必须符合涂刷要求外,涂层必须完整、密实、连续无孔。一般采取增加涂覆层次或改性等方法使涂层密实无孔。

涂层应具有良好的韧性和抗冲击性能,以防止涂层在使用过程中受外力冲击而过早损坏。

(3)涂层与设备表面的附着力是否良好,是设备使用寿命长短的重要因素。如果附着力不好,腐蚀介质会从涂层开裂处渗入,使基体材料遭到破坏。因此,涂层应有良好的附着力。

(4)涂层还应具有良好的耐热性能。对于有温度要求的设备,选择涂料品种时,应注意使用的温度条件。

(5)施工条件必须方便可行。很多树脂类涂料为热固型,须加热处理才能达到完全固化,虽不经热处理也能表干,但分子结构未能转化成体型结构,并不具备应有的耐腐蚀性能。另外,如生漆、湿固化型聚氨酯涂料须在相对湿度较高的环境中施工,漆膜才能实干。固体粉末涂料必须用指定的施工方法施工。

2. 设备外壁防腐涂料要求

(1)涂层应具有防水、防潮、防工业大气腐蚀的性能,且应能耐紫外线、日照等物理因素作用。因此,选用时应慎重,必要时也可先进行试验检定。涂料虽有防腐蚀性能,但在室外日照条件下会很快老化,涂层粉化、龟裂。

(2)用于设备和管道、风道外壁的防腐蚀涂料除起到防腐作用外,还应具有装饰、标志等作用。因此,要根据涂装地点和要求,选择一定颜色的防腐蚀涂料。

（3）涂层应能在室温下固化。由于热固型涂料须加热处理才能固化，因此，不太适合作设备外壁的防腐蚀涂料，而必须选用能在室温下固化的耐腐蚀涂料。

▌关键细节 1　防腐涂料搭配选用要求

防腐涂料在防腐工程中按其用途不同可分为两类，一类为设备内壁用涂料；另一类是设备、管道外壁用涂料。由于使用目的不同，选用时对涂料要求也不同。

防腐涂料品种繁多，涂料选择时，应根据涂覆对象的技术要求，充分发挥涂料的优点，克服或改善它们的缺点，为此，涂料经常采用不同漆种搭配使用，一般应考虑以下几方面因素：

（1）考虑施工条件的可能性。

（2）被涂物体的使用条件及所处环境与所选涂料的适用范围要相符合。

（3）涂料的性能要与被涂物体相适应。

（4）涂料的性能要满足涂覆的目的。

（5）考虑涂料的配套使用。

（6）涂料的成本低、质量好。

（7）涂料各组分的毒性和可燃性。

二、管道和设备表面处理

为保证油漆质量，在喷涂底漆前务必做好金属表面除锈、清理工作，使其表面呈金属光泽，以增加其油漆的附着力。

表面除锈的方法一般有手工、机械、喷砂、化学、电化学等，清理油污的方法有溶剂清理、碱化清理、乳化清理等。有条件的地方也可采用化学除锈的方法，但是应注意不得使用金属表面受损或使其变形的工具和工艺手段。

1. 人工除锈

人工除锈适用于一般大气环境中的风管，风管表面的铁锈可使用钢丝刷、钢丝布或粗砂布擦拭或用尖头锤、锉刀及扁铲等，将金属表面的氧化层及锈皮、焊渣、毛刺以及其他污物铲、刮干净，再用砂布普遍打磨一遍，直至露出金属本色，而后再使用棉纱或破布擦净。

2. 喷砂除锈

喷砂除锈是利用压缩空气把石英砂通过喷嘴喷射在管道的表面，靠砂子有力地撞击风管表面去掉表面的铁锈等杂物。压缩空气的压力应保持在 0.4～0.6MPa。喷砂所用的砂粒应坚硬又有棱角，粒径一般为 1.5～2.5mm，而且需要过筛除去泥土和其他杂质，还应经过干燥。

喷砂操作时应顺气流方向；喷嘴与金属表面一般成 70°～80° 夹角；喷嘴与金属表面的距离一般在 100～150mm 之间。

用喷砂除锈时金属表面要依次进行且无遗漏处。经过喷砂的表面，一定要达到灰白色。

3. 酸洗除锈

酸洗除锈常用的酸有无机酸（硫酸、盐酸、硝酸、磷酸等）和有机酸（醋酸、柠檬酸等）两大类。酸洗除锈应注意以下几点：

(1)酸洗场地应通风良好,操作人员要穿戴防护用品。酸对人体和衣服均有强烈的腐蚀作用,所以在酸洗过程中,必须穿戴耐酸手套、围裙和脚盖,严防酸液飞溅伤害人体,造成事故。

(2)在酸洗前,应对管材或管件进行清理,除去污物。如果管材表面有油脂,会影响酸洗除锈的效果,应先用碱水除油或作脱脂处理。

(3)酸洗时先将水注入硫酸槽中,再将硫酸以细流慢慢注入水中(切不可先加硫酸后加水)并不断搅拌,加热到适当温度后,将被酸洗物缓慢轻轻地放入酸洗槽中。到预计的酸洗时间后,立即取出并放入中和槽内中和。然后再将其放入热水槽中用热水洗涤,使其完全呈中性后取出并及时干燥。为避免重新锈蚀,酸洗、中和、热水洗涤、干燥和刷涂料等操作应该连续进行。

(4)酸洗操作的温度及时间,应根据工件表面锈蚀去除情况,在规定范围内进行调节,以免过蚀和氢脆。酸洗液的成分应定期分析并及时补充新液。酸洗施工时,酸洗液的配比及工艺条件应符合表 7-1 的规定。

表 7-1　　　　　　　　　　酸洗液的配比及工艺条件

名　称	配　比	处理温度 /(℃)	处理时间 /min	备　注
工业盐酸(%) 乌洛托平(%) 水	15~20 0.5~0.8 余量	30~40	5~30	除铁锈快,效果好,适用于钢铁表面严重积锈的工件
工业盐酸(相对密度1.18)(%) 工业硫酸(相对密度1.84)(%) 乌洛托平/(L/g) 水	110~180 75~100 5~8 余量	20~60	5~50	适用于钢铁及铸铁工件除锈
工业盐酸(1.84)/(g/L) 食盐/(g/L) 水 缓蚀剂	180~200 40~50 余量 适量	65~80	16~50	适用于铸铁及清理大块锈皮,若铸铁表面有型砂,可加2%~5%氢氟酸
工业磷酸(%) 水	2~15 余量	80	表面铁锈除尽为止	适用于锈蚀不严重的钢铁工件,常用作涂料的基本金属表面处理

经酸洗后的金属表面必须进行中和钝化处理。常用的方法有中和钝化一步法和中和钝化二步法,可根据被处理管道及管件的形状、体积大小、环境温度、湿度以及酸洗方法的不同选用。

关键细节 2　钢材酸洗操作条件

钢材酸洗操作条件见表 7-2。

表 7-2　　　　　　　　　　　　钢材酸洗操作条件

酸洗种类	浓　度（%）	温　度/（℃）	时　间/min
硫　酸	10～20	50～70	10～40
盐　酸	10～15	30～40	10～50
磷　酸	10～20	60～65	10～50

三、涂装施工

涂装施工时，要使漆膜色泽鲜艳、丰满、经久耐用，达到预期的防腐目的，除选用性能优良的涂料外，还必须注意施工质量。涂料的涂覆方法有很多，主要有刷涂和喷涂两种。

1. 刷涂法施工

刷涂法是用漆刷进行涂装施工的一种方法，刷涂施工设备简单，操作方法容易掌握，适用性强，可用于多种涂料的施工。在涂刷过程中，由于所用工具具有一定的弹性，对金属表面的润湿能力强，因而可提高涂层的防腐效果，但其不仅仅用于一些快干和分散性差的涂料。

刷涂的质量好坏，主要取决于操作者的实际经验和熟练程度。刷涂时应注意以下基本操作要点：

（1）所用的油漆牌号必须符合设计要求或施工验收规范的规定，并有产品出厂合格证，并在有效使用期内，没有变质。

（2）油漆涂刷前，应检查管道或设备的表面处理是否符合要求。涂刷前，管道或设备表面必须彻底干燥。

（3）使用漆刷时，一般应采用直握方法，用手将漆刷握紧，主要以腕力进行操作漆刷。

（4）涂漆时，漆刷应蘸少许的涂料，刷毛浸入漆的部分，应为毛长的 1/3～1/2。蘸漆后，要将漆刷在漆桶内的边上轻抹一下，除去多余的漆料，以防止产生流坠或滴落。

（5）对干燥较慢的涂料，应按涂敷、抹平和修饰三道工序进行操作。

1）涂敷就是将涂料大致地涂布在被涂物的表面上，使涂料分开。

2）抹平就是用漆刷将涂料纵、横反复地抹平至均匀。

3）修饰就是用漆刷按一定方向轻轻地刷涂，消除刷痕及堆积现象。

在进行涂敷和抹平时，应尽量使漆刷垂直，用漆刷的腹部刷涂。在进行修饰时应将漆刷放平些，用漆刷的前端轻轻地涂刷。

（6）对干燥较快的涂料，应从被涂物的一边按一定的顺序快速、连续地刷平和修饰，不宜反复刷涂。刷涂一般应按自上而下，从左到右，先里后外，先斜后直，先难后易的原则，最后用漆刷轻轻地抹理边缘和棱角，使漆膜均匀、致密、光亮和平滑。

（7）刷涂的走向：刷涂垂直表面时，最后一道应由上向下进行；刷涂水平表面时，最后一道应按光线照射的方向进行。

（8）薄钢板风管的防腐工作宜在风管制作前预先在钢板上涂刷防锈底漆，以提高涂刷的质量，减少漏涂现象，并且使风管咬口缝内均布油漆，延长风管的使用寿命，而且下料后的多余边角料短期内不会锈蚀，能回收利用。

关键细节3　采用刷涂法刷第一道油漆注意事项

涂刷第一道油漆应符合下列规定：

(1)分别选用带色铅油或带色调和漆、磁漆涂刷，但此遍漆应适当掺加配套的稀释剂或稀料，以达到盖底、不流淌、不显刷迹。冬期施工宜适当加些催干剂[铅油用铅锰催干剂，掺量2%～5%(质量比)；磁漆等可用钴催干剂，掺量一般小于0.5%]。涂刷时厚度应一致，不要漏刷。

(2)复补腻子：如果设计要求有此工序，将前数遍腻子干缩裂缝或残缺不足处，再用带色腻子局部补一次，复补腻子与第一道漆色相同。

(3)磨光：如设计有此工序(属中、高级油漆)，宜用1号以下细砂布打磨，用力应轻而匀，注意不要磨穿漆膜。

关键细节4　采用刷涂法刷第二道油漆注意事项

(1)如为普通油漆，为最后一层面漆。应用原装油漆(铅油或调合漆)涂刷，但不宜掺催干剂。

(2)磨光：设计要求此工序(中、高级油漆)时，宜用1号以下细砂布打磨，用力应轻而匀，注意不要磨穿漆膜。

(3)潮布擦净：将干净潮布反复在已磨光的油漆面上揩干净，注意油漆面不要沾上擦布上的细小纤维。

2. 喷涂法施工

喷涂是利用压缩空气通过专用喷枪来实现的，多用于要求较高的油漆施工。喷涂涂料的漆膜应均匀，无堆积、皱褶、气泡、掺杂、混色及漏涂等缺陷。各类空调设备、部件的涂料喷涂，不得遮盖铭牌标志和影响部件的使用。

(1)在喷涂之前必须将要使用的涂料调好，而后使用喷枪进行喷涂。

(2)喷涂装置使用前应首先检查高压系统各固定螺母，以及管路接头是否拧紧，如松动则应拧紧。

(3)喷距一般应控制在300～380mm为宜；较大物件的喷幅宽度以300～500mm为宜，较小的物件以100～300mm为宜，一般以300mm左右为宜；喷枪与物面的喷射角度为30°～80°；喷幅的搭接应为幅宽的1/6～1/4，视喷幅的宽度而定；喷枪运行速度为60～100cm/s。

(4)在喷涂过程中不得将吸入管拿离涂料液面，以免吸空，造成漆膜流淌。且涂料容器内的涂料不应太少，应注意经常加入涂料。

(5)涂料应经过滤后才能使用，否则容易堵塞喷嘴。发生喷嘴堵塞时，应关枪，将自锁挡片置于横向，取下喷嘴，先用刀片在喷嘴口切割数下，并用刷子在溶剂中清洗，然后再用压缩空气吹通，或用木签捅通，为防止损伤，不可用金属丝或铁钉捅喷嘴。

(6)在喷涂过程中，高压喷枪绝对不许对准操作者或他人，停喷时应将自锁挡片横向放置。若停机时间不长，可不排出机内涂料，把枪头置于溶剂中即可，但对于双组分涂料，则应排出机内涂料，并应清洗整机。

（7）喷涂过程涂料会自然地发生静电，为防止意外事故的发生，要将机体和输漆管做好接地。

（8）喷涂结束后，将吸入管从涂料桶中提起，使泵空载运行，将泵内、过滤器、高压软管和喷枪内剩余涂料排出。然后用溶剂空载循环，清洗干净上述各器件。清洗时应将进气阀门开小些。上述清洗工作，应在结束后及时进行，否则涂料变稠或固化后，再清洗就十分困难了。

（9）为避免损坏，高压软管弯曲半径不得大于50mm，也不允许将重物压在上面，以防损坏。

关键细节5　支、吊、托架及活动部件防腐施工要求

在通风空调工程中，管道、设备及部件和支、吊、托架的防腐，必须按设计和规范规定的道数进行涂刷。

（1）支、吊、托架防腐。在一般情况下，支、吊、托架与设备、风管所处环境相同，因此其防腐处理应与设备、风管一样；但是当含有酸、碱或其他腐蚀性气体的厂房内采用不锈钢板、硬聚氯乙烯板等风管时，支、吊、托架的防腐处理应由设计单位另行规定。

（2）活动部件防腐。实际施工中，有些风口、阀门等的活动部件被油漆粘住；有的风口不能扳动，阀门开启不能达到规定角度；还有的调节阀启、闭分辨不清，主要是由于明装系统中最后一道油漆喷、涂时将启闭标记覆盖。因此，应注意以下两点：

1）风管法兰或加固角钢制作后，必须在和风管组装前涂刷防锈底漆，不能在组装后涂刷，否则将会使法兰或加固角钢与风管接触面漏涂刷防锈底漆而产生锈蚀。

2）送回风口和风阀的叶片和本体，为防止漏涂现象，应在组装前根据工艺情况先涂刷防锈底漆。如组装后涂刷防锈底漆，致使局部位置漏涂，而产生锈蚀。

第二节　通风空调设备及管道绝热

在空调系统中，为了减少热量和冷量的损失，把温度控制在一定范围内，应对通风管道的通风机等进行绝热。在一些排出高温空气的通风系统中，应降低工作地点的温度，改善劳动条件，对通风管道也要进行绝热。为防止风管在送冷风时外表面或制冷管道等外表面结露，也要进行绝热。

一、风管及部件绝热

通风与空调工程中，风管的绝热应根据设计要求选用绝热材料和绝热结构，风管的绝热一般采用粘贴法和绑扎法施工。

1. 保温材料裁切

保温材料下料要准确，切割面平齐，在裁料时要使水平、垂直面搭接处以短面两头顶在大面上，如图7-1所示。

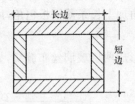
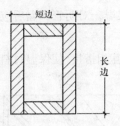

图 7-1　裁料方法

2. 保温钉粘结与保温材料铺覆

(1)粘结保温钉前要将风管壁上的尘土、油污擦净,将胶粘剂分别涂抹在管壁和保温钉的粘接面上,稍后再将其粘上。

(2)矩形风管及设备保温钉密度应均布,底面不少于每平方米 16 个,侧面不少于 10 个,顶面不少于 6 个。保温钉粘上后应待 12~24h 后再铺覆保温材料。

(3)保温材料铺覆应使纵、横缝错开,如图 7-2 所示。

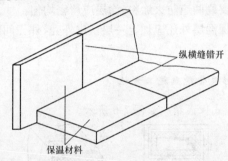

图 7-2　保温材料铺覆

(4)小块保温材料应尽量铺覆在水平面上。

(5)岩棉板保温材料每块之间的搭头采取图 7-3 所示的做法。

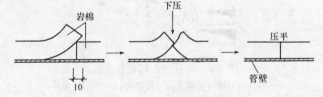

图 7-3　岩棉板保温搭头处理

3. 各类保温材料做法

(1)内保温材料如采用岩棉类,铺覆后应在法兰处保温材料面上涂抹固定胶,防止纤维被吹起。岩棉内表面应涂有固化涂层。

(2)聚苯板类外保温。聚苯板铺好后,在四角放上薄钢板短包角,然后用薄钢带作箍,用打包钳卡紧。钢带箍每隔 500mm 打一道,如图 7-4 所示。

(3)岩棉类外保温。对明管保温后应在四角加上长条薄钢板包角,用玻璃丝布缠紧。

4. 缠玻璃丝布

缠绕时应使其互相搭接,使保温材料外表形成两层玻璃丝布缠绕,如图 7-5 所示。

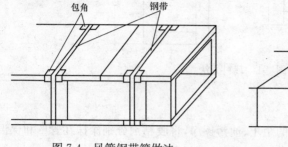

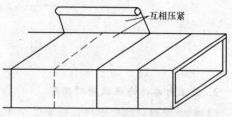

图 7-4　风管钢带箍做法　　　　　图 7-5　风管缠玻璃丝布

玻璃丝布甩头要用卡子卡牢或用胶粘牢。

5. 外壳防护

(1)玻璃丝布外表面要刷两道防火涂料,涂层应严密均匀。

(2)室外露明风道在保温层外还应加上一层铁皮外壳,外壳间的搭接处采取拉铆钉固定,搭接缝用腻子密封。

关键细节 6　矩形风管绝热施工方法

矩形风管的板材绑扎式保温结构如图 7-6 所示。

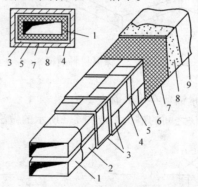

图 7-6　板材绑扎式风管保温

1—风管;2—樟丹防锈漆;3—保温板;4—角形铁垫片;
5—绑件;6—细钢丝;7—镀锌钢丝网;8—保护壳;9—调和漆

(1)将风管(或设备)表面铁锈除净,然后在外表面涂防锈漆一道;内表面除有特殊要求按设计施工外,其余均涂防锈漆两道。

(2)保温板。按风管尺寸裁配好,用铬皮铁将保温板绑扎紧(铬皮铁用打包机咬紧)。绑扎前先在四角放角形垫铁片,当风管宽度或高度大于 600mm 时为防止保温板拱起和下坠,每隔 200～300mm 应设一加固卡子,加固卡子用黑薄钢板或镀锌薄钢板制作。加固卡与管壁固定可采用胶粘剂、锡焊或气焊点焊几种方法。

　　若用一层以上保温板则每层保温板之间的拼缝应错开,聚苯乙烯泡沫塑料板拼缝用石棉硅藻土补抹平,其余保温板拼缝间灌入热沥青胶泥并用同类保温材料填补。

　　(3)风管法兰连接处必须用同类保温材料补包,做法如图 7-7 所示。

　　(4)保温层外满涂沥青胶泥(聚苯乙烯泡沫塑料板不涂),外包玻璃丝布一道,布幅宽度裁成 200

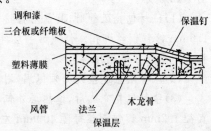

图 7-7　法兰部位保温示意图

～300mm,前后搭接宽度 50～80mm。玻璃丝布外涂调和漆两道,颜色由设计定。暗装时,玻璃丝布外可不涂调和漆。沥青胶泥是 30 号甲建筑石油沥青与 6～7 级石棉绒按 1∶1～1∶1.5(质量比)比例配合而成的。

　　(5)加固卡子如用保温钉,保温钉的外形和保温的结构如图 7-8 和图 7-9 所示。保温钉的数量:保温材料为岩棉板时,风管下面和侧面用量为 20 只/m²,顶面 10 只/m²;保温材料为玻璃棉板时,下面和侧面用量为 10 只/m²,顶面为 5 只/m²。

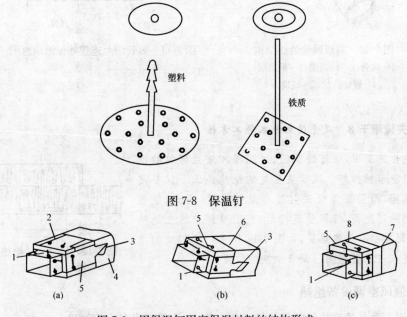

图 7-8　保温钉

图 7-9　用保温钉固定保温材料的结构形式
(a)明装;(b)暗装;(c)室外用
1—保温钉;2—镀锌铁皮框;3—胶粘剂;4—面层(玻璃布);
5—保温材料;6—铝皮(防湿保温用);7—镀锌铁皮;8—防水纸(沥青油毡)

关键细节7　圆形风管绝热施工方法

圆形风管一般采用玻璃棉毡、沥青矿棉毡、岩棉毡等毡材绝热。圆形风管绝热结构如

图 7-10 所示。

(1)毡材包扎风管时,其前后搭接边应贴紧。毡材外面每隔 300mm 左右,用直径 1~1.6mm 镀锌钢丝绑扎。包完第一层再包第二层,两层拼缝应错开。搭接处要均匀贴紧,捆扎时不要损坏绝热材料。

(2)风管法兰连接处必须保温,用同类保温材料或软聚氯乙烯泡沫塑料均可。

(3)毡材包扎完成后,绝热层外包一层沥青油毡,油毡的搭接处用沥青胶泥粘贴,并用直径 1.2mm 镀锌钢丝每隔 400mm 左右绑扎。用玻璃丝布按螺旋状在外面缠紧,布的前后搭接宽窄约为 50~60mm。最后,在玻璃丝布外涂两道调和漆,室内风管可不包沥青油毡层,如图 7-11 所示。

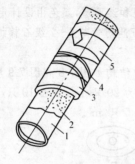

图 7-10　圆形风管绝热结构

1—风管;2—防锈漆;3—绝热层;
4—镀锌铁丝;5—玻璃布

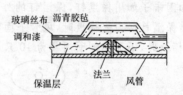

图 7-11　风管法兰连接处保温示意图

关键细节 8　风管法兰绝热施工方法

在绝热施工中,管道的阀门、过滤器和法兰部位的绝热结构应能单独拆卸。风管法兰处的绝热施工不仅要便于拧紧螺栓,而且要保证法兰处有足够厚度,因此,绝热层要留出一定距离,待风管连接后,在空隙部分填上绝热碎料,外面再贴一层绝热层,如图 7-12 所示。阀门处的绝热施工还应注意留出阀门调节手柄的位置。

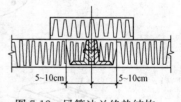

图 7-12　风管法兰绝热结构

二、通风空调设备绝热

(1)用于设备的绝热材料的化学性能应稳定,不得对设备有腐蚀性。

(2)设备上的检测点、维修部位的绝热,为方便设备的维护和检修,必须采用可拆卸式的结构。

(3)设备绝热施工时应露出设备铭牌,或将铭牌固定在绝热层外面。设备运行方向的标志被绝热层遮住时,应重新标识。

(4)当设计无规定时,保温设备的裙座、支座、吊耳、仪表管座、支架、吊架等附件,一般不绝热;保冷设备的附件必须进行保冷绝热。

关键细节 9　通风机绝热施工方法

通风机绝热结构可采用板材木龙骨绝热结构和板材粘贴绝热结构,绝热层的施工方法与风管基本相同。

(1)板材木龙骨固定结构绝热施工。8 号以上的风机可采用木龙骨结构绝热施工。施工时,先用 35mm×35mm 方木沿风管四周钉成 350~450mm 的方框,将板材按木框方格尺寸裁成方块,并依次镶嵌在方框内钉在木龙骨上。如果用两层绝热板,第一层嵌填在龙骨里面,第二层钉在龙骨外面并和第一层接缝错开,两层之间用沥青胶泥粘合。绝热层外用三合板或纤维板钉在木龙骨上。三合板或纤维板外面刷两道调和漆。

(2)板材粘结绝热结构施工。

1)保温钉粘贴绝热。保温钉粘贴绝热一般用于室内安装的所有型号的风机。施工时,先将涂了胶粘剂的保温钉均匀粘贴在风机表面,保温钉布放时一般呈梅花状或菱形。保温钉粘贴密度每平方米不得小于 9 个。然后将绝热材料穿过保温钉紧贴在风管表面上,用盖板将露出的保温钉压紧。将绝热材料的接缝处用碎料填满、填实,并用铝箔粘胶带密封接缝。粘胶带搭接为 50~60mm,一般至少为一倍胶带宽度。

施工中常采用焊接式保温钉固定绝热层,保温钉焊接在风机表面。离心棉类、玻璃棉类等绝热材料均可用保温钉粘贴固定施工,通常这些材料表面粘附有一层铝箔或夹筋铝箔,作为保护层和防潮层。

用于室外风机绝热时,保温钉粘贴固定绝热层外应进行绑扎固定,绑扎前,应将露出绝热层的保温钉剪去,增加防潮层和金属保护层。

2)板材粘贴绝热。板材粘贴绝热适用于所有风机。这种板材量裁时,为使材料粘贴时有挤压力,达到密封效果要预留一定的长度,约 10mm。涂胶前,先用棉纱将风机表面擦净,分别在板材和风机表面涂上一层薄薄的胶水,待干燥一定时间后,将板材压在风机表面上,然后在板材的接缝处涂上胶水,对接并压平接缝。形状复杂和不便涂胶的部位,可用自粘贴胶带直接粘贴。室外安装风机的绝热板材表面,为延缓材料老化,一般应刷至少两层防晒漆。

通风机做绝热层时,为防止绝热材料把轴包住而影响转动,要留出轴承孔,不要绝热。通风机上的铭牌不得用绝热材料覆盖。风机绝热结构如图 7-13 所示。

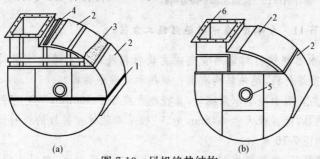

图 7-13　风机绝热结构

(a)板材木龙骨绝热结构;(b)板材粘贴绝热结构

1—胶合板;2—保温层;3—沥青胶泥;4—木龙骨;5—轴承部位不保温;6—风机

关键细节 10　膨胀水箱绝热施工方法

膨胀水箱及其补水箱大多位于建筑的屋顶平台,绝热必须牢固可靠,一般采用捆扎和粘贴的绝热方法,如图7-14和图7-15所示。

(1)捆扎绝热。膨胀水箱最常用的是钩钉固定捆扎绝热方法。一般采用憎水性的珍珠岩、蛭石、硅酸岩类材料,也可采用玻璃棉、离心棉等材料。绝热方形水箱可用板材或毡材;绝热圆形水箱一般用毡材或瓦状材料拼裁。

捆扎绝热时先用粉线在水箱表面画线并标出钩钉位置,钩钉间距为300～350mm,且每平方米不应少于6个。钩钉可用3～6mm的镀锌钢丝或圆钢制作。将钩钉直接焊在水箱钢板上。

珍珠岩、蛭石、硅酸岩等绝热材料应嵌装在钩钉之间,玻璃棉、离心棉等绝热材料可穿挂在钩钉上,钩钉间用14～18号镀锌钢丝捆成网状。外面用镀锌钢丝网包扎,钢丝网横向和纵向接缝用14～16号镀锌钢丝拉紧扎牢。

绝热层外面分层涂抹石棉水泥层,最后一层石棉水泥层涂抹完后要抹平压光,并应注意及时养护,用麻刀水泥作保护层也可以。在抹面层外包缠毡、箔、布类保护层,再在包缠层外面涂敷防水材料。

(2)粘贴绝热。用聚乙烯泡沫塑料、聚氨酯泡沫塑料、黑色泡沫橡塑等材料粘贴绝热比较方便,施工方法可参见风管的粘贴施工。

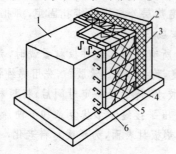 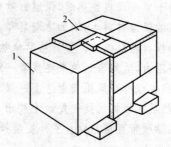

图 7-14　捆扎绝热　　　　　　　　　　图 7-15　粘贴绝热
1—水箱;2—保护层;3—镀锌钢丝网;　　　　　1—水箱;2—保温层
4—镀锌钢丝;5—保温层;6—保温钩钉

关键细节 11　分水器、集水器绝热施工方法

分水器、集水器绝热材料常用管壳或瓦状材料及聚苯乙烯泡沫塑料、聚氨酯泡沫塑料、黑色泡沫橡塑等材料,绝热结构有捆扎绝热和粘贴绝热等。

(1)捆扎绝热。用于冷冻水系统时,直径小于或等于400mm的分水器、集水器可用管壳或瓦状材料绝热,而直径大于400mm时,一般采用毡材和较软的板材绝热。分水器、集水器捆扎绝热如图7-16所示。

封头捆扎绝热时,先将绝热制品按封头尺寸加工成扇形块,在封头顶端和切点部位分别点焊活动环和固定环或托架。将加工成的扇形绝热块一端系在活动环上,另一端系在切点部位的固定环或托架上,捆扎成辐射形的扎紧条;分水器、集水器直径大于600mm

时,应先在扎紧条间扎上环状拉条。然后用镀锌钢丝网包紧,并和直管段的镀锌钢丝网用1～1.5mm 的镀锌钢丝扎紧,外面再分层涂抹石棉水泥层,待石棉水泥干燥后再刷两道调和漆。

分水器、集水器固定支座可采用木块或落地钢支座,但要对钢支座进行绝热,但绝热长度应为自分水器或集水器绝热层外表面起至少四倍的绝热层厚度。

(2)粘贴绝热。分水器、集水器用于冷冻水和供水温度不大于105℃的采暖水系统的绝热时,可用聚苯乙烯泡沫塑料、聚氨酯泡沫塑料、黑色泡沫橡塑等材料粘贴绝热,如图7-17所示。这种施工方法普遍用于高层和公用建筑的中央空调系统中,具体操作方法可参见管道绝热施工。

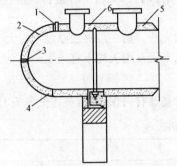 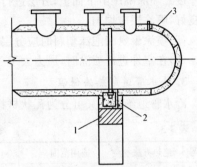

图 7-16　分水器、集水器捆扎绝热　　　　图 7-17　分水器、集水器粘贴绝热
1—固定环;2—扎紧条;3—活动环;4—保温层;　　　1—木垫;2—填充料;3—保温层
　　5—镀锌钢丝网;6—保护层

三、冷水管道绝热

冷水(制冷)管道的绝热,应在水系统安装、试验符合标准要求,并做完防腐处理后才能进行。冷水(制冷)管道的绝热施工按材料结构和性能不同,有绑扎、粘贴、喷涂和现场发泡等方法。

1. 浇注法保温

(1)模具在安装过程中应设置临时固定设施。模板应平整,拼缝严密,尺寸准确,支点稳定,并应在模具内涂刷脱模剂。浇注发泡型材料时,可在模具内铺衬一层聚乙烯薄膜。

(2)将配制好的两组溶液分别贮于料桶中,经过滤至计量泵,由风动电动机带动泵运转,将物料输入料管至灌注混合器,由一路压缩空气通入灌注电动机,带动搅拌轴使两组物料混合,然后注入模具发泡成型。

(3)正式浇注前应进行试浇,并应观测发泡速度、孔径大小、颜色变化、有无裂纹和变形。试浇试块的密度、自熄性应符合产品说明书的要求。

(4)配料的用料应准确。原料温度、环境温度必须符合产品使用规定。搅拌剂料应顺着一个方向转动,混合料应均匀。每次配料必须在规定时间内用完。

(5)浇注的施工表面应保持干燥。大面积浇注时,应设对称多点浇口,分段、片进行,并以倒料均匀、封口迅速等操作来控制浇注质量。

(6)浇注聚氨酯泡沫塑料时,当有发泡不良、脱落、发酥发脆、发软、开裂、孔径过大等缺陷时,必须查清原因,再次试浇直至合格,方可继续施工。

2. 喷涂法保温

(1)将按要求配好的两组溶液分别贮于两个料桶中,物料经过滤至计量泵。

(2)绝热层采用喷涂法施工时,施工前应按正式喷涂工艺及条件进行试喷。施工时,应在一旁另立一块试板,与工程喷涂层一起喷涂,试块可以从试板上切取,当更换配比时,应另作试板。

(3)当喷涂聚氨酯泡沫塑料时,其试喷、配料和拌制等要求应符合设计规定。

(4)喷涂时可在伸缩缝嵌条上画出标志,或用硬质绝热制品拼砌边框等方法控制喷涂层厚度。喷涂顺序由下而上,分层进行。大面积喷涂时,可分段分片进行。接茬处必须接合良好,喷涂层应均匀。

(5)喷涂聚氨酯泡沫塑料时应分层喷涂,一次完成。第一层喷涂厚度不应大于 40mm。

(6)在室外进行喷涂时,风力大于三级、酷暑、雾天及雨天均不宜施工。

3. 冷水管道绝热法保温

冷水管道绝热法又可分为瓦状材料保温法和毡状材料保温法,具体见表 7-3。

表 7-3　　　　　　　　　　　冷水管道绝热法

序号	绝热方法	适用范围	具体做法
1	瓦状材料保温法	瓦状材料保温法适用于玻璃纤维瓦、水玻璃膨胀珍珠岩瓦、水泥珍珠岩瓦、软木瓦等瓦状材料保温	(1)将沥青胶泥涂刷在管道上,随即将瓦贴在管道上,每隔 400mm 左右用 ϕ1.2mm 镀锌钢丝绑扎(钢丝断头必须嵌入保温瓦内),瓦之间的缝隙灌入沥青胶泥,再用相同保温材料填补。 (2)在保温瓦外涂一道沥青胶泥,如图 7-18 所示。当管道敷设在可能经常被人踢碰处时,用 12mm×12mm×1.0mm 的镀锌钢丝网包上,并用镀锌钢丝将网的纵向接缝处缝合拉紧,钢丝网外抹石棉水泥保护壳(厚度为 5mm 左右),待保护壳干后涂两道调和漆,颜色由工程设计定。 石棉水泥配比:V 级石棉 20%,42.5 级水泥 80%(质量比)。 (3)当管道敷设在不常踢碰处则在沥青胶泥外包一道塑料薄膜,再包一道玻璃丝布(包时将布幅面裁为条宽为 200~300mm,前后搭接宽度为 50~80mm),外涂两道调和漆
2	毡状材料保温法	毡状材料保温法适用于超细玻璃棉毡、沥青矿棉毡等毡状材料保温	(1)冷水管毡状材料保温结构如图 7-19 所示。管道外用保温毡包扎,包扎时注意搭接边要贴紧。保温层外每隔 400mm 左右用直径 1.2mm 镀锌钢丝绑扎。包完第一层后再包第二层,层数根据所需厚度决定。 (2)保温层外包一层沥青油毡,接缝处采用搭接,外用直径 1.2mm 镀锌钢丝绑扎。 (3)油毡外包玻璃丝布,将布幅面宽裁成 200~300mm,搭接宽度为 50~80mm。外表面涂两道调和漆,颜色由设计决定。 (4)用毡材保温的管道不宜敷设在经常被人踢碰处

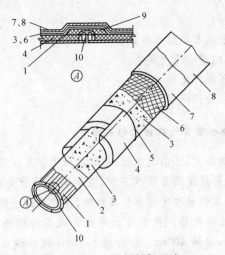

图 7-18　瓦状材料保温法

1—管道；2—沥青清漆或红丹防锈漆；3—沥青胶泥；4—保温瓦；
5—镀锌钢丝；6—镀锌钢丝网；7—石棉水泥保护壳；8—调和漆；
9—保温材料(软泡沫塑料)；10—法兰盘；A—法兰部位保温

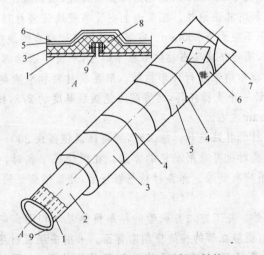

图 7-19　冷水管毡状材料保温结构

1—管道；2—沥青清漆或红丹防锈漆；3—保温层；
4—镀锌钢丝；5—油毡；6—挂胶玻璃丝布；7—调和漆；
8—保温材料(与管道保温用相同毡材)；9—法兰盘；A—法兰部位保温

关键细节 12　设备和管道绝热范围和要求

(1)下列制冷设备和管道应绝热：

1)压缩式制冷机的吸气管、蒸发器及其膨胀阀之间的供液管；

2)溴化锂吸收式制冷机的发生器、溶液热交换器、蒸发器及冷凝水管道；

3)蒸汽喷射式制冷机的蒸发器和主喷射器头部；

4)冷水管道和冷水箱;

5)制冷设备的供热管道和凝结水管道。

(2)设备和管道绝热应符合下列要求:

1)绝热层的外表面不得产生凝结水;

2)绝热层的外表面应设隔汽层。

关键细节 13　冷水管道绝热结构形式组成

冷水管道的绝热结构形式,可由绝热层、防潮层和保护层三部分组成。

(1)绝热层施工。绝热层施工方法有多种,主要有硬质管壳材料绑扎法绝热、半硬质管壳材料绑扎法绝热、软质毡材和板材绑扎法绝热、板材粘贴法绝热、管套粘贴法绝热等。

1)硬质管壳材料绑扎法绝热。首先将沥青胶泥或石棉硅藻土胶泥等涂刷在管道表面,随即将瓦贴在管道上,每隔 400mm 左右用 1.2mm 镀锌钢丝绑扎,断头应嵌入瓦内。用瓦片绝热弯头、三通等部件时,应用瓦片按部件形状进行裁制,弯头下成 2 或 3 片,拼成虾米弯,三通由两部分组成。拼缝用沥青胶泥填实。管壳之间的缝隙不应大于 2mm,并用胶泥等粘结材料勾缝填满,环缝应错开,错开距离不小于 75mm,管壳缝隙设在管道轴线的左右侧,当绝热层厚度大于 80mm 时,绝热层应分层铺设,层间应压缝。

2)半硬质管壳材料绑扎法绝热。在管道上安装半硬质保温材料时,可用 14～16 号镀锌钢丝捆扎,捆扎间距不应大于 300mm。安装外敷铝箔玻璃布的绝热管壳时,将管壳纵向缝隙扒开套到管子上,用铝箔玻璃布粘结带粘牢即可,不需要钢丝绑扎。管壳与管壳间的横向缝隙用铝箔玻璃布粘结带进行环形粘结。用瓦状材料和管壳绝热立管时,应自下而上进行,每隔 3～4m 设一个支撑托环,其宽度为绝热层厚度的 2/3,托环焊接在管道上,位于管道支架上方 200mm 左右。

3)软质毡材和板材绑扎法绝热。施工时,可将保温毡剪成 200～300mm 宽的带,成螺旋状在管道上缠绕。有时也可采用平包的方法。在缠绕或平包时,都要边包缠、边压、边拉,在包缠时纵环缝不应有缝隙。保温材料包缠好后,外面用钢丝网压紧,再用 14～16 号镀锌钢丝扎紧。

4)板材粘贴法绝热。施工方法与风管的粘贴绝热基本相同。但应注意,绝热材料的接缝应朝下面或侧向,明装立管的接缝应朝向背面。采用多层板材绝热时,相邻层的接缝应错开。弯头、三通、变径管、阀门以及法兰等管件绝热时,应用板材加工成型后分步粘贴。

5)管套粘贴法绝热。公称直径小于 45mm 的未封闭连接管道,当绝热材料厚度小于13mm 时,可直接套敷在管道上,然后在管套与管套接缝端面涂上胶水并挤压密封即可。工程施工中,绝热工作一般是在压力试验后才进行,管道连接已经完成,不能直接套敷,这时应该切开管套绝热。绝热时,用切割刀将管套沿纵向切开,将切开的管套包在管道上。在两个纵向切割面及管套接缝端面上涂上胶水,并挤压密封。管套与管套连接时,为使接缝密封严密,应适当留出一定长度(约 10mm),使管套环向接缝有一定的自然挤压力。

公称直径大于 45mm 的管道弯头和管道三通、变径管、阀门和法兰等部位绝热,应用管套或板材加工成型后粘贴。绝热施工时一般先施工直管段,后施工管件和部件。

（2）防潮层施工。防潮层应敷设在绝热层温度较高的一侧，即敷设在隔热层的外面。防潮层施工前要检查绝热层有无损坏、材料接缝处是否处理严密、表面是否平整，如有上述情况（采用硬质绝热材料时，基层表面不要有凸出面尖角和凹坑）需处理后再做防潮层施工。在铺设施工前基层表面要干燥。

（3）保护层施工。为避免室外的绝热风管、制冷管道被大气腐蚀、雨水淋渗，或绝热层被外力破坏，在管道外需设保护层。室内风管如采用松散质软材料，如超细玻璃棉毡等，也需要在绝热层外面设保护层。保护层的作用就是保护绝热层和防潮层。

绝热工程中常用的保护层材料有金属薄板加工的保护壳、石棉石膏保护壳及玻璃布外刷油漆保护壳等三种。此外，还有玻璃钢铝箔复合材料。

四、支架与阀门绝热

1. 支架绝热

（1）冷冻水和采暖水共用的管道，一般按部位分别设置滑动支架、固定支架，应分别采用不同的绝热处理措施。对于高层建筑，支架绝热不仅要保证绝热效果，而且不能影响支架的牢固性，其支架的绝热处理应接合支架的设置和制作综合考虑。

（2）管道的支、吊、托架使用的木垫块，应浸渍沥青防腐。

（3）直径小于 150mm 的冷冻水管道支架和吊架的绝热方法，如图 7-20 和图 7-21 所示。

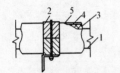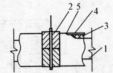

图 7-20　支架绝热结构　　　　　　　　　图 7-21　吊架绝热结构
1—管道；2—软木；3—保温层；4—防潮层；5—保护层　　　1—管道；2—软木；3—保温层；4—防潮层；5—保护层

（4）直径大于 150mm 的冷冻水管道支架绝热，水平管道支架绝热结构与直径小于 150mm 的冷冻水管道处吊架的结构相同，立管支架绝热结构如图 7-22 所示。

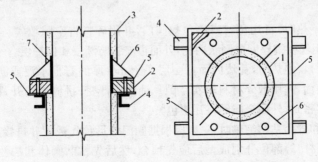

图 7-22　立管支架绝热结构
1—管道；2—软木；3—保温层；4—槽钢；5—钢板；6—筋板；7—护瓦

(5)水平管道的支座绝热可采用现场聚氨酯发泡,对支座内填充、外包封,使其与空气隔绝。

1)支座内部绝热,根据支座大小将一定数量和比例的聚氨酯原料配合好,将液体状态的绝热料迅速灌入支座内,并随即封堵注入口处。待其发泡固化后,削除从注入口缝隙挤出的多余部分。

2)固定支座外部绝热是用预制的聚氨酯板块材料,给支座四边和底部进行五面包封。首先将支座四边和底部的接合面涂(液状)聚氨酯,然后将预制的板块粘贴上,同时利用聚氨酯液体发泡膨胀将空隙填满。

3)活动支座外部绝热,其底板两端悬出钢架,因此需要在悬出部分的下方钢架上焊接保温材料的槽钢托板。绝热时,先在悬出的支座底板下面粘贴约 10mm 的软质材料(闭孔聚乙烯海绵),与下面硬质聚氨酯板块的接合面上涂上一层液体石蜡或工业用凡士林,然后在槽钢托板上进行聚氨酯发泡,使两种材料紧密接触,而又能相对移动。

2. 阀门绝热

阀门绝热是施工中的难点,阀门绝热材料一般应和相应管道绝热材料相同。阀门和法兰部位的绝热应是可拆卸式的。管道绝热时,为方便螺栓拆卸,在阀门两边应预先留出一倍螺栓长度加 25mm 左右的空隙。阀门可拆式绝热结构如图 7-23 所示。

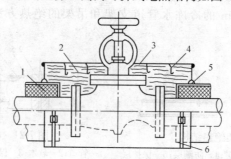

图 7-23　阀门可拆式绝热结构

1—绝热层;2—填充保温层;3—金属外壳;

4—薄钢板钩钉;5—沥青玛瑞脂封口;6—薄钢板扎带

(1)用毡材绝热时,可用毡材直接包敷阀门,并用碎料将空隙填实。然后用直径 1～1.5mm 的镀锌钢丝或钢丝网成网状捆扎,外面再安装防潮层和保护层。

(2)用瓦块材料绝热时,瓦块内面抹一层 3～5mm 厚的石棉水泥或沥青胶泥层,将瓦块铺砌在阀门表面,并用散碎材料填实空隙。铺砌应严密,拼缝应错开,拼缝用石棉水泥或沥青胶泥填实密封,外面金属网将瓦块包紧。

(3)用板材和管套粘贴绝热时,一般应根据阀门外形预先裁配并拼接成大块,阀体、法兰、阀盖和阀轴(杆)等部位分别成型后应先预合,然后先粘贴阀体和法兰的绝热层,再粘贴阀盖和阀轴(杆)的绝热材料,最后将接缝涂刷并挤压粘牢。

(4)用管壳绝热阀门时,宜采用预制成型产品,也可现场用管壳裁配,但小于整块 1/4 的碎块用量不应超过总量的 15%,并应分散使用。

第八章 通风空调系统调试

通风与空调工程安装完毕,必须进行系统的测定与调整,简称调试。系统调试包括设备单机试运转及调试、系统无生产负荷下的联合试运转及调试。

第一节 系统试运转和调试准备

为使试运转工作有条不紊的进行,对大、中型通风空调必须制订试运转和调试方案,明确试运转和调试的程序及项目。根据方案要求必须做好试运转和调试前的准备工作。

一、试运转、调试具备的条件

(1)通风、空调工程安装结束后,各分部、分项工程经建设单位与施工单位对工程质量检查后,必须符合施工及验收规范和工程质量检验评定标准的要求。

(2)制订试运转、调试方案及日程安排计划,并明确建设单位和施工单位试运转现场负责人。同时还应明确双方现场的各专业技术负责人,便于工作的协调和解决试运转及调试过程中的重大技术问题。

(3)与试运转、调试有关的设计图纸及设备资料必须齐全,并熟悉和了解设备的性能及技术资料中的主要参数。

(4)系统调试前,承包单位应编制调试方案,报送专业监理工程师审核批准;调试结束后,必须提供完整的调试资料和报告。

通风与空调工程的系统调试,应由施工单位负责、监理单位监督,设计单位与建设单位参与和配合。系统调试的实施可以是施工企业本身或委托给具有调试能力的其他单位。

(5)在试运转、调试期间所需用的水、电、蒸汽及压缩空气等动力,应具备使用的条件。

(6)通风、空调设备及附属设备所在场地的土建施工应完工,门、窗齐全,场地应清扫干净。不允许在机房门、窗不能封闭及场地脏乱的情况下进行。

(7)在试运转、调试期间所需用的人力、物力及仪器仪表设备能够按计划进入现场。

二、设备及试运转系统准备

(1)设备及风管系统的准备。

1)检查通风空调设备的外观和构造有无尚未修整过的缺陷。

2)全部设备应根据有关规定进行清洗。

3)运转的轴承部位及需要润滑的部位,添加适量的润滑剂。

4)空调器和通风管道内应打扫干净,检查和调节好风量调节阀、防火阀及排烟阀的动作状态。

5)检查和调整送风口和回风口(或排风口)内的风阀、叶片的开度和角度。

6)检查空调器内其他附属部件的安装状态,使其达到正常使用条件。

(2)管道系统的准备。

1)冷却水管、冷冻水管、热水及蒸汽管等管道系统,应通水冲洗,排出管内污物,并检查确实无泄漏处。

2)制冷管道进行通气排污,并作气压试验,确认系统的严密性。

3)管道上的阀门经检查确认安装的方向和位置均正确,阀门启阀灵活。

4)排水管道畅通无阻。

(3)电气控制系统的准备。

1)电动机及电气箱盘内的接线应正确。

2)电气设备与元件的性能应符合技术规定要求。

3)继电保护装置应整定正确。

4)电气控制系统应进行模拟动作试验。

(4)自动调节系统的准备。

1)对敏感元件、调节器及调节执行机构等进行安装后的检查,确认其安装位置正确,零件、附件齐备。

2)自动调节装置的性能经校验后,应达到有关规定的要求。

3)检查一、二次仪表的接线和配管正确无误。

4)自动调节系统应进行模拟动作试验。

第二节　设备单机试运转

一、风机试运转

风机试运转包括空调系统组合式空调器、新风机组、通(排)风机、防排烟风机等。

(1)风机试运转准备工作一般是对风机的外观检查和风管系统检查,经处理一切正常后,使之达到试运行的条件。

1)风机的外观检查。核对风机、电动机型号、规格及皮带轮直径是否与设计相符;检查风机、电动机的皮带轮(联轴器)的中心是否在一条直线上,地脚螺栓是否拧紧;检查风机进出口处柔性短管是否严密;传动皮带松紧程度是否适合;检查轴承处是否有足够的润滑油,加注润滑油的种类和数量应符合设备技术文件的规定;用手盘车时,风机叶轮应无卡碰现象;检查风机调节阀门启闭的灵活性,定位装置的可靠性;检查电动机、风机、风管接地线连接的可靠性。

2)风管系统的风阀、风口检查。关好空调器上的检查门和风管上的检查人孔门;干管及支管上的多叶调节阀应全开;如用三通调节阀应调到中间位置;风管内的防火阀应放在开启位置;送、回(排)风口的调节阀全部开启;新风口、一、二次回风口和加热器前的调节阀开启到最大位置,加热器的旁通阀应处于关闭状态。

(2)风机初次启动时应进行"点动",应检查叶轮与机壳有无摩擦和不正常的声音。风机的旋转方向应与机壳上箭头所示的方向一致,风机启动后如发现机壳内有异物,应立即停止风机的运转,设法取出杂物。

(3)风机启动时,应采用钳形电流表测量电动机的启动电流,待风机正常运转后再测量电动机的运转电流。如果运转电流值超过电机额定电流,应将总风量调节阀逐渐关小,直至达到或略小于额定电流值。因此,在风机试运转时,为防止因超载而将电动机烧坏,其运转电流值必须控制在额定范围。

(4)风机运转过程中应以金属棒或长柄螺丝刀,仔细监听轴承内有无杂声,以判断轴承是否损坏或润滑油中是否混入杂物,待风机运转一段时间后,用表面温度计测量轴承温度,其温度不应超过设备技术文件的规定。如无具体规定应符合表 8-1 的要求。轴承运转中的径向振幅应符合表 8-2 的规定。

表 8-1　　　　　　　　　　　轴承温度

轴承形式	滚动轴承	滑动轴承
轴承温度/(℃)	≤80	≤60

表 8-2　　　　　　　　　　风机的径向振幅(双向)

风机转速(r/min)	≤375	>375～550	>550～750	>750～1000	>1000～1450	>1450～3000	>3000
振幅/mm	<0.18	<0.15	<0.12	<0.10	<0.08	<0.06	<0.04

(5)风机经运转检查正常后,可进行连续运转,其运转时间不少于 2h。

▋关键细节 1　风机试运转常见故障原因分析

(1)引起轴承箱剧烈振动的主要原因如下:

1)机壳或进风口与叶轮相碰而产生摩擦。

2)基础的刚度不够或不牢固。

3)叶轮铆钉松动或轮盘变形。

4)叶轮轴盘与轴松动。

5)机壳与机架、轴承箱与机架、轴承箱盖与座等连接螺栓松动。

6)风机的进出风管安装不良而产生振动。

7)转子不平衡。

(2)引起轴承温升过高的主要原因如下:

1)轴承箱剧烈振动。

2)润滑黄油质量不良、变质,或填充过多以及含有灰尘、粘砂、污垢等杂质。

3)轴承箱盖座连接螺栓的紧力过大或过小。

4)轴与滚动轴承安装有歪斜现象,致使前后两轴承不同心。

5)滚动轴承损坏。

（3）引起电动机电流过大和温升过高的主要原因如下：

1）风机启动时总风管的调节阀开度较大。

2）风机的风量超过额定风量范围。

3）电动机的输入电压过低或电源单相断电。

4）受轴承箱剧烈振动的影响。

（4）引起皮带滑下、容易跳动的主要原因是：两皮带轮位置彼此不在一个平面上，致使皮带易从小皮带轮上滑下；风机两皮带轮距离较近或皮带过长，易使皮带跳动。

二、水泵试运转及调试

（1）准备工作。水泵试运转前应检查水泵和附属系统的部件是否安装齐全；水泵各螺栓紧固连接部位不能松动；用手盘动叶轮应轻便灵活、正常，不得有卡碰等异常现象；轴承应加注润滑油，所用的润滑油规格、数量应符合设备技术文件的规定；水泵与附属管路系统阀门启闭状态，经检查和调整后应符合设计要求；水泵运转前应将入口阀门全开，出口阀门全闭，将水泵启动后，再将出口阀打开。

（2）水泵启动一次后立即停止运转，检查叶轮与泵壳有无摩擦和其他不正常的声音，同时观察水泵的旋转方向是否正确。水泵启动时，应用钳形电流表测量电动机的启动电流，待水泵正常运转后再测量电动机的运转电流，保证电动机的运转功率或电流不超过额定范围。

（3）在水泵运转过程中应经常用金属棒或螺丝刀抵在轴承外套上，仔细监听轴承内有无杂声，以判断轴承运转状态。

（4）水泵连续运转 2h 后，滚动轴承运转时，其轴承最高温度应小于 75℃；如使用滑动轴承，其轴承最高温度应小于 70℃。

（5）水泵运转时，其填料的温升也应正常，在无特殊要求情况下，普通软填料允许有少量的泄漏，即不应大于 6mL/h；机械密封的泄漏量不允许大于 5mL/h，即每分钟不超过两滴。

（6）水泵运转时的径向振动应符合设备技术文件的规定，无规定时可参照表 8-3 所列的数值。

表 8-3　　　　　　　　　　泵的径向振幅（双向）

转　速 /(r/min)	≤375	375～600	>600～750	>750～1000	>1000～1500	>1500～3000	>3000～6000	>6000～12000	>12000
振幅值 /mm	<0.18	<0.15	<0.12	<0.10	0.08	<0.06	<0.04	0.03	<0.02

（7）水泵运转经检查正常后，可进行不少于 2h 的连续运转，运转中如未发现问题，水泵单机试运转即为合格。试运转报告的填写内容与风机相同。

（8）试运转结束后，应将水泵出入口阀门和附属管路系统的阀门关闭，在不能连续运转的情况下，为防止锈蚀和冬季冻裂，应放净泵内积存的水。

关键细节 2　水泵运转常见故障原因分析

(1)引起水泵不吸水、压力表指针剧烈跳动的主要原因是:

1)水泵的注水量不够。

2)管路与压力表漏气。

(2)引起水泵出口有显示压力,但水管不流水的主要原因是:

1)出水管路阻力过大或管路堵塞。

2)电动机的旋转方向反向。

3)水泵的叶轮淤塞。

4)水泵的转数不够。

(3)引起水泵消耗功率过大的主要原因是:

1)填料压盖太紧,填料函发热。

2)叶轮与密封环磨损。

3)管路阻力比设计偏小,水泵流量过大。

(4)引起水泵产生的声音异常、水泵不上水的主要原因是:

1)吸水高度过高。

2)在吸水处有空气渗入。

3)水泵所压送的水温过高。

(5)引起水泵振动的主要原因是:

1)水泵和电动机的轴不同心。

2)底脚螺栓松动。

(6)引起轴承发热的主要原因是:

1)水泵轴承无润滑油或润滑油过多。

2)水泵和电动机的轴不同心。

三、冷却塔试运转及调试

(1)冷却塔试运转前应清扫塔内的夹杂物和尘垢,防止冷却水管或冷凝器等堵塞。冷却塔和冷却水管路系统用水冲洗,管路系统应无漏水现象。检查自动补水阀的动作状态是否灵活准确。冷却塔内的补给水、溢水的水位应进行校验。对横流式冷却塔配水池的水位,以及逆流式冷却塔旋转布水器的转速等,应调整到进塔水量适当,使喷水量和吸水量达到平衡的状态。确定风机的电动机绝缘情况及风机的旋转方向。

(2)冷却塔试运转时,应检查风机的运转状态和冷却水循环系统的工作状态,并记录运转中的情况及有关数据。如无异常现象,连续运转的时间应不少于 2h。

(3)检查喷水量和吸水量是否平衡,及补给水和集水池的水位等运行状况,应达到冷却水不跑、不漏的良好状态。

(4)测定风机的电动机启动电流和运转电流,并应使运转电流在额定电流范围内。

(5)测定风机轴承温度。

(6)检查喷水有无偏流状态,并找出原因。

(7)测定冷却塔出入口冷却水的温度,冷却塔在试运转过程中,管道内残留的和随空气带入的泥砂尘土会沉积到集水池的底部。因此,试运转工作结束后,应清洗集水池。冷却塔试运转后如长期不用,为防止冻坏设备,应将循环管路及集水池水全部放出。

四、活塞式制冷压缩机试运转及调试

1. 压缩机试运转前的要求

(1)拆下汽缸盖、吸排气阀及曲轴箱盖并检查其机内部的清洁度及固定情况,汽缸内壁面应有少量冷冻机油,装上汽缸盖等部件,再盘动压缩机数转,各运动部件应转动灵活,无过紧及卡阻现象。

(2)曲轴箱内加入符合设备技术文件规定的冷冻机油,并达到油面线上。

(3)冷却水、冷冻水系统可正常投入使用。

(4)安全阀应经校验、整定,其动作应灵敏可靠。压力、温度、压差等继电器的整定值应符合设备技术文件的规定。

(5)供电系统、安全保护控制系统、自动调节系统及电动机空载试运转应试验完毕。

2. 压缩机无负荷试运转

无负荷试运转是检验制冷压缩机装配和活塞环的运转情况,考核压缩机性能是否符合要求。无负荷试运转应符合下列要求:

(1)应首先拆去汽缸盖和吸排气阀组并固定汽缸套。

(2)运转时先手动盘车无误,再点动,点动无异常现象连续运转10min后,停车检查各部位的润滑和温升应无异常,可连续运转1~2h。

(3)压缩机在运转中应平稳,无异常声响和剧烈振动。

(4)主轴承外侧面和轴封外侧面的温度应正常;油泵供油正常;油封处不应有油的滴漏现象。

(5)停车后,检查汽缸内壁应无异常的磨损。

3. 制冷系统的吹污

制冷系统使用0.5~0.6MPa的氮气或干燥空气按顺序反复多次吹污。如用空负荷试车的空气压力吹污,应将压缩机的压力升至0.5~0.6MPa。空气压力升至要求压力值后,将制冷管路系统内各设备底部通往大气的阀门轮流开启,使气流急剧冲出。为检验吹污的干净程度,可在距阀门200mm处用白布进行检查,直到吹出的空气干净为止。

在吹污过程中,系统中的钢屑、杂质容易粘附在阀门的阀座密封圈及阀瓣上,阀门关闭时密封面容易被压坏而渗漏,因此,系统吹污后应彻底清洗阀门,重新组装。

4. 气密性和真空试验

(1)制冷设备及管路系统安装完毕后,必须对系统进行气密性试验,以检查系统有无渗漏。在装有多台制冷压缩机的制冷系统,如用本机组试压,应指定其中一台使用,试压后必须拆开清洗,擦干压缩机内的积水。为防止压缩机安全阀被打开,应使高低压力差不超过1.6MPa。

(2)压缩机在规定气压下保持24h,然后充气6h后,开始记录压力表读数,再经过18h,其压力不应超过按下式所计算的压力值:

$$\Delta P = P_1 - P_2 = P_1\left(1 - \frac{273 + t_2}{273 + t_1}\right)$$

式中　ΔP——压力降(MPa)；

　　　P_1——试验开始时系统中的气体压力(MPa)；

　　　P_2——试验结束时系统中的气体压力(MPa)；

　　　t_1——试验开始时系统中的气体温度(℃)；

　　　t_2——试验结束时系统中的气体温度(℃)。

如超过计算压力值,应用肥皂水检查泄漏的部位,待泄漏消除后,应重新试验,直至合格。

(3)气密性试验压力,根据所用的制冷剂确定,其试验压力见表8-4。

表 8-4　　　　　　　　　　**压缩机的气密性试验压力**

制冷剂	高压系统试验压力/MPa	低压系统试验压力/MPa
R717、R502	2.0	1.8
R22	2.5	1.8
R12、R134a	1.6	1.2
R11、R123	0.3	0.3

(4)气密性试验合格后,用真空泵或压缩机将系统中的空气抽出,抽出后的剩余压力不小于 5.33kPa,保持 24h,系统升压不超过 0.667kPa,即为合格。

(5)真空试验是检查在真空状态下系统有无泄露现象,排除系统内残存的空气和水分,并为系统充灌制冷剂创造条件。真空试验要在气密性试验合格的基础上进行。用真空泵将系统中的空气抽出,使其剩余压力在氨系统中不高于 6.5kPa,在氟系统中不高于 5.3kPa。保持 24h,氨系统压力回升不超过 0.65kPa,氟系统压力回升不超过 0.53kPa 时,即为合格。

5. 向系统内充灌制冷剂

系统内充灌制冷剂常用的有两种方法,一种是由制冷压缩机低压吸气阀侧充灌制冷剂,另一种是在加液阀处充灌制冷剂。

(1)由制冷压缩机的低压吸气阀侧充灌制冷剂,如图 8-1 所示。

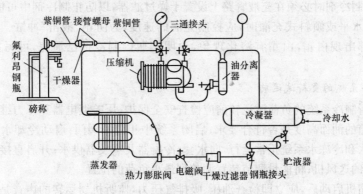

图 8-1　由低压吸气阀侧充灌制冷剂

1)充灌制冷剂时先将制冷压缩机低压吸气阀"逆时针"方向旋转到底,关闭多用通道口,并拧下多通道口上的丝堵;然后接上"三通接头",一端连接真空压力表,另一端连接充灌制冷剂用的紫铜管与制冷剂钢瓶连接;稍打开制冷剂钢瓶阀门,使紫铜管内充满氟利昂气体,再稍拧松三通接头上的接头螺母,将紫铜管内的空气排出,然后再拧紧接头螺母,并开大制冷剂钢瓶阀的开度,在磅秤上读出质量,并做好记录;再将制冷压缩机低压吸气阀按顺时针方向旋转,使多用通道和低压吸气端处于连通状态,制冷剂即可进入系统中,充灌时应注意磅秤上的质量变化和低压压力表的压力变化。

2)在充灌时如出现钢瓶结霜冷却引起充灌速度降低时,可用热湿布敷在钢瓶上,以提高钢瓶制冷剂的压力,增加充灌速度。制冷剂已充灌到规定的数量,即可逆时针旋转吸气阀,使多用通道口关闭,并停止压缩机的运转。

3)充灌制冷剂时,将装有质量合格制冷剂的钢瓶与压缩机注液阀连接,利用压缩机的真空度,使制冷剂注入系统中。系统内如充灌氟利昂,当压力升至 $0.2\sim0.3$ MPa,或充注氨液,系统内压力升至 $0.1\sim0.2$ MPa 时,应用卤素灯或酚酞试纸对系统进行检漏。如检查出泄露部位,应修复后再冲装制冷剂。

(2)由加液阀处充灌制冷剂,如图 8-2 所示。在充灌制冷剂时,除出液阀关闭外,制冷系统其他阀均应开启,其他操作方法与低压吸气阀侧充灌制冷剂相同。

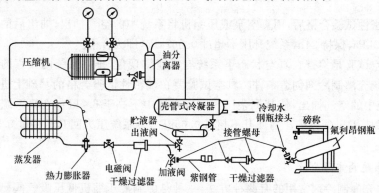

图 8-2　由加液阀充灌制冷剂

在充灌制冷剂时必须在充液管路上设置干燥过滤器,以防止制冷剂中可能含有水分。制冷剂钢瓶水平或倾斜式充灌时,应控制充灌的速度,为防止"液击"冲缸。在充灌过程中,钢瓶底部出现白霜,白霜有溶化现象,说明钢瓶内制冷剂已泄完,可另换新瓶继续充灌。

6. 制冷系统的负荷试运转

(1)进行制冷系统的负荷试运转前应检查安全保护、压差继电器和压力继电器的整定值;核对油箱的油面高度是否符合要求;启闭系统中相应的阀门;启动冷却水泵和冷冻水泵,使冷却水和冷冻水系统正常运行,向水套、冷凝器及蒸发器供水;开启直接蒸发式表面冷却器系统的送风机;将能量调节装置调整到最小负荷的位置。

(2)压缩机启动后,应立即检查油压、吸排气压力,监听机器运转的声音是否正常。如吸气压力降到 0.1MPa 以下,应逐渐开启吸气阀,使压缩机进入正常运转状态。根据制冷系统运转情况,进一步调整供液阀、膨胀阀、回油阀的开度,使油压、吸气压力、排气压力达到设备技术文件要求的规定。

(3)在试运转过程中,可调节冷凝器的冷却水量的大小,检查压力继电器高压整定值整定得是否正确,并调节压缩机的吸气压力,检查压力继电器低压整定值是否正确。否则应作进一步的整定。

(4)具有自动运转装置的压缩机,手动试运转合格后,应转到自动位置上,使压缩机能自动启动运转。自动运转正常后,应连续运转 4h。制冷系统的负荷运转持续时间为 8~24h。

(5)在压缩机负荷运转过程中检查一切正常后,应先停压缩机,然后再停风机、水泵,关闭冷凝水及冷冻水系统。如制冷系统长期停用,压缩机停止运转前,应先关闭出液阀,将制冷剂回收到贮液器中,待压缩机停止运转后,再将吸、排气阀关闭,将冷凝器、蒸发器、汽缸套等处的积水排净。

7. 制冷剂的取出

制冷系统在试运转过程中,往往由于设备等原因,需从制冷系统中将制冷剂由贮液器中取出灌回钢瓶中,操作方法如图 8-3 所示。

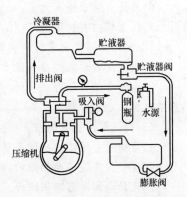

先将压缩机的排气阀固定,把多用通道关闭。安装"三通接头",一端连接高压表,另一端连接至空钢瓶的紫铜管。然后将排气阀顺时针方向旋转一两圈恢复原状,把连接钢瓶一端的接头旋松,放出管路中的空气后,再把接头拧紧,开启钢瓶阀,并用自来水冷却钢瓶。最后启动压缩机,并逐渐关闭压缩机的排气阀,待低压表压力指示为零或更低一些,系统中的制冷剂已全部排出,压缩机方可停止运转。

图 8-3　移出制冷系统的制冷剂

8. 添加润滑油

在压缩机试运转过程中,制冷装置的各部件如无一定的润滑油储量,将会出现压缩机润滑油不足的现象,这时需要添加润滑油,具体可根据不同要求进行添加。

(1)添加少量的润滑油或小型压缩机需添加润滑油时:先将吸气阀多用通道关闭,接上三通接头,一端接低压表,另一端接紫铜管。再将紫铜管通到润滑油的油盆内,稍开多通道排除管内空气,然后用手按住,以免漏气。将吸气阀关闭,开动压缩机瞬时即停,避免奔油,且反复二三次,然后运转几分钟,达到稳定的真空状态,即可停车。最后放松手指,润滑油即可从紫铜管中吸到压缩机内。

(2)添加较多的润滑油时,可关闭吸气阀,将压缩机抽成压力为零或稍高些,关闭排气阀,旋开压缩机的加油丝堵,并用漏斗添加所需的润滑油。

9. 制冷系统排放空气

空气是不凝性气体,制冷系统中混入了空气,将会使冷凝压力升高,以致影响制冷系统的正常工作。排放制冷系统中的空气,首先将贮液器的出液阀关闭,然后开动压缩机,把系统中的制冷剂全部压入贮液器内,对于低压被抽成稳定的真空压力后可停机,最后开启排气阀的多用通道,压缩机中高压气体从中排出,用手挡着排出气体,直到手感有油迹和冷感现象,此时则说明系统中的空气基本排放干净。

关键细节 3 活塞式制冷设备常见故障原因分析

空调制冷设备试运行中,有时由于设备的质量或安装等因素,不能顺利运转,常见故障及其原因分析如下:

(1)引进压缩机启动不了或启动后立即停车的主要原因是:

1)空气开关脱扣后未复位。

2)温度继电器、压力继电器未调整好。

3)油压继电器的加热装置未冷却或复位按钮未复位。

4)冷凝器的冷却水未开或风冷式冷凝器风机未开。

5)压缩机的排气阀未开。

6)降压启动器降压太多。

7)压缩机内有故障,如卡住、咬刹等。

(2)引进压缩机正常运转突然停车的主要原因是:

1)吸气压力过低或排气压力过高,致使压力继电器的低压触点或高压触点断路。

2)油压与吸气压力差较低,致使压差继电器的触点短路;压缩机的电动机负荷过载,热继电器的热组件跳脱。

(3)引进压缩机有敲击声的主要原因是:

1)声响从曲轴箱发出的主要原因是:

①连杆大头瓦与曲轴颈的间隙磨损增大。

②主轴承间隙因磨损增大。

③连杆螺栓的螺母松脱。

2)声响从汽缸发出的主要原因是:

①间隙太小,活塞撞击阀板。

②活塞销与连杆小头衬套间隙因磨损增大。

③阀片断裂落入汽缸或阀座螺钉松脱、断裂落入汽缸。

④压缩机喷油产生液击。

⑤膨胀阀开度较大,液态制冷剂大量吸入压缩机产生液击。

(4)引起排气压力过高、过低的主要原因是:

1)引起排气压力过高的主要原因是:

①系统中有空气。

②冷凝器的冷却水水压太小,水量不够。

③冷凝器的污垢较多。

④制冷剂充灌太多。

⑤压缩机排气阀未开足。

2)引起排气压力过低的主要原因是:

①制冷剂充灌不足。

②排气阀片不严密。

③冷凝器的冷却水量过大或水温过低。

(5)引起吸气压力过高、过低的主要原因是：

1)引起吸气压力过高的主要原因是：

①膨胀阀开得过大。

②吸气阀片断裂或有泄漏。

③系统中有空气。

④阀板的上下纸箔高低压间被打穿。

⑤膨胀阀感温包未扎紧。

2)引起吸气压力过低的主要原因是：

①膨胀阀的感温包填充剂泄漏及膨胀阀开得过小或膨胀阀产生"冰塞"。

②吸气阀未开足或吸气管路不畅通。

③出液阀未开足或电磁阀未开启。

④系统中制冷剂不足。

(6)油泵压力常见故障原因分析：

1)引起油泵没有压力的主要原因是：

①油压表损坏或油压表接管堵塞。

②油泵吸入管堵塞或油泵内有空气。

③油泵传动件损坏。

2)引起油泵压力过高的主要原因是：

①油压表损坏或失灵。

②油泵接出管道堵塞。

③油泵压力调节阀开度过小。

3)引起油泵压力过低的主要原因是：

①曲轴箱中油量过少。

②吸入管路受阻或油过滤器堵塞。

③油泵压力调节阀开度过大。

④曲轴箱油中混有氟利昂制冷剂。

五、离心式制冷机组试运转

(1)离心式制冷机组试运转前机房应打扫干净,通风状态良好,冷冻水、冷却水均已通水试验合格；机组的电源、自动调节系统的仪表整定合格,继电保护系统的整定数据正确,系统模拟动作正确；润滑系统的油路正确；系统已进行过气密性试验。

(2)进行空负荷试运转以检查主电动机的转向和各附件动作是否正确,以及机组的机械运转是否良好。离心式制冷机组的空负荷试运转应符合下列要求：

1)将压缩机吸口的导向叶片(进气阀)关闭,并将冷凝器和蒸发器检视口拆除,使压缩机排气口与外界相通。

2)启动水泵、油泵,排出系统中的空气,供水流量达到设计要求,同时还要开动电动机水套的冷却水进出阀门。

3)开动油泵,调节循环润滑油系统,使其达到正常运转。

4)盘动压缩机无误后,经检查无卡阻现象,应正式启动压缩机运转 0.5h,检查油温、油压及摩擦部位的运转情况,确认设备的振动是否超过标准要求。

(3)空气负荷试运转应符合下列要求:

1)首先关闭压缩机吸气口的导向叶处,将浮球室盖板和蒸发器上的视孔法兰拆除,吸排气口应与大气相通。

2)根据要求供给冷却水。

3)启动油泵及调节润滑系统,供油正常。

4)启动电动机的检查,转向应正确,转动应无阻滞现象。

5)启动压缩机,当机组的电动机为通水冷却时,其连续运转时间不应小于 0.5h;当机组的电动机为通氟冷却时,其连续运转时间不应大于 10min;同时检查油温、油压、轴承部位的温升,机器的声响和振动均应正常。

6)导向叶片的开度应进行调节试验,导叶的启闭应灵活、可靠,当导叶开度大于 40％时,试验运转时间宜缩短。

(4)抽真空试验。抽真空试验方法与活塞式压缩机相同。真空度以剩余压力表示,保持时间为 24h。氨系统的试验压力不大于 0.008MPa,24h 后压力基本无变化;氟利昂系统的试验压力不大于 0.0053MPa,24h 后回升不大于 0.0005MPa 为合格。

(5)充灌制冷剂。抽真空试验合格后,可利用系统真空度进行充灌,制冷剂充入量要达到标准的要求。充液管上应加装干燥过滤器以防止充灌制冷剂时带入水分。

充灌制冷剂时,要开动蒸发器冷冻水泵,使冷冻水循环流动,此时,要用卤素灯检漏,发现问题,立即处理;当制冷剂充入量达 60％时,蒸发器内压力升高,大气压差降低,因而充液速度减缓。此时,应开动压缩机,降低蒸发器压力,使充液工作正常进行。

(6)机组负荷试运转应符合下列要求:

1)负荷试运转前,油泵润滑系统、冷冻水和冷却水系统应具备上述的无负荷试运转条件。浮球室内的浮球应处于工作状态,吸气阀和导向叶片应全部关闭,各调节仪表和指示灯系统应正常。利用抽气回收装置排除系统中的空气,使机组处于运转准备状态。

2)机组投入运转时,先手动启动主电动机,然后按照主机运转情况,逐步开启吸气阀和能量调节导向叶片。导向叶片连续调整到 30％～35％,使其迅速通过喘振区,检查主电动机电流和其他部位均正常后,为增大机组负荷,继续增大导向叶片的开度。连续运转应不少于 2h。导向叶片启闭灵活、可靠,开度和仪器指示值应按随机技术文件的要求调整一致。

3)手动启动主电动机运转正常后,再试验自动启动的效果。如自动启动运转无异常现象,应连续运转 4h。

4)自动启动运转连续进行 4h 过程中,应检查和记录机组的油压、油温、蒸发压力、冷凝压力、浮球工作状态,导向叶片开度、主电动机电流变化、冷冻水和冷却水温度变化,各项数据应符合设备技术文件要求。如一切正常,连续运转 8～24h。在负荷试运转过程中,由于主电机启动电流过大易造成供电系统停电,使主电动机和油泵电动机同时断电,主机润滑系统与主电机同时停止运转,将使高速运转的主机产生不应有的损失。因此,在试运转过程中,油泵应另设一路电源更为妥当。

■关键细节4　离心式压缩机组常见故障原因分析

离心式压缩机设备试运转中,有时由于设备的质量或安装等因素,不能顺利地运转,因此会出现各种故障。常见的主要故障和原因分析如下:

(1)引起机器喘振的主要原因:

1)冷凝压力过高。

2)蒸发压力过低。

3)导向叶片开度太小。

4)空调冷负荷过低。

(2)冷凝压力常见故障原因分析。

1)引起冷凝压力过高的主要原因:

①冷凝器内混有空气。

②冷却水量不足或冷却水温过高。

③制冷剂含有 F12 等杂质。

④浮球阀打不开。

2)引起冷凝压力过低的主要原因:

①浮球阀液封未形成。

②冷却水量过多或水温过低。

(3)引起运转中油压过低的主要原因:

1)油压调节阀调节不当。

2)滤油器不清洁。

3)油面太低。

4)油管有漏油现象。

5)轴承间隙过大。

(4)引起主电动机超负荷的主要原因:

1)制冷量负荷过大。

2)压缩机吸入带液滴的气体。

(5)蒸发压力常见故障原因分析。

1)引起蒸发压力过低的主要原因:

①制冷剂不足或有水漏入。

②制冷剂中含有杂质。

③浮球阀的开度太小。

2)引起蒸发压力过高的主要原因:

①制冷量负荷增加。

②浮球阀液封未形成。

六、螺杆式制冷机组试运转

螺杆式制冷机组试运转前的气密性试验、抽真空试验及抽真空后制冷剂的方法与活塞式压缩机相同。

(1)试运转前各项准备工作:用手盘动压缩机应无阻滞及卡阻;接通仪表箱电源,操作开关应调整到手动位置;关闭手动膨胀阀、高低压平衡阀及回油阀;喷油阀应开启 1/5 圈,将供油阀、吸气阀、排气阀及维修阀全部开启;冷凝器内冷却水、冷冻水及油冷却水应畅通,调节要灵敏;滑阀应处于零位,高低压应平衡,润滑油面正常。油温低时,应将油冷却器进水阀关闭,接通电热器,使油温不应低于 30℃。

(2)启动油泵后,使油压上升,将滑阀置于零位,然后开启供液阀,启动压缩机。待压缩机正常运转后增能至 100%时,调整膨胀阀。

(3)运转中的润滑油,其供油温度为 35～55℃;供油压力为 0.2～0.3MPa。

(4)手动调节四通阀应处于减负压或增负压位置,且检查滑阀移动是否灵活正确,并把滑阀处于能量最小位置。

(5)压缩机运转一段时间后,应作短时间全负荷运转,对机组进行测定和观察各部位的压力、电动机运转电流、主机机体与轴承处的温度,并监听机组运转中有无异常声响。

(6)制冷机组手动运转正常后,即可投入自动运转,连续运转时间为 8～24h。

关键细节 5　螺杆式制冷机组试运转所需的条件

(1)将电动机与压缩机的联轴器脱开,检查电动机的转向是否符合要求。

(2)联轴器复位连接后,应调整找正,使压缩机和电动机的轴线不同轴度符合设备技术文件的规定。一般规定值如下:不同轴度不大于 0.08mm;端面跳动不大于 0.05mm。

(3)检查油泵的转向,应按泵体所示箭头的方向旋转。

(4)检查制冷系统的自动调节与安全保护装置动作灵敏的可靠性,各给定参数值要整定正确。

(5)按照设备技术文件规定的润滑油规格、数量加注润滑油,保持油位在视油镜 1/3～1/2 处。当真空抽油达不到要求时,按设备技术文件的要求关闭有关阀门,开启油泵充入至要求的油量为止。

七、溴化锂吸收式冷(热)水机组试运转

1. 溴化锂溶液的配制

从市场购入的溴化锂有浓度为 50%左右的溶液或溴化锂固体。如溴化锂溶液呈无色状,需要添加质量百分比为 0.3%左右的铬酸锂缓蚀剂。添加前应先将铬酸锂溶解在蒸馏水中,然后再加入溴化锂溶液中。添加铬酸锂后的溴化锂溶液,pH 值为 9.5～10.5 时,对金属材料耐腐蚀性能较好。

溴化锂溶液 pH 值的测定采用 pH 计或 pH 试纸,即将溶液搅拌均匀后,用吸液管吸出 2mL 并用 5～10 倍的蒸馏水稀释,即可测定。如 pH 值过小呈酸性反应,溶液中可加入适量的氢氧化锂;如 pH 值过大呈碱性反应,溶液中可加入适量的溴氢酸。

当采用固体的溴化锂配制溶液时,分别称量所需配制的固体溴化锂和蒸馏水,固体溴化锂逐步加入蒸馏水中并进行搅拌。铬酸锂缓蚀剂的加入和 pH 值的调整与上述相同。

在制冷系统中,必须使冷凝器管外冷剂蒸汽的膜状凝结变为珠状凝结,增加冷凝器和吸收器的传热效果,以提高溴化锂机组的制冷能力。因此,在溴化锂溶液中按质量比例加入 0.1%～0.3% 的正辛醇或异辛醇。

2. 溴化锂溶液的灌注

(1)用真空泵抽气,将机组抽真空至 0.26kPa 以下。如机组内有较多的水分,应保持与当时气温对应水的饱和蒸汽压力。

(2)溴化锂溶液应采用充灌装置,如图 8-4 所示。即溶液桶和溶液充灌瓶中间用软管连接,再从溶液充灌瓶通过截止阀向机组内充灌。在充灌过程中应注意从充灌瓶至截止阀的软管,必须在充灌前充满溶液,排除空气。开启截止阀,溴化锂溶液先从溶液桶进入充灌瓶,然后再充入机组内。在充灌过程中,为防止空气进入系统,应注意充灌瓶的液位保持稳定,软管不能露出液面。防止沉淀物或杂质进入机组内,充液软管的管端应距离瓶底不小于 30mm。

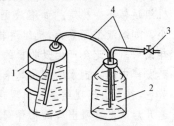

图 8-4　溶液充灌装置
1—溶液桶;2—溶液灌注瓶;
3—溶液取样阀;4—软管

(3)如溴化锂溶液超过视镜液位,应启动溶液泵,使溶液从吸收器进入发生器内。向制冷系统充灌量应符合设备技术文件的规定。

3. 冷剂水充灌

冷剂水用冷剂取样阀吸入,一般采用蒸馏水或低盐水,冷剂水的灌入量与加入机组的溶液浓度有关。如溶液浓度低于 50%,可先不充灌冷剂水,而是利用溶液浓缩来产生冷剂水。冷剂水仍不足,可再充灌补充水。

4. 制冷系统试运转的顺序

(1)启动冷却水泵与冷冻水泵,逐渐向机组内供水,并调整各种水的流量。

(2)启动吸收泵与发生泵。

(3)手动缓慢开启蒸汽调节阀和疏水器前后截止阀,并调整减压阀出口蒸汽压力等于给定范围。

(4)蒸汽通入后,发生器逐渐发生作用。此时,吸收器液位逐渐下降,蒸发器冷剂水液位逐渐上升。当冷剂水液位超过视镜中线后,启动蒸发泵,机组进入正常运转状态。

(5)手动运转正常后,将自动控制系统投入,再进行调整,使系统达到稳定状态。

5. 制冷系统停止运转的顺序

(1)关闭蒸汽调节阀,停止供汽。

(2)停止供汽后,冷却水泵、冷冻水泵和吸收器泵、发生器泵、蒸发器泵继续运转,待发生器的浓溶液和吸收器的稀溶液充分混合,浓度趋于均衡后再停泵。

(3)停止运转后,应及时观察并记录各液位高度和真空度。

(4)如系统停止运转的时间较长,机组的环境温度低于 15℃,为防止出现结晶现象,应将蒸发器中的冷剂水通过稀释管放到吸收器中,使溶液得到稀释。

关键细节6　溴化锂吸收式冷(热)水机组运转过程中的调整

在试运转过程中,会出现运转不稳定、冷剂水中混入溴化锂溶液及系统中产生不凝性气体等现象,应及时调整,使系统进入正常稳定状态。

(1)运转不稳定的调整。机组启动运转后,发生器、冷凝器、蒸发器、吸收器各部件都参与了热力循环过程,并形成了由蒸汽压力(温度)、冷却水和冷冻水温度与流量等运转参数所决定的工况,并在这一稳定的工况下连续运转达到制冷的目的。若能达到一个稳定工况,需要有相应的溶液循环量给予保证。当机组刚启动还未形成适量溶液循环量时,则机组运转不会稳定。如溶液循环量小时,机组会逐步地形成稳定地运转,此时制冷量较小。如溶液循环量大,机组运转就难以稳定,而产生的后果是制冷量偏小,而工作蒸汽量却偏大。如此会产生吸收器的热负荷过大现象,从视镜可观察到吸收器液位越来越低,而蒸发器中的冷剂水的液位越来越高。同时,吸收器中溶液浓度越来越高,颜色逐渐变为深黄色,甚至会出现结晶。出现这种现象,为稀释溶液,避免吸收器溶液出现结晶,应首先迅速开启蒸发器泵出口的稀释阀,使冷剂水从蒸发器旁通至吸收器中,再减少送至发生器的溶液量,使机组逐步达到运行稳定的状态。

(2)冷剂水中混入溴化锂溶液的调整。溴化锂溶液混入冷剂水中后,其黏度增高而影响蒸发器的蒸发效率,将使机组制冷量降低。冷剂水中混有溴化锂溶液,其颜色变黄,并有咸味。一般冷剂水的比重大于1.04时,应进行再生处理。

冷剂水再生处理方法是先关闭冷剂泵排出阀,开启冷剂水旁通阀,将蒸发器中的冷剂水全部排到吸收器中,直至冷剂泵发出空吸声,关闭旁通阀并停止冷剂泵运转。反复数次,直到冷剂水的相对密度近似等于1为止。若反复数次仍达不到要求,则说明旁通过程中冷剂水中仍混有溴化锂液滴,产生的原因可能是由于溶液浓度稀,使发生效果加剧,其调整的方法为:关小蒸汽调节阀,降低蒸汽压力,减少蒸汽的供应量;关小冷却水进口阀门,减少冷却水量;关小溶液调节阀,减少溶液循环量。

(3)运转中不凝性气体的抽除:判断不凝性气体是否存在,在机组正常运转的状态下,应先记录冷冻水温度,启动真空泵运转1~2min后,打开抽气阀,开启通往冷剂分离器的喷淋溶液阀,进行排气。真空泵运行约15min,在外界参数不变的情况下,如果冷冻水出水温度下降,制冷量增加,则说明系统内有不凝性气体。如果真空泵停止运转后,冷冻水出水温度上升,则说明机组有泄漏,出水温度上升越快,泄漏量也越大。所以,需要对机组重新进行气密性试验。

八、设备单机试运转调整

通风机及系统风量的测定和调整:通风机及系统风量的测定和调整,应在通风机正常运转、通风管网中所出现的疵病消除后进行。通风机及系统风量测定和调整包括下列内容:

(1)通风机最大风量及全压值;

(2)系统总送(回)风量;

（3）一、二次回风量；

（4）新风量及排风量；

（5）各干、支风管内风量和送（回）风口风量；

（6）室内正压值。

关键细节 7　设备单机试运转调整要求

（1）冷冻水系统的水量调整。集中式空调系统的冷源由冷冻站供应，采用闭式或开式循环系统，在系统联合试运转中，应熟悉自动调节系统调节阀和其他阀门的作用。根据调节的特点，对冷冻水的量调节或质调节进行水量调整，保证在冷冻水量变化条件下，水箱的水位或集水管的水压维持在正常状态。

对于闭式循环的冷冻水系统，自动调节采用变流量调节方式，当水量变动时，为了保证冷冻水和回水集水管压力差恒定，应对冷冻水自动调节系统进行试验调整。

对于开式循环的冷冻水系统，自动调节采用定流量变水温的质调节方式。除对自动调节系统进行试验调整外，应对蒸发器、冷水箱及回水箱的水量进行平衡，防止水泵运行后，水箱溢流或蒸发器排管露出水面及水箱水位降低甚至抽空等现象发生。

（2）自动调节系统的试验调整。自动调节系统的试验调整包括：安装后的接线（或接管）检查、自动调节装置的性能检验、系统联动运行试验及调节系统的性能试验与调整。

1）安装后的接线（或接管）检查包括：核实敏感元件、调节仪表或检测仪表、调节执行机构的型号、规格及安装的部位是否与设计图纸相符；根据接线图对控制盘内下端子的接线（或接管）进行校对；根据控制原理图和盘内接线图，对控制盘内端子以上盘内接线进行校对。

2）自动调节装置的性能检验包括：敏感元件的性能试验；调节仪表和检测仪表的刻度校验及动作试验与调整；调节阀和其他执行机构的调节性能、全行程距离、全行程时间试验与调整。

3）系统联动试验：未正式投入联动前应进行模拟试验，以校验系统的动作是否符合设计要求。无误时可投入自动调节运转。

4）调节系统性能试验与调整：空调自动调节系统投入运行后，应查明影响系统调节品质的因素，进行系统正常运行效果的分析，并判断能否达到预期的效果。

（3）空调房间有关参数的试验与调整，包括下列试调项目：

1）空调房间内气流组织测试与调整：一般舒适性空调系统，房间内气流组织可不必系统地测定，只是将送（回）风口做适当的调整；而大型公用建筑的舒适性空调系统（如体育馆等），应对必要的项目进行测定与调整，使气流速度参数满足设计要求。

恒温恒湿空调系统，其调试项目应根据系统的恒温恒湿允许的波动范围而定。

空气洁净系统的调试项目应根据空气洁净度的要求而定。对于非单向流（乱流）洁净室，一般洁净房间的气流组织可不必进行系统的调试；对于单向流（平行流）洁净室，在空态或静态交工验收情况下，可不必进行系统调试，只有在动态调试中可进行全面调试，测定其工作区的气流流型、工作区速度分布，并计算出乱流系数，经调整后，达到设计要求。

2）空调系统综合效能测定：在各分项调试基础上，进行连续测定，以确定经过空调器处理后的空气参数和空调房间工作区的空气参数;检验自动调节系统的效果,各调节元件设备经长时间的考核,达到系统安全可靠地运行;在自动调节系统投入运行条件下,确定空调房间工作区内可能维持的给定空气参数的允许波动范围和稳定性。

空调系统连续运转的时间,应根据空调系统的具体情况而定。一般舒适性空调系统,连续运转时间不得少于 8h。恒温恒湿空调系统连续运转的时间,应根据恒温恒湿的允许波动范围而定:

±1℃　　　　　　8～12h

±0.5℃　　　　　12～24h

±(0.2～0.1)℃　　24～36h

3)空气洁净室内含尘浓度测定:鉴定系统是否达到设计给定的参数、检验设计是否合理、洁净设备和安装质量是否符合要求。

竣工验收的含尘浓度测定数据以洁净室内无工艺设备或工艺设备经擦洗无灰尘并未运转的情况下,进行测定。

第三节　系统无生产负荷下的联合试运转及调试

通风与空调工程系统无生产负荷的联合试运转及调试,应在制冷设备和通风与空调设备单机试运转合格后进行。各单体设备试运转全部合格后,可进行整个空调系统无负荷联合运转试验调整,以考核空调系统的空调房间的温度、湿度、气流速度及空气的洁净度能否达到设计要求。空调系统无负荷联合运转的试验调整是对设计的合理性、各单体设备的性能及安装质量的检验。

空调系统带冷(热)源的正常联合试运转不应少于 8h,当竣工季节与设计条件相差较大时,仅做不带冷(热)源试运转。通风、除尘系统的连续试运转应不少于 2h。

一、前期准备工作

1. 熟悉资料

应熟悉空调系统的全部设计资料,包括图纸和设计说明书,充分领会设计意图,了解各种设计参数、系统的全貌以及空调设备的性能及使用方法等。搞清送(回)风系统、供冷和供热系统、自动调节系统的特点,特别要注意调节装置和检验仪表所在的位置。

2. 现场验收

试调人员会同设计、施工和建设单位,对已安装好的系统进行现场验收。查清施工与设计不符合要求及设备、部件制造质量情况,特别是加工安装质量不合格的地方。前者需查明原因并了解修改设计的文件,并据此绘制实际系统草图,对于加工、安装上的疵病应逐项填列缺陷明细表,提请施工单位在测试前及时改正。

3. 编制试调计划

根据前两项工作的准备情况、工程特点编制试调计划,内容包括试调的目的要求、进度、程序和方法,及人员安排等。

4. 作好仪器、工具和运行的准备

准备好试验调整所需的仪器和必要工具(仪器在使用前必须经过校正)。检查缺陷明细表中的各种疵病是否已经消除;电源、水源、冷、热源等方面是否准备就绪;通风机、水泵和各种空气处理设备的单体运转是否正常。检查确无问题后,即可按预定计划进行测试运行。

二、项目调试程序

对于要求较高的恒温系统,可按以下项目和程序进行试验与调整。

1. 电气设备检查

这项工作是与准备工作同时进行的。试调人员进入现场后由电气试调人员配合施工单位,按照有关规程要求,对电气设备及其主回路进行检查与测定,以便配合空调设备的验收。

2. 空调设备的试运转

电气设备及其主回路进行检查测定合格后,应对空调设备进行试运转。其中包括通风机和水泵的试运转,空气处理设备如喷水室、表面冷却器、空气加热器和热交换器、自动清洗油过滤器等进行检查。通过试运转考核设备的安装质量,发现故障及时排除。此项工作应配合施工部门、建设单位的运行部门共同进行。空调设备经试运转达到有关验收规范要求后,施工单位即可将它们移交给建设单位运行部门,以便在试调过程中设备运转有专人管理。

3. 通风机性能的测定

空调设备试运转后,先测定通风机性能,然后对送(回)风系统风量进行测定与调整,使系统总风量,新风量,一、二次回风量,以及各干、支风管风量,送(回)风口风量符合设计要求。调节房间内各回风口风量,使其保持一定的正压。

4. 空调机性能的测定与调整

系统风量调整到符合设计要求后,就为空调机性能的测定创造了条件,即可进行空气处理设备如喷水室、表面冷却器、空气加热器和空气过滤器等单体试验与调整。

5. 自动调节和检测系统的检验、调整与联动运行

在进行前面四项工作的同时,应对自动调节和检测系统的线路、调节仪表、检测仪表、敏感元件以及调节和执行机构等部件进行检查、检验和调整,使其达到设计或工艺上的要求。然后将自动调节和检测系统的各部件联动运行,考核其动作是否灵活、准确,为自动调节系统特性的试调创造条件。

6. 室温调节性能的试验与调整

上述各项试调工作结束后,还不足以保证恒温房间内达到设计所规定的室温允许波动范围,还必须对室温调节性能进行试验与调整。这时空调系统各自动调节环节全部投入工作,并按气流组织调整后的送风状态送入室内,这样就可考核室温调节系统的性能是否满足空调房间内室温允许波动范围的要求。

7. 空调系统综合效果检验与测定

在分项进行调试的基础上,最后进行一次较长时间的测试运行,使空调、自动调节系统的所有环节全部投入工作,以考核系统的综合效果,并确定恒温房间内可能维持的温度

和相对湿度的允许波动范围及空气参数的稳定性。

系统综合效果测定后,应将测定数据整理成便于分析系统综合效果的图表,即在测定时间内空气各处理环节状态参数的变化曲线,与设计工况加以比较。同时画出恒温工作区温差累积曲线、平面温差分布图等。

最后将试调中发现的问题及其改进措施提请有关部门处理。

8. 其他

如果空调房间对噪声的控制和洁净度有一定要求,在整个系统试调工作结束后,可分别进行测定。另外对空调用制冷装置产冷量的测定与估算,也可在空调机性能测定的同时进行。试调项目应按一定的程序进行,并且是一环扣一环,有的可以穿插来做。

三、防排烟系统测定

防排烟系统联合试运行与调试的结果(风量及正压),必须符合设计与消防的规定。防排烟系统的风量测定可按系统风量测定的方法进行。在风量满足设计要求的情况下,按每次开启三个楼层的加压风口,风口风量及相关区域的正压应符合设计与消防的规定。

四、净化空调系统测定

净化空调系统运行前应在回风、新风的吸入口处和粗、中效过滤器前设置临时用过滤器(如无纺布等),实行对系统的保护。净化空调系统的检测和调整,应在系统进行全面清扫,且已运行 24h 及以上达到稳定后进行。

1. 风量或风速测定

(1)单向流洁净室一般采用室截面平均风速和截面积乘积的方法确定送风量。离高效过滤器 0.3m,垂直于气流的截面作为采样测试截面,截面上测点间距不宜大于 0.6m,测点数不应少于 5 个,以所有测点风速读数的算术平均值作为平均风速。

(2)室内各风口风量的测定采用风口法或风管法确定送风量:

1)所谓风口法,是指在安装有高效过滤器的风口处,按照风口形状连接辅助风管进行测量。在辅助风管出口平面上,按最少测点数不少于 6 点均匀布置,使用热球风速仪测定各测点之风速。然后,以求取的风口截面平均风速乘以风口净截面面积求取测定风量。

2)对于风口上风侧有较长的支管段且已经或可以钻孔时,可以用风管法确定风量。测量断面应位于大于或等于局部阻力部件前 3 倍管径或长边长,局部阻力部件后 5 倍管径或长边长的部位。

2. 室内空气洁净度等级检测

室内空气洁净度等级必须符合设计规定的等级或在商定验收状态下的等级要求,高于等于五级的单向流洁净室,在门开启的状态下,测定距离门 0.6m 室内侧工作高度处空气的含尘浓度,亦不应超过室内洁净度等级上限的规定。空气洁净度等级的检测应在设计指定的占用状态(空态、静态、动态)下进行。

检测时应注意:

(1)检测仪器的选用。应使用采样速率大于 1L/min 的光学粒子计数器,在仪器选用时应考虑粒径鉴别能力、粒子浓度适用范围和计数效率。仪表应有有效的标定合格证书。

(2)采样点的规定。

1)最低限度的采样点数 N_L,见表 8-5。

表 8-5　　最低限度的采样点数 N_L 表

测点数 N_L	2	3	4	5	6	7	8	9	10
洁净区面积 A/m^2	2.1~6.0	6.1~12.0	12.1~20.0	20.0~30.0	30.1~42.0	42.1~56.0	56.1~72.0	72.1~90.0	90.1~110.0

注:1. 在水平单向流时,面积 A 为与气流方向呈垂直的流动空气截面的面积。

　　2. 最低限度的采样点数 N_L 按公式 $N_L = A^{0.5}$ 计算(四舍五入取整数)。

2)采样点应均匀分布于整个面积内,并位于工作区的高度(距地坪 0.8m 的水平面),或设计单位、业主特指的位置。

(3)采样量的确定。

1)每次采样的最少采样量符合表 8-6 的规定。

表 8-6　　每次采样的最少采样量 V_S 表　　　　　L

洁净度等级	粒　径/μm					
	0.1	0.2	0.3	0.5	1.0	5.0
1	2000	8400	—	—	—	—
2	200	840	1960	5680	—	—
3	20	84	196	568	2400	—
4	2	8	20	57	240	—
5	2	2	2	6	24	680
6	2	2	2	2	2	68
7	—	—	—	2	2	7
8	—	—	—	2	2	2
9	—	—	—	2	2	2

2)每个采样点的最少采样时间为 1min,采样量至少为 2L。

3)每个洁净室(区)最少采样次数为 3 次。当洁净区仅有一个采样点时,则在该点至少采样三次。

4)对预期空气洁净度等级达到四级或更洁净的环境,采样量很大,可采用 ISO 14644—1 附录 F 规定的顺序采样法。

(4)检测采样的规定。采样时采样口处的气流速度,应尽可能接近室内的设计气流速度。对单向流洁净室,其粒子计数器的采样管口应迎着气流方向。对于非单向流洁净室,采样管口宜向上。采样管必须干净,连接处不得有渗漏。采样管的长度应根据允许长度确定,如果无规定,不宜大于 1.5m。室内的测定人员必须穿洁净工作服,且不宜超过三名,并应远离或位于采样点的下风侧静止不动或微动。

(5)记录数据评价。空气洁净度测试中,当全室(区)测点为 2~9 点时,必须计算每个采样点的平均粒子浓度 C_i 值、全部采样点的平均粒子浓度 N 及其标准差,导出 95％置信上限值;采样点超过 9 点时,可采用算术平均值 N 作为置信上限值。

1)每个采样点的平均粒子浓度 C_i 应小于或等于洁净度等级规定的限值,见表 8-7。

表 8-7　　　　　　　　　　　洁净度等级及悬浮粒子浓度限值

洁净度等级	大于或等于表中粒径 D 的最大浓度 $C_n/(pc/m^3)$					
	$0.1\mu m$	$0.2\mu m$	$0.3\mu m$	$0.5\mu m$	$1.0\mu m$	$5.0\mu m$
1	10	2	—	—	—	—
2	100	24	10	4	—	—
3	1000	237	102	35	8	—
4	10000	2370	1020	352	83	—
5	100000	23700	10200	3520	832	29
6	1000000	237000	102000	35200	8320	293
7	—	—	—	352000	83200	2930
8	—	—	—	3520000	832000	29300
9	—	—	—	35200000	8320000	293000

注:1. 本表仅表示了整数值的洁净度等级(N)悬浮粒子最大浓度的限值;

2. 对于非整数洁净度等级,其对应于粒子粒径 $D(\mu m)$ 的最大浓度限值(C_n),应按下列公式计算求取:

$$C_n=10^N \times (0.1/D)^{201}$$

3. 洁净度等级定级的粒径范围为 $0.1 \sim 5.0\mu m$,用于定级的粒径数不应大于三个,且其粒径的顺序级差不应小于 1.5 倍。

2)全部采样点的平均粒子浓度的 95％置信上限值,应小于或等于洁净度等级规定的限值,即

$$(N+t \times s/\sqrt{n}) \leqslant 级别规定的限值$$

式中　N——室内各测点平均含尘浓度,$N=\sum C_i/n$;

n——测点数;

s——室内各测点平均含尘浓度 N 的标准差:$s=\sqrt{\dfrac{(C_1-N)^2}{n-1}}$;

t——置信度上限为 95％时,单侧 t 分布的系数,见表 8-8。

表 8-8　　　　　　　　　　　　　　　t 系数

点　数	2	3	4	5	6	7～9
t	6.3	2.9	2.4	2.1	2.0	1.9

(6)每次测试应做记录并提交性能合格或不合格的测试报告。测试报告应包括以下内容:

1)测试机构的名称、地址。

2)测试日期和测试者签名。

3)执行标准的编号及标准实施日期。

4)被测试的洁净室或洁净区的地址、采样点的特定编号及坐标图。

5)被测洁净室或洁净区的空气洁净度等级、被测粒径(或沉降菌、浮游菌)、被测洁净室所处的状态、气流流型和静压差。

6)测量用的仪器的编号和标定证书。

7)测试结果包括在全部采样点坐标图上注明所测的粒子浓度(或沉降菌、浮游菌的菌落数)。

8)测试方法细则及测试中的特殊情况。

9)对异常测试值进行说明及数据处理。

3. 室内浮游菌和沉降菌检测

室内浮游菌和沉降菌检测主要有微生物检测法和悬浮微生物法。

(1)微生物检测法有两种,即空气悬浮微生物法和沉降微生物法两种方法,采样后的基片经过恒温箱内 37℃、48h 的培养生成菌落后进行计数。使用的采样器皿和培养液必须进行消毒灭菌处理。采样点可均匀布置或取代表性地域布置。

(2)悬浮微生物法则应采用离心式、狭缝式和针孔式等碰击式采样器,采样时间应按照空气中微生物浓度来决定,采样点数可与测定空气洁净度测点数相同。各种采样器应按仪器说明书规定的方法使用。沉降微生物法应采用直径为 90mm 培养皿,在采样点上沉降 30min 后进行采样。

(3)制药厂洁净室室内浮游菌和沉降菌测试,也可采用按协议确定的采样方案。

第四节　综合效能测定与调整

一、空气洁净系统测定

洁净室洁净度的检测,应在空态或静态下进行或按合约规定。室内洁净度检测时,人员不宜多于 3 人,均必须穿与洁净室洁净度等级相适应的洁净工作服。空气洁净系统测定的内容包括:

(1)系统的清扫、试运转;

(2)空气过滤器的渗漏检查和堵漏;

(3)系统的送风量、回风量、新风量、排风量及送、回风口风量的测定与调整;

(4)气流流型和速度测定;

(5)静压测定;

(6)各级过滤器效率测定;

(7)浓度场测定;

(8)温湿度测定;

(9)噪声测定。

上述测定的内容,除系统清扫和试运转、空气过滤器的渗漏检查和堵漏、各级过滤器效率测定及浓度场测定不同于一般空调系统外,其他调试方法与空调系统相同。

关键细节 8　空气洁净系统过滤器的渗漏检查

过滤器的渗漏是由于过滤器本身或过滤器与框架及框架本身与围护结构间的渗漏。高效过滤器安装后的检漏,常用粒子计数器或浊度计进行扫描,发现渗漏时,用过氯乙烯胶或 88 号胶、703、704 硅胶堵漏密封。用粒子计数器扫描时,上风侧浓度要求在 3×10^4 粒/L 以上;用浊度计扫描时,上风侧浓度要大于仪器最小灵敏度的 10^4 倍,达不到时,可用普通燃香做烟源放烟。在过滤器下风侧距离过滤器表面 2～3cm 处沿过滤器表面、边框和框架接缝处扫描。当仪器读数高于高效过滤器穿透率的 10 倍时,即认为有渗漏。高效过滤器还可采用灯光检漏。

关键细节 9　空气洁净系统过滤器效率测定

为了检查过滤器安装后是否还能保持出厂过滤效率,应在现场对过滤器效率进行测定,测定中尘源采用大气尘,在过滤器的上下风侧用粒子计数器分别测出粒径≥0.3、1.0、5.0μm 的含尘浓度,并计算出过滤效率。

过滤器现场测定还可采用油雾发尘,用浊度计测定过滤器上下风侧的光电流,并计算出过滤效率。

关键细节 10　空气洁净系统过滤器含尘浓度测定

含尘浓度测定可分为静态和动态。施工验收交工的测定是指静态测定的含尘浓度。而设计给出的含尘浓度是指动态含尘浓度。

(1)测点布置。

1)工作区。一般洁净室:面积＜10m² 布置 1 点;10～20m² 布置 2 点;20～40m² 布置 5 点;如图 8-5 所示,大于 40m² 的每增加 40m² 增加 4 或 5 个测点。室内局部洁净区,每个操作点布置 1 个测点。

有代表性的平行流洁净室:按 0.5～2.0m 的间距布置测点,总测点数应不少于 20 个,并尽量使测点与操作中心接近。

2)走廊。在走廊中段距地面 1.0m 高处,布置测点 1 或 2 个。

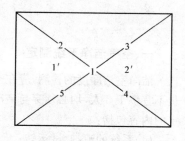

图 8-5　含尘浓度测点布置

3)室外。在系统的新风口和大门口距地面 1.0m 高处,布置测点 1 个。

(2)采样量。不同洁净度级别的系统,测定的采样量是不同的。粒子计数器计数的采样量如下:

含尘浓度≥300 粒/L　　　　　每次采样量≥0.1/L
含尘浓度为 30～300 粒/L　　　每次采样量≥0.3/L
含尘浓度＜30 粒/L　　　　　　每次采样量≥0.9/L

计量法采样量按天平的感量确定。

(3)空气洁净度级别评定。

　　1)洁净室的洁净度应达到正常运行状态所具有的水平,即工作人员正常操纵和靠近工作位置时所测得的空气中含尘浓度,也就是动态效果。在施工竣工后的测试处于静态条件,应按"空气洁净技术措施"规定,将静态换算成动态。对于乱流高效空气净化系统乘以5;对于乱流中效空气净化系统乘以1.5;对于平行流净化系统乘以3,即为动态条件的含尘浓度。

　　2)衡量洁净度级别按"空气洁净技术措施"进行评定。除工艺有特殊要求外,一般应以离地0.8~1.5m高的工作区或水平平行流洁净室第一工作区,最大一点浓度为室内洁净度。

　　3)以洁净室平均浓度为准:洁净室≥$0.5\mu m$尘粒的含尘浓度测定结果应满足表8-9的要求。

表 8-9　　　　　　　　　含尘浓度测定值中的允许超过值及测点数

单位含尘浓度 /(粒/L)	最少测点数 n /个	允许超过值 /(粒/L)	允许超过值的测点数 /个	备　注
$\overline{X} \leqslant 3$	20	$2\overline{X}$	1	$\overline{X}$ 为 n 个测点的含尘浓度的算术平均值,当 $\overline{X}$ <1 粒/L 时,按 1 粒/L 考虑
$3 < \overline{X} \leqslant 30$	20	$\overline{X}$	1	
$30 < \overline{X} \leqslant 300$	20	$1.8\overline{X}$	1	
$300 < \overline{X} \leqslant 3000$	20	$1.8\overline{X}$	1	

二、室内噪声测定

　　(1)噪声级测量。噪声级与声压级的定义不同。前者是经过频率计数后的声压级,它不是客观量;后者没有经过计数,是一个客观量。将声级计的旋钮转到"A"、"B"、"C"挡,读数都称为噪声级。

　　(2)总声压级测量。总声压级测量时,要采用宽带测量。宽带测量使声级计的频率响应在20~2000Hz的声频范围内都具有均匀的响应。用宽带即"线性"测出的数值称为总声压级,"C"挡读数可近似看做是总声压级(当声级计有"L"挡时,"L"挡读数即为总声压级)。

　　(3)声压级(频谱)测量。对频谱进行测量分析除对噪声进行 NR 或 NC 评价外,可为研究空调设备产生的噪声和控制措施提供必要的数据。对频谱测量需要使用带有倍频带分析器的声级计,采用一般声级计测量,可利用声级计计数网络"A"、"B"、"C"挡进行比较,也可粗略地分析噪声的频谱特性。如"A"、"B"、"C"三挡读数相等,则为高频噪声;"C"、"B"挡读数相等并大于"A"挡读数,则为中频噪声;"C"挡读数大于"B"挡读数、"B"挡读数大于"A"挡读数,则为低频噪声。

　　(4)声功率和声功率级测量。声功率和声功率级测量一般用于新产品样机等设备的测量。它们是不能直接测出的,应先测出其平均声压级,然后按相应的计算公式,计算出声功率和声功率级。

关键细节 11　噪声的现场测量

　　空调系统的噪声测量,主要是测量"A"挡声级,必要时测量倍频程频谱进行噪声的评价。测量的对象是通风机、水泵、制冷压缩机、消声器和房间等。测量时为排除其他声源的影响,一般在夜间进行。

(1)测点的选择。测点的选择应注意传声器放置在正确地点上,提高测量的准确性。对于风机、水泵、电动机等设备的测点,应选择在距离设备 1m、高 1.5m 处。对于消声器前后的噪声可在风管内测量。对于空调房间的测点,一般选择在房间中心距地面约 1.5m 处。

(2)读数方法。当噪声级很稳定,即表头上的指针摆动较小时,可使用"快挡",读出电表指针的平均偏转数。当噪声不稳定,即表头上的指针有较大的摆动时,可使用"慢挡",读出电表指针的平均偏转数。对于低频噪声,可使用"慢挡"。

(3)测量注意事项。

1)测量记录要标明测点位置,注明使用仪器型号及被测设备的工作状态。

2)避免本底噪声对测量的干扰,如声源噪声与本底噪声相差不到 10dB,则应扣除因本底噪声干扰的修正量。其扣除量为:当两者差 6~9dB 时,从测量值中减去 1dB;当两者差 4~5dB 时,从测量值中减去 2dB;当两者相差 3dB 时,从测量值中减去 3dB。

3)注意反射声的影响,传声器应尽量离开反射面(2~3m)。

4)为防止带来测量误差,注意风、电磁及振动等影响。

三、空调房间内气流组织测定与调整

集中式空调系统由空气处理、空气输送和气流分布三大部分组成,所谓气流组织,就是合理地布置送风口和回风口,使送入房间内经过处理的冷风或热风到达工作区域(一般是指离地面 2m 以下的工作范围)后,能造成比较均匀而稳定的温度、湿度、气流速度和洁净度,以满足生产工艺和人体舒适的要求。

恒温精度要求较高的空调房间气流组织测定的内容包括:气流流型的测定,速度分布和温度分布的测定,而气流流型测定则是整个气流组织测定的重要环节。

关键细节 12　空调房间内气流组织常用测定方法

空调房间内气流组织的测定根据内容的不同,所采用的方法也不同,具体见表 8-10。

表 8-10　　　　　　　　　空调房间内气流组织的测定方法

类　　别		测定方法
气流流型的测定	烟雾法	将棉花球蘸上发烟剂(如四氯化钛、四氯化锡等)放在送风口处,烟雾随气流在室内流动,仔细观察烟雾的流动方向和范围。在记录图上粗略地描绘出射流边界线、回旋涡流区和回流区。由于从风口射出的烟雾不大而且扩散较快,不易看清楚流动情况,应将蘸上发烟剂的棉球绑在测杆上,放在需要测定的部位上,观察气流流型。这种方法虽然比较快,但准确性差,只在粗测时采用。由于发烟剂具有腐蚀性,因此,在已经投产或安装好工艺设备的房间不能使用
	逐点描绘法	将很细的合成纤维丝(以眼睛能看见为准)或点燃的香绑在测杆上,放在已事先布置好的测定断面各测点位置上,观察丝线或烟的流动方向,并在记录图上逐点描绘出气流流型。此法比较接近实际,现场测试广为采用

（续）

类　别	测定方法
气流速度分布的测定	气流速度分布的测定，主要是确定射流在进入工作区前，其速度是否衰减好，以及考核恒温区内气流速度是否符合生产工艺和劳动卫生的要求。测定工作是在气流流型测定之后进行，射流区和回流区内的测点布置与流型测定相同。测点的方法是将测杆头都绑上风速仪的测头和一条纤维丝，在风口直径倍数的不同断面上从上至下逐点进行测量。在测量时的气流方向靠纤维丝飘动的方向来确定，并将测定的结果用面积图形表示
温度分布的测定　射流区温度衰减的测定	射流区温度衰减测定的测点布置与速度分布测定时相同，可用热电偶温度计或水银温度计进行逐点测量，射流区每个垂直断面上建议测量5个点。在射流速度最大值处所测得的温度为射流轴心温度，而把5个测点温度的平均值作为射流的平均温度。 射流区各断面上温度分布测量后，可将实测数据进行整理并绘制射流温度衰减曲线。如果温度没有衰减好，应加强射流的贴附，增大侧送风口的扩张角
恒温区内温度分布的测定	主要测量恒温区（距地面2m以下）不同标高平面上各点的温度，绘出平面温差图，进而确定不同平面中区域温差值

四、洁净室测试方法

1. 风速风量测定

（1）对于单向流洁净室，采用室截面平均风速和截面积乘积的方法确定送风量。离高效过滤器0.3m，垂直于气流的截面作为采样测试截面，截面上测点间距不宜大于0.6m，测点数不应少于5个，以所有测点风速读数的算术平均值作为平均风速。

（2）对于非单向流洁净室，采用风口法或风管法确定送风量，做法如下：

1）风口法是在安装有高效过滤器的风口处，根据风口形状连接辅助风管进行测量，即用镀锌钢板或其他不产尘材料做成与风口形状及内截面相同、长度等于2倍风口长边长的直管段，连接于风口外部。在辅助风管出口平面上，按最少测点数不少于6点均匀布置，使用热球式风速仪测定各测点的风速。然后，以求取的风口截面平均风速乘以风口净截面面积求取测定风量。

2）对于风口上风侧有较长的支管段且已经或可以钻孔时，可以用风管法确定风量。测量断面应位于大于或等于局部阻力部件前3倍管径或长边长，局部阻力部件后5倍管径或长边长的部位。

对于矩形风管，是将测定截面分割成若干个相等的小截面。每个小截面尽可能接近正方形，边长不应大于200mm，测点应位于小截面中心，但整个截面上的测点数不宜少于3个。

对于圆形风管，应根据管径大小，将截面划分成若干个面积相同的同心圆环，每个圆环测4点。根据管径确定圆环数量，不宜少于3个。

2. 静压差检测

（1）静压差的测定应在所有门关闭的条件下，由高压向低压，由平面布置上与外界最远的里间房间开始，依次向外测定。

（2）采用的微差压力计，其灵敏度不应低于2.0Pa。

(3)有孔洞相通的不同等级相邻的洁净室,其洞口处应有合理的气流流向。洞口的平均风速大于等于 0.2m/s 时,可用热球风速仪检测。

3. 洁净室温度、湿度测定

(1)根据温度和相对湿度波动范围,应选择相应的具有足够精度的仪表进行测定。每次测定间隔不应大于 30min。

(2)室内测点布置:

1)送回风口处;

2)恒温工作区具有代表性的地表(如沿着工艺设备周围布置或等距离布置);

3)没有恒温要求的洁净室中心;

4)测点一般应布置在距外墙表面大于 0.5m,离地面 0.8m 的同一高度上;也可以根据恒温区的大小,分别布置在离地不同高度的几个平面上。

(3)测点数应符合表 8-11 的规定。

表 8-11 温、湿度测点数

波动范围	室面积≤50m²	每增加 20~50m²
$\Delta t=\pm0.5\sim\pm2℃$	5 个	增加 3~5 个
$\Delta RH=\pm5\%\sim\pm10\%$		
$\Delta t\leqslant\pm0.5℃$	点间距不应大于 2m,点数不应少于 5 个	
$\Delta RH\leqslant\pm5\%$		

(4)有恒温恒湿要求的洁净室。室温波动范围按各测点的各次温度中偏差控制点温度的最大值,占测点总数的百分比整理成累积统计曲线。如 90% 以上测点偏差值在室温波动范围内,为符合设计要求。反之,为不合格。

区域温度以各测点中最低的一次测试温度为基准,各测点平均温度与超偏差值的点数,占测点总数的百分比整理成累计统计曲线,90% 以上测点所达到的偏差值为区域温差,应符合设计要求。相对温度波动范围可按室温波动范围的规定执行。

4. 泄漏量测定

(1)高效过滤器的检漏,应使用采样速率大于 1L/min 的光学粒子计数器。D 类高效过滤器宜使用激光粒子计数器或凝结核计数器。

(2)采用粒子计数器检漏高效过滤器,其上风侧应引入均匀浓度的大气尘或含有其他气溶胶尘的空气。对大于等于 0.5μm 尘粒,浓度应大于或等于 3.5×10^5pc/m³;对大于或等于 0.1μm 尘粒,浓度应大于或等于 3.5×10^7pc/m³;若检测 D 类高效过滤器,对大于或等于 0.1μm 尘粒,浓度应大于或等于 3.5×10^9pc/m³。

(3)高效过滤器的检测采用扫描法,即在过滤器下风侧用粒子计数器的等动力采样头,放在距离被检部位表面 20~30mm 处,以 5~20mm/s 的速度,对过滤器的表面、边框和封头胶处进行移动扫描检查。

(4)泄漏率的检测应在接近设计风速的条件下进行。将受检高效过滤器下风侧测得的泄漏浓度换算成透过率,高效过滤器不得大于出厂合格透过率的 2 倍;D 类高效过滤器不得大于出厂合格透过率的 3 倍。

(5)在移动扫描检测工程中,应对计数突然递增的部位进行定点检验。

第九章　通风空调工程施工管理

第一节　通风空调工长职责与职业道德

　　工长是施工现场最直接的领导者、组织者和指挥者。施工中各项经济技术指标的完成情况都与工长有着密切的关系,因此工长应该具有一定的专业技术知识,应了解国家关于经济建设的方针政策,熟悉基本建设程序和施工程序,还应具有较好的组织能力。

一、基本建设程序

　　基本建设工作涉及的面很广,内外协作配合的环节很多,因此必须遵循一定的程序,按计划、有步骤、有秩序地合理施工,才能达到预期效果。

　　基本建设程序反映了基本建设的客观规律,严格执行基本建设程序,坚决按基本建设程序办事,是建设安装单位的重要职责。

　　归纳起来,基本建设程序可以分为八个阶段:①编制计划任务书;②选择建设地点;③编制设计文件;④建设准备;⑤计划安排;⑥施工过程;⑦生产准备;⑧竣工验收、交付生产。这八个阶段实际反映了计划、设计、施工、验收投产四个环节。

关键细节 1　基本建设程序的八个阶段

　　(1)编制计划任务书。计划任务书又称为设计任务书,是确定建设项目、编制设计文件的依据。

　　(2)选择建设地点。建设地点的选择要本着地区合理、有利生产、方便生活、保护环境、节约用地等原则,同时要认真调查原材料、燃料、供电、供水、交通运输、工程地质、水文地质、水质等条件,要在综合研究和多方案比较的基础上提出选择地点的报告。

　　(3)编制设计文件。设计文件是安排建设项目和组织工程施工的主要依据。一般大中型建设项目采用两段设计,即初步设计和施工图设计。

　　(4)建设准备。新建大中型项目由主管部门指定一个企业或单位负责准备工作,一般改建、扩建项目由原单位兼办。

　　(5)计划安排。大中型建设项目必须经过国家批准才能列入年度计划,小型项目按隶属关系,在国家批准的投资总额内,由各部门和省、市、自治区自行安排。自筹资金安排的项目,要在国家确定的指标内编制计划。

　　(6)施工过程。施工单位应根据设计单位提供的施工图编制施工图预算工组织设计;施工前认真作好施工图会审工作,明确质量要求;施工过程中要严格按照设计要求和施工验收规范施工;隐蔽工程必须作好检查;最后按合同要求全面完成任务,不留隐患。

(7)生产准备。建设单位要根据单项工程生产的特点,有计划地抓好生产准备工作,保证工程建成后及时投入生产。

(8)竣工验收、交付生产。所有建设项目按批准的设计文件所规定的内容建完后,应及时组织验收,尽快交付使用,令其发挥效益。

二、通风空调工程安装程序

安装程序是基本建设程序的一个组成部分,是施工单位按照客观规律合理组织施工的顺序安排。通风与空调工程安装的全部施工过程,从顺序上可分为以下几个阶段。

1. 接受任务

在开始接受任务时,先签订初步协议。协议签订后,建设单位向施工单位提供所需要的图纸、设备说明书,施工单位根据图纸及说明书着手编制施工图预算,计算工程总造价,作为正式签订合同的依据。

2. 编制施工组织设计或施工方案

编制施工组织设计或施工方案时,应根据工程需要,考虑暂设工程、施工用水、用电、道路的修筑、材料设备的仓库及施工方法、工程总进度要求,同时考虑劳动力、施工机械、主要材料的需要量,并列出计划图表。

3. 编制施工图预算和施工预算

预算部门根据工程图纸以及施工方法、《全国统一安装工程预算定额》(第九册　通风空调工程)等资料,编制出施工图预算,计算工程造价,经建设单位及建设银行审查后,即作为签订合同的依据。

4. 提出开工报告

在正式施工以前,需要提出开工报告,经主管部门批准后才能正式开工。

5. 进入施工阶段

按已确定的施工程序进行施工,逐渐形成安装高峰期到联动调试和空载试运行完成的全过程施工活动,并按分部、分项工程的工序检验和试验合格,把各种资源转换成项目产品,达到使用功能要求,且具备交竣工验收的条件。

6. 办理竣、交工手续和决算

经试运符合要求以后,施工单位按照施工图和施工验收规范,提出竣、交工资料,及时办理交工手续,编制工程决算。

交工时必须将隐蔽工程记录、质量检查记录、试运记录等有关资料交建设单位存档。

关键细节 2　取得开工报告应具备的条件

开工报告必须具备以下条件:

(1)图纸齐全;

(2)合同已签订;

(3)施工图预算与施工预算已编制完善;

(4)暂设工程已建妥,对于劳动力、材料、施工机具、运输等计划已基本落实。

三、通风空调工长职责

工长立足一线，并贯彻项目工程施工的始终，岗位职务既应全面、繁琐，又要有条不紊，规范有序，为此，谈谈工长的岗位职责是很有意义的。

(1) 在队长和技术副队长(或工程师)领导下，负责贯彻执行有关基本建设的方针、政策、法令、决议、指示、规章制度等，组织班组在所负责的施工项目范围内进行安全生产，按计划完成。

(2) 参加有关工程的合同、协议的签订，图纸会审，中小型工程施工方案的编制，资料审定及有关会议等，并负责组织所属班组进行图纸、技术资料、施工方案、各项施工技术组织措施的学习，组织进行任务交底、技术交底、质量安全措施交底等工作。

(3) 向班组下达任务书，按质量标准和其他要求结算验收。

(4) 指导班组安全生产，贯彻落实规程、规范、法令，排除隐患，保证安全文明施工。

(5) 具体负责所属施工现场的平面布置规划，如临时设施的搭建、作业场地、材料堆放、机具布置等，以及照明、安全措施、执勤、保卫以及人员的食宿安排。

(6) 贯彻执行施工组织设计、技术措施、节约指标，按时、按质、按量完成合格产品。

(7) 严格监督检查各班组对安全操作规程、施工方案和施工技术组织措施的执行情况，督促班组按时进行工程自检，组织班组互检，并进行技术复核和隐蔽工程验收，分部分项和单位工程质量评定工作，组织质量安全检查，召开质量安全专题会议，分析处理质量安全事故，并填写事故报告。

(8) 贯彻各项生产技术管理制度及场容、场貌各项规定、要求。

(9) 推广先进经验，参加技术革新等各项科研活动。负责检查所属班组学习先进经验、先进技术和新的施工作业方法，并组织班组开展技术挖潜、革新、改造和推广新技术的活动。

(10) 积累和提供技术档案的原始资料。

(11) 参与或具体负责编制施工预算、季度计划、月旬作业进度计划、施工方案或施工组织措施、劳动力计划、机具计划、安全防护设施计划以及特殊劳保用品计划等。

(12) 负责组织工程质量评定、填表、签字，含隐检、预检、专业人员检查表。

(13) 收集整理各项施工原始记录和资料，按单位工程分档立卷，并具体负责交工验收工作，整理交工验收的技术资料。

⚡关键细节3　班组交底的主要内容

(1) 计划交底。贯穿于逐月分旬，逐旬分日，或网络即时生产计划中。

1) 任务数量、部位。

2) 开始、结束时间。

3) 该任务在全部工程施工中对其他工序的影响和重要程度。

(2) 定额交底。工人最为关心也是确保工期的重要一环。

1) 劳动定额：单位定额用工，每工产量(活劳动定额指数)。

2) 材料消耗定额：生产质量合格产品，材料耗用的最高额度即限额(物化劳动定额指数)。

3)机械台班产量定额:生产质量合格产品,机械台班产量(物化劳动定额指数)。

(3)技术措施和操作方法交底,这是确保工程质量的关键步骤。

1)施工规范、工艺标准。

2)施工组织设计中的有关规定、要求。

3)有关设备图纸及细部做法。

(4)技术安全交底(杜绝事故,注意隐患,文明施工)。

1)施工操作运输过程中的安全事项。

2)机械设备安全事项。

3)消防安全事项及工地用火须知。

(5)科学管理交底。

1)三检制度(自检、互检、专业人员检查)的具体时间、部位(树立质量意识)。

2)质量评定标准和要求。

3)场容场貌管理制度要求(贯彻文明施工)。

4)样板的建立和要求(样板项目,样板间,样板单元)。

四、通风空调工长职业道德

建筑施工人才的道德素质关系到未来工程建设的大问题,对施工人才的道德要有更严格的要求。工长是建筑安装企业内部施工班组的领导者和组织者,对外又代表企业与建设单位和其他施工单位打交道,从事有关的业务交往,因此必须严格遵守建筑安装行业的职业道德。

建筑行业职业道德的指导思想是"献身基建、满足需要、信誉至上、质量第一",明确树立经济效益、社会效益和环境效益统一的观点。

(1)献身基建:就是把自己的精力、智慧、技能、技巧毫无保留地献给社会主义祖国的基本建设事业,注意培养人才以苦为乐、以苦为荣的优良品质。

(2)满足需要:是指满足社会的需要。建筑业是物质生产部门,担负着居住建筑、工业建筑、农业建筑和其他建筑的安装和施工任务,为四个现代化的生产建设提供物质技术基础,为改善和提高人民生活创造条件。

(3)信誉至上:信誉至上就是信守诺言、实践合同。由于建筑施工是群体性强、劳动密集与智力密集性行业,施工范围覆盖全社会的各个方面,也只有具备这种品德才能对外参与竞争、争取到施工项目与各方面建立起广泛的友谊与联系,从而取得建设单位对本企业的信任,以维护企业的信誉。以良好的经营作风和工作作风赢得建设单位的信赖。

(4)质量第一:建筑工程的质量是建筑企业的生命,是衡量建筑企业技术水平和管理水平高低的主要依据。工程质量关系到国家四个现代化建设的进程和人民生活改善与提高的重大问题,必须牢固树立"百年大计、质量第一"的观点。

⚒ 关键细节 4   建筑安装企业职业道德的主要表现

(1)积极主动承担任务、听从指挥、热忱工作。

(2)严格按照规范、标准、规程施工,确保工程质量。

(3)遵守协议、信守合同、按时交工、不甩项目。

(4)相互协作、主动配合。彼此尊重、恪守信誉，不扯皮推诿、不相互拆台。

(5)端正经营作风，做到揽活不行贿、分包不收贿。

(6)按照国家规定纳税，不偷税、不漏税。

第二节　施工技术管理

技术管理是建筑企业经营管理的重要组成部分，是建筑企业在生产经营活动中对各项技术活动及其技术要素的科学管理。施工技术管理的主要工作如图9-1所示。

图 9-1　施工技术管理的主要工作

一、图纸会审

图纸会审是指工程各参建单位（建设单位、监理单位、施工单位）在收到设计院施工图设计文件后，对图纸进行全面细致的熟悉，审查出施工图中存在的问题及不合理情况并提交设计院进行处理的一项重要活动。

(1)领取施工图纸后，应检查图纸是否无证设计或越级设计；图纸是否经设计单位正式签署。

(2)设计图纸与说明是否齐全，有无分期供图的时间表。几个设计单位共同设计的图纸相互间有无矛盾；专业图纸之间、平立剖面图之间有无矛盾；标注有无遗漏。

(3)总平面与施工图的几何尺寸、平面位置、标高等是否一致。

(4)项目部施工管理人员组织图纸自审，领会图纸的设计意图，明确与其他施工队伍之间的先后顺序、相互间的配合要求。

(5)项目部通过班组对图纸的自审，及时发现设计图纸中的问题，并通过图纸会审解决发现的问题。

二、施工组织设计

施工组织设计是根据拟建工程的特点，对人力、材料、机械、资金、施工条件等方面的因素作出科学合理的安排，并形成规划和指导拟建工程从施工准备到竣工验收中各项生产活动的综合性经济技术文件，它是专门对施工过程进行科学组织协调的设计文件。

施工组织设计的任务是对具体的拟建工程（建筑群或单个建筑物）的施工准备工作和整个施工过程，在人力和物力、时间和空间、技术和组织上，做出一个全面且合理，符合好、快、省、安全要求的计划安排。

施工组织设计为对拟建工程施工的全过程实行科学管理提供重要手段。通过施工组织设计的编制,可以全面考虑拟建工程的各种具体条件,扬长避短地拟定合理的施工方案,确定施工顺序、施工方法、劳动组织和技术经济的组织措施,合理地统筹安排拟定施工进度计划,保证拟建工程按期投产或交付使用;也可以为拟建工程的设计方案在经济上的合理性、技术上的科学性和实施工程的可能性进行论证提供依据;还可以为建设单位编制基本建设计划和施工企业编制施工计划提供依据。依据施工组织设计,施工企业可以提前掌握人力、材料和机具使用上的先后顺序,全面安排资源的供应与消耗;可以合理地确定临时设施的数量、规模和用途,以及临时设施、材料和机具在施工场地上的布置方案。

施工组织设计是施工准备工作的一项重要内容,同时也是指导各项施工准备工作的重要依据。

1. 施工组织设计编制依据

(1)国家计划或合同规定的进度要求。

(2)工程设计文件,包括说明书、设计图纸、工程数量表、施工组织方案意见、总概算等。

(3)调查研究资料(包括工程项目所在地区自然经济资料、施工中可配备劳力、机械及其他条件)。

(4)有关定额(劳动定额、物资消耗定额、机械台班定额等)及参考指标。

(5)现行有关技术标准、施工规范、规则及地方性规定等。

(6)本单位的施工能力、技术水平及企业生产计划。

(7)有关其他单位的协议、上级指示等。

2. 施工组织设计编制原则

由于施工组织设计是指导建筑施工的纲领性文件,对搞好建筑施工起巨大的作用,所以必须十分重视并作好此项工作。根据我国几十年的经验,应遵循以下几项原则:

(1)认真贯彻国家工程建设的法律、法规、规程、方针和政策。

(2)严格执行工程建设程序,坚持合理的施工程序、施工顺序和施工工艺。

(3)采用现代建筑管理原理、流水施工方法和网络计划技术,组织有节奏、均衡和连续地施工。

(4)优先选用先进施工技术,科学确定施工方案;认真编制各项实施计划,严格控制工程质量、工程进度、工程成本和安全施工。

(5)充分利用施工机械和设备,提高施工机械化、自动化程度,改善劳动条件,提高生产率。

(6)扩大预制装配范围,提高建筑工业化程度;科学安排冬期和雨期施工,保证全年施工均衡性和连续性。

(7)坚持"安全第一,预防为主"原则,确保安全生产和文明施工;认真做好生态环境和历史文物保护,严防建筑振动、噪声、粉尘和垃圾污染。

(8)合理布置施工平面图,尽量减少临时工程,减少施工用地,降低工程成本。尽量利用正式工程,原有或就近已有设施,做到暂设工程与既有设施相结合、与正式工程相结合。同时,要注意因地制宜,就地取材以求尽量减少消耗、降低生产成本。

(9)优化现场物资储存量,合理确定物资储存方式,尽量减少库存量和物资损耗。

3. 施工组织设计编制步骤

(1)计算工程量,通常可以利用工程预算中的工程量。工程量计算准确,才能保证劳动力和资源需要量计算的正确和分层分段流水作业的合理组织,故工程量必须根据图纸和较为准确的定额资料进行计算。

(2)确定施工方案。如果施工组织总设计已有原则规定,则该项工作的任务就是进一步具体化,否则应全面加以考虑。

(3)组织流水作业,排定施工进度。根据流水作业的基本原理,按照工期要求、工作面的情况、工程结构对分层分段的影响以及其他因素,组织流水作业,决定劳动力和机械的具体需要量以及各工序的作业时间,编制网络计划,并按工作日排出施工进度。

(4)计算各种资源的需要量和确定供应计划。依据采用的劳动定额和工程量及进度可以决定劳动量(以工日为单位)和每日的工人需要量。依据有关定额和工程量及进度,就可以计算确定材料和加工预制品的主要种类和数量及其供应计划。

(5)平衡劳动力、材料物资和施工机械的需要量并修正进度计划。根据对劳动力和材料物资的计算就可绘制出相应的曲线以检查其平衡状况。如果发现有过大的高峰或低谷,即应将进度计划作适当的调整与修改,使其尽可能趋于平衡,以便使劳动力的利用和物资的供应更为合理。

(6)设计施工平面图使生产要素在空间上的位置合理、互不干扰,加快施工进度。

🔑 关键细节5　施工组织设计基本内容

施工组织设计的内容,就是根据不同工程的特点和要求,根据现有的和可能创造的施工条件,从实际出发,决定各种生产要素(材料、机械、资金、劳动力和施工方法等)的接合方式。

在不同设计阶段编制的施工组织设计文件,内容和深度不尽相同,其作用也不一样。一般来说施工组织条件设计是概略的施工条件分析,提出创造施工条件和建筑生产能力配备的规划;施工组织总设计是对施工进行总体部署的战略性施工纲领;单位工程施工组织设计则是详尽的实施性的施工计划,用以具体指导现场施工活动。

任何施工组织设计都必须具有以下相应的基本内容:

(1)施工方法与相应的技术组织措施,即施工方案。

(2)施工进度计划。

(3)施工现场平面布置。

(4)各种资源需要量及其供应。

至于每个施工组织设计的具体内容,将因工程的情况和使用的目的之差异,而有多寡、繁简与深浅之分。一般地,施工组织总设计应包括以下内容:

(1)建设项目的工程概况。

(2)施工部署及主要建筑物或构筑物的施工方案。

(3)全场性施工准备工作计划。

(4)施工总进度计划。

(5)各项资源需要量计划。

(6)全场性施工总平面图设计。

(7)各项技术经济指标。

单位工程施工组织设计应包括以下内容：

(1)工程概况及其施工特点。

(2)施工方案的选择。

(3)单位工程施工准备工作计划。

(4)单位工程施工进度计划。

(5)各项资源需要量计划。

(6)单位工程施工平面图设计。

(7)质量、安全、节约及冬、雨期施工的技术组织保证措施。

(8)主要技术经济指标。

分部分项工程施工组织设计应包括以下内容：

(1)分部分项工程概况及其施工特点的分析。

(2)施工方法及施工机械的选择。

(3)分部分项工程施工准备工作计划。

(4)分部分项工程施工进度计划。

(5)劳动力、材料和机具等需要量计划。

(6)质量、安全和节约等技术组织保证措施。

(7)作业区施工平面布置图设计。

三、施工技术交底

建筑施工企业中的技术交底，是在某一单位工程开工前，或一个分项工程施工前，由主管技术领导向参与施工的人员进行的技术性交代，其目的是使施工人员对工程特点、技术质量要求、施工方法与措施和安全等方面有一个较详细的了解，以便于科学地组织施工，避免技术质量等事故的发生。各项技术交底记录也是工程技术档案资料中不可缺少的部分。

1. 计划交底

对工程计划交底主要应关注以下几点：

(1)任务数量。

(2)任务开始、结束时间。

(3)本工序在全部工序中对其他工序的影响和重要程度。

2. 技术、操作方法交底

(1)施工规范、技术规范、工艺标准的交底。

(2)施工组织设计中所要求提高工程质量、提高工作效率的交底。

(3)具体操作部位的施工质量和施工技术要求及注意事项。

(4)对质量通病的防治。

(5)施工进度要求。

关键细节6 技术交底分工和主要内容

技术交底分工和主要内容见表9-1。

表9-1 技术交底分工和主要内容

交底部门	交底负责人	参加单位和人员	技术交底的主要内容
公司	总工程师	有关施工单位的行政、技术负责人,公司职能部门负责人	1. 由公司负责编制的施工组织设计 2. 由公司决定的重点工程,大型工程或技术复杂工程的施工技术关键性问题 3. 设计文件要点及设计变更洽商情况 4. 总、分包配合协作的要求,土建和安装交叉作业的要求 5. 国家、建设单位及公司对该工程的工期、质量、成本、安全等要求 6. 公司拟采取的技术组织措施
工区域项目经理部	主任工程师(总工程师)	单位工程负责人、技术人员、质量检查员、安全员、职能部门的有关人员、内部协作人员	1. 由工区(或工程队)编制的施工组织设计或施工方案 2. 设计文件要点及设计变更,洽商情况 3. 关键性的技术问题,新操作方法和有关技术规定 4. 主要施工方法和施工程序安排 5. 保证进度、质量、安全、节约的技术组织措施 6. 材料、结构的实验项目
基层施工单位	项目技术负责人或技术员	参与施工的各班组负责人及有关技术骨干工人	1. 落实有关工程的各项技术要求 2. 提出施工图纸上必须注意的尺寸,如轴线、标高、预留孔洞(及预埋件)的位置、规格、大小、数量等 3. 所用各种材料的品种、规格、等级及质量要求 4. 混凝土、砂浆、防水、保温、耐火、耐酸、防腐蚀材料等的配合比和技术要求 5. 有关工程的详细施工方法、程序、工种之间、土建与各专业单位之间的交叉配合部位,工序搭接及安全操作要求 6. 各项技术指标的要求,具体实施的各项技术措施 7. 设计修改、变更的具体内容或应注意的关键部位 8. 有关规范、规程和工程质量要求 9. 结构吊装机械、设备的性能、构件质量、吊点位置、索具规格尺寸、吊装顺序、节点焊接及支撑系统以及注意事项 10. 在特殊情况下,应知应会应注意的问题

四、材料检验与工程技术档案管理

工长对材料的检查主要分为两步:①检查原材料、构件、零配件和设备的标识情况,对未标识或标识状态为非通告色的产品均不得使用;②对砌筑材料进行外观检验,砌筑材料应检查材料的规格、尺寸及孔型、空心率等，对不合格产品应及时向项目部施工管理人员反映。

工程技术档案是工程的原始技术、经济资料，是技术和工程质量工作的成果，是用户单位使用、管理和维修工程的依据，也是对工程质量事故进行调查分析的依据。作为砌筑工长，需收集的资料主要有：图纸会审记录、设计变更通知单、工程洽商记录、设计交底记录、项目部转发的设计变更及技术核定文件、砖(砌块)出厂合格证、出厂检验报告、复试报告、砌筑砂浆试块强度统计评定记录、预检记录、班组自检记录、工序交接检查记录、相关砌体工程检验批质量验收记录表、项目部施工管理人员的书面技术交底、材料外观检查记录、分部分项工程质量检验记录等。

五、施工任务的下达、检查和验收

(1)检查抄平、放线、准备工作是否符合要求。

(2)工人能否按交底要求进行施工。

(3)当完成部分分项工程后，要通知技术员、质量检查员、施工班组长，对施工部位或项目按照质量标准进行检查验收，合格即填写表格，进行签订，不合格产品要立即组织原施工班组进行维修或返工。

第三节　施工质量管理

质量管理是指确定质量方针、目标和职责并在质量体系中通过诸如质量策划、质量控制、质量保证和质量改进使其实施的全部管理职能的所有活动。

一、通风空调工程质量管理原则

对施工项目而言，质量控制是为了确保合同、规范所规定的质量标准，所采取的一系列检测、监控措施、手段和方法。在进行施工项目质量控制过程中，应遵循以下原则：

(1)坚持"质量第一，用户至上"。社会主义商品经营的原则是"质量第一，用户至上"。因此，工程项目在施工中应自始至终地把"质量第一，用户至上"作为质量控制的基本原则。

(2)"以人为核心"。人是质量的创造者，质量控制必须"以人为核心"，把人作为控制的动力，调动人的积极性、创造性；增强人的责任感，树立"质量第一"观念；提高人的素质，避免人的失误；以人的工作质量保工序质量、促工程质量。

(3)"以预防为主"。"以预防为主"，就是要从对质量的事后检查把关，转向对质量的事前控制、事中控制；从对产品质量的检查，转向对工作质量的检查、对工序质量的检查、对中间产品的质量检查。这是确保施工项目的有效措施。

(4)坚持质量标准、严格检查，一切用数据说话。质量标准是评价产品质量的尺度，数据是质量控制的基础和依据。产品质量是否符合质量标准，必须通过严格检查，用数据说话。

(5)贯彻科学、公正、守法的职业规范。施工企业的项目经理,在处理质量问题过程中,应尊重客观事实,尊重科学,正直、公正,不持偏见;遵纪、守法,杜绝不正之风;不仅要坚持原则、严格要求、秉公办事,而且要谦虚谨慎、实事求是、以理服人、热情帮助。

二、质量控制关键环节

1. 提高质量意识

要提高所有参加工程项目施工的全体职工(包括分包单位和协作单位)的质量意识,特别是工程项目领导班子成员的质量意识,认识到"质量第一是个重大政策",树"百年大计,质量第一"的思想;要有对国家、对人民负责的高度责任感和事业心,把工程项目质量的优劣作为考核工程项目的重要内容,以优良的工程质量来提高企业的社会信誉和竞争能力。

2. 落实企业质量体系的各项要求,明确质量责任制

工程项目要认真贯彻落实本企业建立的文件化质量体系的各项要求,贯彻工程项目质量计划。工程项目领导班子成员、各有关职能部门或工作人员都要明确自己在保证工程质量工作中的责任,各尽其职,各负其责,以工作质量来保证工程质量。

3. 提高职工素质

提高职工素质是搞好工程项目质量的基本条件。参加工程项目的职能人员是管理者,工人是操作者,都直接决定着工程项目的质量。必须努力提高参加工程项目职工的素质,加强职业道德教育和业务技术培训,提高施工管理水平和操作水平,努力创出第一流的工程质量。

4. 搞好工程项目质量管理的基础工作

搞好工程项目质量管理的基础工作主要包括质量教育、标准化、计量和质量信息工作。

(1)质量教育工作。要对全体职工进行质量意识的教育,使全体职工明确质量对国家四化建设的重大意义,质量与人民生活密切相关,质量是企业的生命。进行质量教育工作要持之以恒,有计划、有步骤地实施。

(2)标准化工作。对工程项目来说,从原材料进场到工程竣工验收,都要有技术标准和管理标准,要建立一套完整的标准化体系。技术标准是根据科学技术水平和实践经验,针对具有普遍性和重复出现的技术问题提出的技术准则。

(3)计量工作。计量工作是保证工程质量的重要手段和方法。要采用法定计量单位,做好量值传递,保证量值的统一。对本工程项目中采用的各项计量器具,要建立台账,按国家和上级规定的周期,定期进行检定。

(4)质量信息工作。质量信息反映工程质量和各项管理工作的基本数据和情况。在工程项目施工中,要及时了解建设单位、设计单位、质量监督部门的信息,及时掌握各施工班组的质量信息,认真做好原始记录。

第四节　通风空调工程质量验收

一、建筑工程质量验收划分

根据《建筑工程施工质量验收统一标准》(GB 50300—2001)的要求,建筑工程质量验收划分为单位(子单位)工程、分部(子分部)工程、分项工程和检验批的质量验收。

1. 单位工程

(1)具备独立施工条件并能形成独立使用功能的建筑物及构筑物为一个单位工程。

(2)建筑规模较大的单位工程,可将其能形成独立使用功能的部分划分为一个子单位工程。

2. 分部工程

(1)分部工程的划分应按专业性质、建筑部位确定。如建筑工程可划分为 9 个分部工程:地基与基础、主体结构、建筑装饰装修、建筑屋面、建筑给排水及采暖、建筑电气、智能建筑、通风与空调和电梯等分部工程。

(2)当分部工程规模较大或较复杂时,可按材料种类、施工特点、施工顺序、专业系统及类别等划分为若干个子分部工程。如通风与空调工程可分为:送排风系统、防排烟系统、除尘系统、空调风系统、净化空调系统、制冷设备系统、空调水系统等子分部工程。

3. 分项工程

分项工程是按主要工种、材料、施工工艺、设备类别等进行划分。如空调风系统(子分部工程)可分为:风管与配件制作;部件制作;风管系统安装;风管与设备防腐;风机安装;空调设备安装;消声设备制作与安装;风管与设备绝热;系统调试等分项工程。

4. 检验批

检验批是指按同一生产条件或按规定的方式汇总起来的供检验用的、由一定数量样本组成的检验体。检验批由于其质量基本均匀一致,因此可以作为检验的基础单位。

分项工程可由一个或若干个检验批组成,检验批可根据施工及质量控制和专业验收需要,按楼层、施工段、变形缝等进行划分。分项工程划分成检验批进行验收,有助于及时纠正施工中出现的质量问题,确保工程质量,也符合施工的实际需要。

关键细节 7　通风空调工程分部、分项工程划分

根据现行国家标准《建筑工程施工质量验收统一标准》(GB 50300—2001)的规定,通风空调工程的分部(子分部)工程、分项工程可按表 9-2 进行划分。当通风空调工程作为单位工程独立验收时,子分部工程升为分部工程,分项工程升为子分部工程。

表 9-2 通风空调工程分部(子分部)、分项工程划分

分部工程	子分部工程	分项工程
通风与空调	送排风系统	风管与配件制作;部件制作;风管系统安装;空气处理设备安装;消声设备制作与安装,风管与设备防腐;风机安装;系统调试
	防排烟系统	风管与配件制作;部件制作;风管系统安装;防排烟风口、常闭正压风口与设备安装;风管与设备防腐;风机安装;系统调试
	除尘系统	风管与配件制作;部件制作;风管系统安装;除尘器与排污设备安装;风管与设备防腐;风机安装;系统调试
	空调风系统	风管与配件制作;部件制作;风管系统安装;空气处理设备安装;消声设备制作与安装;风管与设备防腐;风机安装;风管与设备绝热;系统调试
	净化空调系统	风管与配件制作;部件制作;风管系统安装;空气处理设备安装;消声设备制作与安装;风管与设备防腐;风机安装;风管与设备绝热;高效过滤器安装;系统调试
	制冷设备系统	制冷机组安装;制冷剂管道及配件安装;制冷附属设备安装;管道及设备的防腐与绝热;系统调试
	空调水系统	管道冷热(媒)水系统安装;冷却水系统安装;冷凝水系统安装;阀门及部件安装;冷却塔安装;水泵及附属设备安装;管道与设备的防腐与绝热;系统调试

二、通风空调工程质量验收规定

通风空调工程施工质量的验收,除应符合《通风与空调工程施工质量验收规范》(GB 50243—2002)外,还应按照被批准的设计图纸、合同约定的内容和相关技术标准进行。施工图纸修改必须有设计单位的设计变更通知书或技术核定签证。

(1)承担通风空调工程项目的施工企业,应具有相应工程施工承包的资质等级及相应质量管理体系。

(2)施工企业承担通风空调工程施工图纸深化设计及施工时,还必须具有相应的设计资质及其质量管理体系,并应取得原设计单位的书面同意或签字认可。

(3)通风空调工程施工现场的质量管理应符合以下规定:

施工现场质量管理应有相应的施工技术标准,健全的质量管理体系、施工质量检验制度和综合施工质量水平评定考核制度。

施工现场质量管理检查记录应由施工单位填写,总监理工程师(建设单位项目负责人)进行检查,并做出检查结论。

(4)通风空调工程所使用的主要原材料、成品、半成品和设备的进场,必须对其进行验收。验收应经监理工程师认可,并应形成相应的质量记录。

(5)通风空调工程的施工,应把每一个分项施工工序作为工序交接检验点,并形成相应的质量记录。

(6)通风空调工程施工过程中发现设计文件有差错的,应及时提出修改意见或更正建议,并形成书面文件及归档。

(7)通风空调工程的施工应按规定的程序进行,并与土建及其他专业工种互相配合;与通风空调系统有关的土建工程施工完毕后,应由建设或总承包、监理、设计及施工单位共同会检。会检的组织宜由建设、监理或总承包单位负责。

(8)通风空调工程分项工程施工质量的验收,应按《通风与空调工程施工质量验收规范》(GB 50243—2002)对应分项的具体条文执行。子分部中的各个分项,可根据施工工程的实际情况一次验收或数次验收。

(9)通风空调工程中的隐蔽工程,在隐蔽前必须经监理人员验收及认可签证。

(10)通风空调工程中从事管道焊接施工的焊工,必须具备操作资格证书和相应类别管道焊接的考核合格证书。

(11)通风空调工程竣工的系统调试,应在建设和监理单位的共同参与下进行,施工企业应具有专业检测人员和符合有关标准规定的测试仪器。

(12)通风空调工程施工质量的保修期限,自竣工验收合格日起计算为二个采暖期、供冷期。在保修期内发生施工质量问题的,施工企业应履行保修职责,责任方承担相应的经济责任。

(13)分项工程检验批验收合格质量应符合下列规定:

1)具有施工单位相应分项合格质量的验收记录。

2)主控项目的质量抽样检验应全数合格。

3)一般项目的质量抽样检验,除有特殊要求外,计数合格率不应小于 80%,且不得有严重缺陷。

关键细节 8 通风空调工程质量验收合格条件

(1)检验批合格质量应符合下列规定:

1)主控项目和一般项目的质量经抽样检验合格。

2)具有完整的施工操作依据、质量检查记录。

检验批是工程验收的最小单位,是分项工程乃至整个建筑工程质量验收的基础。检验批是施工过程中条件相同并有一定数量的材料、构配件或安装项目,由于其质量基本均匀一致,因此可以作为检验的基础单位,并按批验收。

(2)分项工程质量验收合格规定如下:

1)分项工程所含的检验批均应符合合格质量的规定。

2)分项工程所含的检验批的质量记录应完整。分项工程的验收在检验批的基础上进行。一般情况下,两者都有相同或相近的性质,只是批量的大小不同而已。因此,将有关的检验批汇集成分项工程。分项工程合格质量的条件比较简单,只要构成分项工程的各检验批的验收资料文件完整,并且均已验收合格,则分项工程验收合格。

(3)分部(子分部)工程质量验收合格应符合下列规定:

1)分部(子分部)工程所含分项工程的质量均应验收合格。

2)质量控制资料应完整。

3)设备安装等分部工程有关安全及功能的检验和抽样检测结果应符合有关规定。

4)观感质量验收应符合要求。

(4)单位(子单位)工程质量验收合格规定如下:

1)单位(子单位)工程所含分部(子分部)工程的质量均应验收合格。

2)质量控制资料应完整。

3)单位(子单位)工程所含分部工程有关安全和功能的检测资料应完整。

4)主要功能项目的抽查结果应符合相关专业质量验收规范的规定。

5)观感质量验收应符合要求。

单位工程质量验收也称质量竣工验收,是施工项目投入使用前的最后一次验收,也是最重要的一次验收。

关键细节9　通风空调工程竣工质量控制资料核查

通风空调工程竣工验收时,应检查竣工验收的资料,一般包括下列文件及记录,要求记录正确,责任单位和责任人的签章齐全。

(1)图纸会审记录、设计变更通知书和竣工图。

(2)主要材料、设备、成品、半成品和仪表的出厂合格证明及进场检(试)验报告。

(3)隐蔽工程检查验收记录。

(4)工程设备、风管系统、管道系统安装及检验记录。

(5)管道试验记录。

(6)设备单机试运转记录。

(7)系统无生产负荷联合试运转与调试记录。

(8)分部(子分部)工程质量验收记录。

(9)观感质量综合检查记录。

(10)安全和功能检验资料的核查记录。

关键细节10　通风空调工程观感质量检查

(1)风管表面应平整、无损坏;接管合理,风管的连接以及风管与设备或调节装置的连接,无明显缺陷。

(2)风口表面应平整,颜色一致,安装位置正确,风口可调节部件应能正常动作。

(3)各类调节装置的制作和安装应正确牢固,调节灵活,操作方便。防火及排烟阀等关闭严密,动作可靠。

(4)制冷及水管系统的管道、阀门及仪表安装位置正确,系统无渗漏。

(5)风管、部件及管道的支、吊架型式、位置及间距应符合规范要求。

(6)风管、管道的软性接管位置应符合设计要求,接管正确、牢固,自然无强扭。

(7)通风机、制冷机、水泵、风机盘管机组的安装应正确牢固。

(8)组合式空气调节机组外表平整光滑、接缝严密、组装顺序正确,喷水室外表面无渗漏。

(9)除尘器、积尘室安装应牢固、接口严密。

(10)消声器安装方向正确,外表面应平整无损坏。

(11)风管、部件、管道及支架的油漆应附着牢固,漆膜厚度均匀,油漆颜色与标志符合设计要求。

(12)绝热层的材质、厚度应符合设计要求;表面平整、无断裂和脱落;室外防潮层或保护壳应顺水搭接、无渗漏。

检查数量：风管、管道各按系统抽查 10%，且不得少于 1 个系统。各类部件、阀门及仪表抽检 5%，且不得少于 10 件。

检查方法：尺量、观察检查。

(13)净化空调系统的观感质量检查。

1)空调机组、风机、净化空调机组、风机过滤器单元和空气吹淋室等的安装位置应正确、固定牢固、连接严密，其偏差应符合本规范有关条文的规定。

2)高效过滤器与风管、风管与设备的连接处应有可靠密封。

3)净化空调机组、静压箱、风管及送、回风口清洁无积尘。

4)装配式洁净室的内墙面、吊顶和地面应光滑、平整、色泽均匀、不起灰尘，地板静电值应低于设计规定。

5)送、回风口，各类末端装置以及各类管道等与洁净室内表面的连接处密封处理应可靠、严密。

检查数量：按数量抽查 20%，且不得少于 1 个。

三、工程质量问题分析与处理

工程项目建设中经常会发生质量问题，不仅量大面广，而且对项目质量危害也很大，阻碍了工程质量进一步提高。为了清除影响工程质量的因素，确保工程质量，必须掌握预防、诊断工程质量事故的一些基本规律和方法，以便对出现的质量问题进行及时的分析与处理。

1. 工程质量问题的定义与特点

根据我国有关质量、质量管理和质量保证方面的标准定义，凡工程产品质量没有满足某个规定的要求，就称之为质量不合格；而没有满足某个预期的使用要求或合理的期望，称之为质量缺陷。凡是工程质量不合格，必须进行返修、加固或报废处理，由此造成直接经济损失低于 5000 元的称为质量问题。

工程质量问题具有复杂性、严重性、可变性和多发性的特点。

(1)复杂性。项目质量缺陷的复杂性，主要表现在引发质量缺陷的因素复杂，从而增加了对质量缺陷的性质、危害的分析、判断和处理的复杂性。

(2)严重性。项目质量缺陷，轻者影响施工顺利进行，拖延工期，增加工程费用；重者，给工程留下隐患，成为危房，影响安全使用或不能使用；更严重的是引起建筑物倒塌，造成人民生命财产的巨大损失。

(3)可变性。许多工程质量缺陷，还将随着时间不断发展变化。因此，在分析、处理工程质量问题时，一定要特别重视质量事故的可变性，及时采取可靠措施，避免事故进一步恶化。

(4)多发性。工程项目中有些质量缺陷，就像"常见病"、"多发病"一样经常发生，而成为质量通病。因此，要吸取多发性事故的教训，认真总结经验。

2. 工程质量问题分析

由于影响工程质量的因素众多，一个工程质量问题的实际发生，可能由于设计计算和施工图纸中存在错误，可能由于施工中出现不合格或质量问题，也可能由于使用不当，或者由于设计、施工甚至使用、管理、社会体制等多种原因的复合作用。要分析究竟是哪种原因所引起,必须对质量问题的特征表现,以及其在施工中和使用中所处的实际情况和条件进行具体分析。

质量分析的基本步骤为:

(1)进行细致的现场研究,观察记录全部实况,充分了解与掌握引发质量问题的现象和特征。

(2)收集调查与问题有关的全部设计和施工资料,分析摸清工程在施工或使用过程中所处的环境及面临的各种条件和情况。

(3)找出可能产生质量问题的所有因素。分析、比较和判断,找出最可能造成质量问题的原因。

(4)进行必要的计算分析或模拟实验予以论证确认。

▌关键细节 11 通风空调工程质量问题分析要领

(1)确定质量问题的初始点,它是一系列独立原因集合起来形成的爆发点,其反映出质量问题直接原因,而在分析过程中具有关键性作用。

(2)围绕原点对现场各种现象和特征进行分析,区别导致同类质量问题的不同原因,逐步揭示质量问题萌生、发展和最终形成的过程。

(3)综合考虑原因复杂性,确定诱发质量问题的起源点,即真正原因。工程质量问题原因分析是对一堆模糊不清的事物和现象客观属性和联系的反映,它的准确性和管理人员的能力学识、经验和态度有极大关系,其结果不单是简单的信息描述,而是逻辑推理的产物,其推理可用于工程质量的事前控制。

▌关键细节 12 通风空调工程质量问题处置要求

通风空调工程质量处置应符合以下基本要求:

(1)处理应达到安全可靠,不留隐患,满足生产、使用要求,施工方便,经济合理的目的。

(2)重视消除事故的原因,这不仅是一种处理方向,也是防止事故重演的重要措施。

(3)注意综合治理。既要防止原有事故的处理引发新的事故,又要注意处理方法的综合应用。

(4)正确确定处理范围。除了直接处理事故发生的部位外,还应检查事故对区域及整个结构的影响,以正确确定处理范围。

(5)正确选择处理时间和方法。发现质量问题后,一般均应及时分析处理;但并非所有质量问题的处理都是越早越好,应根据质量问题的特点,综合考虑安全可靠、技术可行、经济合理、施工方便等因素,经分析比较,择优选定。

(6)加强事故处理的检查验收工作。从施工准备到竣工,均应根据有关规范的规定和设计要求的质量标准进行检查验收。

(7)认真复查事故的实际情况。在事故处理中若发现事故情况与调查报告中所述的内容差异较大时,应停止施工,待查清问题的实质,采取相应的措施后再继续施工。

(8)确保事故处理期的安全。事故现场中不安全因素较多,应事先采取可靠的安全技术措施和防护措施,并严格检查、执行。

参 考 文 献

[1] 范学清. 通风工技师应知应会实务手册[M]. 北京:机械工业出版社,2006.

[2] 黄崇国. 通风空调工程施工与验收手册[M]. 北京:中国建筑工业出版社,2006.

[3] 黄剑敌. 暖、卫、通风空调施工工艺标准手册[M]. 北京:中国建筑工业出版社,2003.

[4] 中国建筑工程总公司. 通风空调工程施工工艺标准[M]. 北京:中国建筑工业出版社,2003.

[5] 辽宁省建设厅. 暖、卫、燃气、通风空调建筑设备分项工艺标准[M].2 版. 北京:中国建筑工业出版社,2001.

[6] 盖仁柏. 通风与空调安装工程便携手册[M]. 北京:机械工业出版社,2003.

[7] 刘庆山,刘屹立,刘翌杰. 暖通空调安装工程[M]. 北京:中国建筑工业出版社,2003.